江苏典型滑坡地质灾害
致灾机理及防控技术

Disaster-Causing Mechanism and Prevent-Control Technologies of

Typical Landslide Geological Disaster in Jiangsu Province

郝社锋　孙少锐　喻永祥　宋京雷　著

科学出版社

北京

内 容 简 介

本书从滑坡地质灾害的成因及破坏机理出发,以滑坡地质灾害的防控技术研究为目标,采用资料收集、野外调查、取样分析模型试验、数值试验、理论分析及工程应用相结合的方法,详细分析江苏省典型的宁镇地区下蜀土滑坡,连云港地区含绿泥石片岩层滑坡、岩土交界面滑坡,苏南低山丘陵区的软弱夹层滑坡的形成机理和启滑机制,从微细观和滑带土赋存环境的角度研究不同类型滑坡滑带土的物理力学性质,提出滑坡破坏机理的基本理论,进一步提升了对江苏省典型滑坡的认识,同时结合取样提出滑坡软弱夹层的参数表,并针对不同类型的滑坡提出相应的防控技术,为类似滑坡勘查和进一步研究提供了重要借鉴和参考。本书不仅集中了作者及所在团队多年的科研成果,而且发展了从微细观到宏观角度开展滑坡地质灾害滑动机理研究的方法。

本书可供地质、应急、矿山、市政、土木、交通、水利等行业从事地质工程、岩土工程的专业人员使用,也可作为高等院校和科研院所相关专业师生的参考用书。

图书在版编目(CIP)数据

江苏典型滑坡地质灾害致灾机理及防控技术/郝社锋等著. —北京:科学出版社,2022.6
  ISBN 978-7-03-071251-6

Ⅰ. ①江…　Ⅱ. ①郝…　Ⅲ. ①滑坡–地质灾害–灾害防治–研究–江苏
Ⅳ. ①P642.22

中国版本图书馆 CIP 数据核字(2021)第 274586 号

责任编辑:周　丹　沈　旭　石宏杰/责任校对:杨聪敏
责任印制:师艳茹/封面设计:许　瑞

科学出版社 出版
北京东黄城根北街 16 号
邮政编码:100717
http://www.sciencep.com
河北鹏润印刷有限公司 印刷
科学出版社发行　各地新华书店经销
*
2022 年 6 月第 一 版　开本:720×1000　1/16
2022 年 6 月第一次印刷　印张:16 1/2
字数:329 000
定价:169.00 元
(如有印装质量问题,我社负责调换)

前　　言

　　江苏省经济发达，人口密集，地质环境条件脆弱，人类工程活动频繁、强烈，地质灾害总体呈现易发、多发态势，近年来受极端天气、人类工程活动加剧的影响，地质灾害防治形势更加严峻。"十三五"期间，江苏省共发生崩塌、滑坡地质灾害 46 起，截至 2020 年底，滑坡崩塌地质灾害隐患点为 905 处，威胁人数近万人。这些滑坡主要分布在南京、镇江、连云港、苏州、无锡、常州等经济发达、人口密集区域，危害性大，所以一直以来滑坡（崩塌）地质灾害是江苏省突发性地质灾害防治的重中之重。近年来，江苏省各级自然资源主管部门与技术支撑机构开展了地质灾害隐患点排查、核查工作，地质灾害防治管理进一步完善，提高了地质灾害防治的时效性和针对性，但是由于对地质灾害形成机理认识模糊和对隐患点稳定性判断不准，在调查评价过程中出现了错判、漏判等诸多问题，严重影响了地质灾害调查评价成果的精度和质量，每年仍有相当数量的灾（险）情点不在群防群测点中，"测者未滑，滑者未测"的现象时有发生，使地质灾害防治十分被动，安全隐患仍然大量存在。以下蜀组黄土（简称下蜀土）滑坡为例，下蜀土滑坡是宁镇地区最为典型的滑坡灾害，主要分布在宁镇地区的低山丘陵区。每年汛期的滑坡发生率在 85% 以上，下蜀土滑坡具有破坏变形时间短、突发性强及时空变异性等特点，具有很大的破坏性和危害性。在降雨尤其是连续降雨的情况下，即使下蜀土边坡坡度在 25° 左右也会产生较大规模的滑动变形，且对下蜀土边坡的稳定性难以参照现行规范给定的稳定坡比进行判断，这给实际调查评价工作中对下蜀土边坡的稳定性评价带来了很大的困难。除此之外，在苏南一带和连云港地区，层状岩体边坡分布广泛，在地壳构造运动的作用下，软弱层的物理力学性质将出现明显的弱化和泥化现象。大多数层状岩体中都分布有连续性较好的软弱岩层、软弱夹层或泥化夹层，不同的软岩层及同一软岩层的不同部位，其类型和厚度不同。层状岩体形成的滑坡是苏南地区地质灾害治理工程中需要着重研究的对象。

　　江苏省滑坡地质灾害隐患点占全省隐患点的比重较大，其危害严重。目前，虽然针对部分地区典型滑坡灾害开展了部分研究工作，但尚未对全省典型地区滑坡地质灾害特征进行全面对比总结，而且整体研究深入程度也不够，对控制滑坡的关键岩层的微观结构、力学特征、地球化学特征、成灾机理及地域性规律、关键参数的经验取值等方面还缺乏较全面、细致的数据和研究支持，因此亟须通过多种手段加强江苏省典型地区滑坡地质灾害成因及启滑诱发机制的系统研究，全面提升江苏省地质灾害防治水平，切实保障受滑坡地质灾害影响的人民群众的生命财产安全。

　　本书共分 7 章，第 1 章为绪论，第 2 章为苏南地区滑带土形成与聚集的地球化学特征研究，第 3 章为边坡泥化夹层细观渐进损伤破坏动态演变规律研究，第 4 章为酸碱性环境下泥页岩物理性质变化的微结构响应与力学特性转化机理研究，第 5 章为宁镇地区下蜀土滑塌灾害的成灾机理及地域性规律研究，第 6 章为连云港变质岩地区绿片岩夹层力学特性及对工程时效变形机理影响研究，第 7 章为碎石土边坡力学强度参数识别及破坏机理研究。

　　需要指出的是，本书是基于作者多年的研究成果著作而成，作者和所在研究团队为本书的出版倾注了大量心血，特别感谢研究团队主要成员蒋波、陈刚、何伟、李后尧、王亚山、曹曜、李明、车增光、张纪星、王武超、施威、何训、何振杰、王浩、范博远、高昌泉、徐鹏雷等为此所付出的卓有成效的辛勤劳动，特别感谢江苏省自然资源厅和国家自然科学基金委员会给予的项目资助［"江苏省典型地区滑坡地质灾害成因及启滑诱发机制研究"（编号：2018045）、"江苏省低山丘陵、隐伏岩溶区 1∶5 万地质灾害详细调查"（编号：2018007）、"含'架空'结构土石混合体力学特性试验及变形破坏机理研究"（编号：41672258）〕。

　　本书由江苏省地质调查研究院郝社锋、喻永祥、宋京雷和河海大学孙少锐负责撰写并统稿。

　　由于作者水平有限，不当之处在所难免，恳切希望读者批评指正，另外，对书中引用参考文献中部分学者的研究成果和观点，在此表示感谢。

作　者

2021 年 10 月

目　录

第1章 绪 论

1.1 研 究 背 景

江苏省经济发达，人口密集，地质环境条件脆弱，人类工程活动频繁、强烈，地质灾害总体呈现易发、多发态势。"十三五"期间，江苏省共发生崩塌、滑坡地质灾害46起，截至2020年底，滑坡崩塌地质灾害隐患点为905处，威胁人数近万人。这些滑坡主要分布在南京、镇江、连云港、苏州、无锡、常州等经济发达、人口密集区域，其突发性强、危害性大，一直以来都是江苏省突发性地质灾害防治的重中之重。江苏省滑坡地质灾害分布发育具有一定的地区性，如宁镇地区下蜀土滑坡，连云港地区含绿泥石片岩（简称绿片岩）层滑坡、岩土交界面滑坡，苏南低山丘陵区的软弱夹层（粉砂质泥岩、泥岩为主）滑坡等，而同一地区地质环境条件相似，滑坡的分布发育规律、成因机理、启滑诱发机制也具有相似的特征。

（1）宁镇地区下蜀土滑坡。下蜀土滑坡是宁镇地区最为典型的滑坡灾害，主要分布在宁镇地区的低山丘陵区。下蜀土垂直裂隙发育，具有膨胀性，遇水易软化，受降雨影响非常大，每年的夏季6月、7月、8月三个月的滑坡发生率占85%以上，此种类型滑坡具有破坏变形时间短、突发性强及时空变异性等特点，具有很大的破坏性和危害性。由于其特殊的工程地质特性，无雨状态下下蜀土边坡可以像岩质边坡一样在坡度陡立甚至反倾的情况下保持较长时间的稳定，而在降雨尤其是连续降雨的情况下（图1-1），即使坡度在25°左右的下蜀土边坡也会产生较大规模的滑动变形，对下蜀土边坡的稳定性难以参照现行规范给定的稳定坡比进行

图1-1 宁镇地区下蜀土滑坡照片

判断，这给实际调查评价工作中下蜀土边坡的稳定性评价带来了很大困难，只有深入开展下蜀土滑坡的成因机理以及工程地质特性研究，尤其是水敏性特征研究，才能更好地进行下蜀土滑坡稳定性判断，提高下蜀土滑坡地质灾害调查评价和防治水平。

(2)连云港地区绿片岩层滑坡、岩土交界面滑坡。连云港地区滑坡以云台山地区最为典型，岩质滑坡以绿片岩层滑坡为主，多分布在采石宕口，滑坡规模总体以中小型为主，个别滑坡规模可以达到大型以上，绿片岩为基性岩脉变质形成，一般呈条带状、透镜状夹于其他变粒岩中，其矿物成分中，绿泥石含量达 80%~90%，次为绿帘石、阳起石、角闪石、石英、蛭石及少量磁铁矿，具鳞片状结构，片状构造。绿片岩物理、水理及力学性质均较差，饱和单轴抗压强度小于 20 MPa，遇水易软化，软化系数一般为 0.4~0.6，为易软化岩石。在遭受长期风化剥蚀后，干燥状态下云母等片状矿物，很容易剥离成碎片状，遇水后绿泥石等矿物吸水，强烈软化或呈软塑状态(图 1-2)，而云母等片状矿物增加了层面的光滑度，降低了岩体抗滑力，因此软弱片岩夹层是导致本区岩质滑坡的重要内在因素。岩土交界面滑坡主要为残坡积和冲洪积碎石土滑坡，本区东南坡坡麓地带多分布一定厚度的第四系残坡积层，总体表现为上土下岩二元结构，残坡积层岩性多为碎石土、黏土夹碎石，结构松散，孔隙率高，抗剪强度较低，在雨季降水发生后，雨水及坡面流水易沿沉积物中的孔隙入渗，入渗后地下水沿基岩面流动，增加了基岩面的滑动性，因此，基岩面是研究区土质滑坡非常重要的结构薄弱面。根据调查和资料分析，研究区内土质滑坡滑动面均为土岩分界的基岩面，并大多在土体内部形成次一级的滑动面，表现为多滑动面特征，使滑坡呈现阶梯状特征。

图 1-2　连云港地区绿片岩夹层

(3)苏南低山丘陵区的软弱夹层滑坡。在苏南地区(特别是苏锡一带)志留系及泥盆系的地层中，广泛分布着软硬相间的地层，岩性为石英砂岩夹泥、页岩或泥质粉砂岩(图 1-3)，通过对该地区软弱夹层的分布范围、颜色及结构等特征进行现场调查，查明该地区软弱夹层具有以下特点：根据其含有不同的矿物成分而呈现灰白色—白色、紫红色—红色、褐色等多种不同的颜色；"白泥"状的泥化夹层强度非常低且分布广泛；"紫泥"层分布较厚，广泛分布在泥盆系的地层中；紫红色—红色的软弱夹层在志留系和泥盆系地层中均有出现，层厚不均，多呈互层状，分布最为广泛。软弱夹层的物理、化学及力学性质对该地区岩体的工程性质及稳定性产生重要的影响。

图 1-3　苏南地区粉砂质泥岩夹层照片

江苏省滑坡地质灾害隐患点占全省隐患点的比重较大，其危害严重。目前，虽然针对部分地区典型滑坡灾害开展过部分研究工作，但尚未对全省典型地区滑坡地质灾害特征进行全面对比总结，而且整体研究深入程度也不够。对控制滑坡的关键岩层的微观结构、力学特征、地球化学特征、成灾机理及地域性规律、关键参数的经验取值等方面还缺乏较全面、细致的数据和研究支撑，因此，须通过多种手段加强典型地区滑坡地质灾害成因及启滑诱发机制的系统研究，全面提升地质灾害防治水平，切实保障受滑坡地质灾害影响的人民群众生命财产安全。

1.2　国内外研究现状

1.2.1　边坡泥化夹层物理力学特性研究现状

泥化夹层的形成是一个十分复杂的过程，针对泥化夹层的成因，目前已有许多研究成果。金德濂[1]分析了各类泥化夹层的成因，对泥化夹层进行了系统的分类，并根据大量试验给出了泥化夹层设计计算指标。王幼麟[2]分析了葛洲坝代表性泥化夹层的矿物成分，认为泥化夹层的形成需要以黏土矿物等高分散性物质作为物质基础，还需经过长期构造作用和物理化学作用综合作用。谭罗荣[3]在研究葛洲坝泥化夹层的分布规律时发现，泥化夹层一般出现在黏土含量较高的部位，也能出现在岩性变化较大的界面处。肖树芳等[4]曾根据泥化夹层的泥化机制,将其分成泥化型和蚀变-泥化型。泥化型泥化夹层是指原岩为含黏土矿物等高分散物质的原有软弱岩层的泥化夹层,这类泥化夹层在泥化过程中黏土矿物的类型和组成没有明显变化;蚀变-泥化型泥化夹层是指原岩并不含黏土矿物等高分散物质的泥化夹层,在泥化过程中,原岩中的原生矿物在地下水作用下发生蚀变转化为黏土矿物。易靖松等[5]通过研究西南红层地区泥岩-泥化夹层的矿物成分、化学元素以及微结构的变化规律,将泥化夹层形成过程中的水岩作用分成离子交换吸附阶段、易溶性矿物溶解阶段和软化崩解阶段,并分别描述了三阶段泥化夹层微观特征的变化。综合众多学者的研究结果来看,在泥化夹层形成过程中,上硬下软的岩层是泥化夹层形成的物质基础;构造作用破坏了原岩的结构,打通了地下水接触泥化夹层的通道,是其形成的必要条件;地下水的长期作用改变了软岩的性质,是泥化夹层形成的主导因素[6-8]。

泥化夹层的形成条件决定了它的分布特点,虽然其形成条件具有复杂性,但由大量的调查资料表明,泥化夹层的分布仍表现一定的规律性。在软硬互层的岩层中,软硬岩层间弹性参数相差越大,接触面上的应力越高,软岩越容易破坏。另外,软层厚度增大,应力将逐渐衰减;软层厚度较小时,应力集中大,更易形成泥化夹层。马国彦和高广礼[9]在研究黄河小浪底坝区泥化夹层的分布规律时,将较厚的砂岩和较薄的软岩组成的互层称为易泥化互层,而且其中抗剪强度越低的软岩夹层泥化作用越强。他们还发现泥化夹层多分布在大断层附近或厚度较薄的软岩夹层上部,而且全泥型泥化夹层仅分布在厚度小于 10 cm 的软岩夹层上部。因为,砂岩刚度大,易于传递应力;软岩刚度低,不易传递应力,两者交界部分应力更高,易发生泥化。软岩夹层厚度越小,应力集中越大,泥化程度越高。这也证明了地质构造活动诱导产生的剪切应力,是泥化夹层形成的必不可少的条件之一。

泥化夹层的成分复杂多样,地区不同,原岩成分不同,形成的泥化夹层成分也有很大差别。从总体来看,黏土矿物通常在泥化夹层矿物成分中占到较大比例。侯建华[10]通过化学、X 射线、电子探针分析兰营采场边坡钻孔岩心得出,该边坡泥化夹层主要成分为高岭石、埃洛石、滑石、绿泥石、蒙脱石,少量黄铁矿。但仍有部分泥化夹层不含黏土矿物或黏土矿物含量很低,熊亚萍等[11]取了三段三峡库区巴东组泥化夹层,并采用 X 射线粉晶衍射分析其矿物成分,发现三段中黏土矿物均不占优势,其具体成分如表 1-1 所示。曹运江等[12]在研究某工程泥化夹层时,对煤系地层作地质鉴定,发现仅含有少量的次生黏土矿物。但即使黏土矿物在泥化夹层中不占优势时,也能表现出明显的控制作用,特别是亲水的黏土矿物更应该引起重视。

表 1-1　各泥化夹层试样的矿物成分

软岩类型	矿物含量/%		
	T_2b^2	T_2b^{3-1}	T_2b^{3-2}
蒙脱石	10	7.5	5
绿泥石	15	10	10
伊利石	10	15	12.5
石英	51	7	6.5
长石	5	0	0
方解石	9	60.5	66

目前国内外学者提出的泥化夹层的分类方案有很多种。林天健等提出的 LCL 分类法是个较好的分类方案,不足的是,他将含水量作为分类的主要依据,而含水量是随着天然湿度变化而变化的状态指标,并不能反映泥化夹层本质特征。肖树芳将泥化夹层按粒度成分分为全泥型、泥夹碎屑型、碎屑夹泥型和泥夹粉砂、粉砂夹泥型,其具体分类如表 1-2 所示。李青云和王幼麟[13]曾采用模糊数学对泥化夹层进行工程分类,该分类综合考虑了天然含水量、粒度特征、比表面积、抗剪强度、地质赋存状态五种因素,较好地考虑了泥化夹层本身性质和赋存条件对工程的综合影响,在一定程度上克服了泥化夹层分类中存在的片面性和非定量性。

表 1-2　泥化夹层的粒度成分分类表

类型	黏粒含量/%	砾粒含量/%	砾砂组与粉粒组
全泥型	>20	<10	砾砂组<粉粒组
泥夹碎屑型	10～20	10～30	砾砂组>粉粒组
碎屑夹泥型	<10	>30	砾砂组>粉粒组
泥夹粉砂、粉砂夹泥型	<20	<20	砾砂组<粉粒组

在研究泥化夹层结构时,有学者从宏观角度出发,对泥化夹层进行结构分带。徐国刚[14]在研究碛口水利枢纽泥化夹层时根据其宏观结构将泥化夹层分成节理带、劈理带和泥化错动带,分带研究泥化夹层特征(图 1-4)。陶振宇[15]认为这三个部位不仅构造破坏程度不同,所受地下水的影响不同,三者的结构特性、物理化学性质、力学性质均有明显不同。节理带受构造影响较轻,在微观上仍然保持着原岩的结构特征;劈理带的原岩结构已经受到较严重的构造破坏,出现了与构造应力相适应的"新"结构,裂隙和微裂隙极其发育;泥化错动带中原岩结构被彻底改造,颗粒受到剪损,黏粒含量增高,并且与地下水形成了一种动态的平衡,化学成分和性质基本上保持稳定。泥化错动带和劈理带"岩性"基本丧失,具有

近似于土的特征。泥化夹层所处的物理化学状态在很大程度上影响了它的物理、力学性质，其不同部位亦是如此。物理化学活性越强，吸附能力就越大，亲水性就越显著，含水量和流塑限便越大。因此，泥化错动带的天然含水量、黏粒含量、流塑限最高，劈理带次之，节理带最低。天然干重度和抗剪强度则刚好相反。

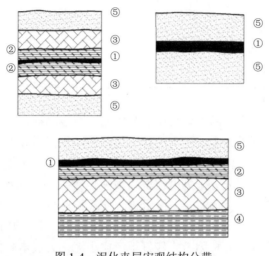

图 1-4　泥化夹层宏观结构分带
①泥化错动带；②糜棱状劈理带；③节理带；④粉砂岩或粉质黏土岩；⑤细砂岩

也有学者根据微观结构特征，来研究泥化夹层结构和强度。王先锋等[16]认为不同类型夹泥具有各向差异的宏观与微观结构形式，表现出各自不同的变形性质和强度特征。他们将泥化夹层微结构分为非均粒团聚基底结构、块状架空填充结构等7种结构，并分别作了阐述。肖树芳[17]认为砂岩、页岩、泥岩中的泥化夹层受构造层间错动，结构一般可分为表面层、定向带和非定向带三带（图1-5），表面层矿物团粒多呈点-面、边-面接触，粒间联结较弱；定向带矿物团粒呈面-面、边-面接触，粒间联结弱；非定向带中矿物团粒呈边-面接触，联结强度较高。将碳酸盐、泥灰岩中的泥化夹层分成表面淋溶层、泥化层、沉积胶化层和片状层。这类分带考虑了泥化夹层的地质赋存状况，更系统且更贴合实际。

在对泥化夹层的剪切特性进行研究时，徐国刚[18]发现泥化夹层的抗剪强度不仅取决于泥化夹层自身的性质，地层结构、试验方法等因素也会影响其抗剪强度。应采取能限制泥化夹层膨胀的大型原位抗剪试验来测试抗剪强度，采用固结慢剪指标来测试有效应力。柳群义和朱自强[19]在研究常吉高速公路上的红砂岩泥化夹层时发现，其内摩擦角随着泥化夹层含水量的增加而减小，黏聚力先增大后减小。李桂平[20]研究了砂岩中泥化夹层的膨胀性和剪切强度，提出了针对泥化夹层的处理措施。刘少华等[21]在研究下溪水利枢纽引水隧洞中泥化夹层时，将泥化夹层看作一种抗剪强度低的软弱结构面。俞培基等[22]采用动三轴试验研究了小浪底山体岩石泥化夹层，发现在高振次周期荷载作用下，只要泥化夹层所受的总剪切应力不超过其抗剪强度，它就不会因为强度疲劳而发生突发性破坏。该试验弥补了我国对泥化夹层动强度研究的空缺，对水利水电工程建设具有重要的指导意义。

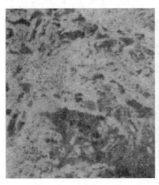  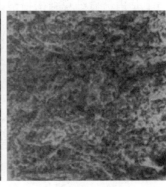

(a)表面层 (b)定向带 (c)非定向带

图 1-5 泥化夹层微观结构分带

由于泥化夹层成因的特殊性，大多数泥化夹层在形成过程中已经历过较大的地质构造力和剪切错动，已经达到类似超固结的状态，此时，泥化夹层的抗剪强度接近或已经达到残余强度，黏土矿物已基本定向排列[23-25]。1967 年，Kenney[26]提出了预测黏土类泥化夹层残余强度的经验公式：

$$\varphi_r = \frac{46.4}{0.446 I_P} \tag{1-1}$$

$$I_P = W_L - W_P \tag{1-2}$$

式中，φ_r 为残余强度；I_P 为塑性指数；W_L 为液限；W_P 为塑限。

1974 年，Kanji[27]也提了预测泥灰岩类泥化夹层残余强度的经验公式：

$$\varphi_r = 453.1 \left[W_L^{-0.85} \right] \tag{1-3}$$

式中，φ_r 为残余强度；W_L 为液限。

李青云和王幼麟[28]从泥化夹层的矿物组成和结构特征等微观结构出发，对泥化夹层的残余强度进行多因素综合分析，提出了预测残余强度的经验公式：

$$f_r = \frac{1}{5.313 - \dfrac{162.04}{B}} \tag{1-4}$$

$$f_r = 0.745 - 0.07324 \ln B + 0.000858 C \tag{1-5}$$

式中，B 为比表面；C 为胶结物含量。其中，式(1-4)适用于黏土岩类泥化夹层；

式(1-5)适用于灰岩夹页岩、泥灰岩类泥化夹层。相比 Kenney 和 Kanji 提出的经验公式,李青云和王幼麟提出的经验公式适用性更好,所用指标更容易测定,更具优越性。

以上学者都是从宏观角度研究泥化夹层的力学特性,但是泥化夹层的破坏本质上是内部微细观结构损伤累积的结果,仅仅研究其宏观力学性质是不够的,有必要对泥化夹层的细观渐进损伤进行识别。胡启军等[29]以扫描电子显微镜(scanning electron microscope, SEM)图像为基础,利用灰度直方图均衡化等方法实现了泥化夹层细观组构参数的准确提取并将其量化,为研究泥化夹层细观渐进损伤及破坏机制提供了基础。轩昆鹏[30]通过对荷载作用下的泥化夹层进行 CT 扫描,对其损伤演化过程进行分析,得到不同加载条件下泥化夹层内部损伤拓展规律。

1.2.2 酸碱性环境下泥页岩物理力学特性研究现状

岩石是由颗粒和晶体通过一定的胶结物而黏结在一起,化学腐蚀作用实际是改变这种胶结类型和矿物成分,尤其是对软硬互层状碎屑岩类,化学腐蚀作用会导致岩体的某些化学成分发生改变,甚至出现腐蚀迁移,导致岩体的矿物成分、结构构造及力学性质劣化,化学腐蚀是一种从微观结构的变化导致其宏观力学性质改变的过程。尤其是软弱夹层逐渐出现泥化的现象,使原来处于稳定状态的岩体出现滑移破坏,这些现象的出现逐渐引起国内外岩石力学领域专家的重视,导致岩体赋存环境中化学场的认识逐渐提上日程,并因此而开展了相应的研究工作。

在化学腐蚀环境下岩石物理力学性质的研究方面,汤连生等[31,32]对多种岩石在不同化学溶液作用下的岩石力学性能及断裂指标的时效性进行了试验研究,探讨了水化学损伤效应定量化表达方法及其对岩石劣化机理。韩林等[33]通过研究得出:酸化处理及注酸量的大小对岩石变形影响很大,岩石在加、卸载过程中弹性模量和泊松比均呈现快速下降趋势。谭卓英等[34]对不同 pH 下不同岩样的抗压强度、抗拉强度及抗剪强度等进行了研究,发现酸与碳酸盐岩及硅酸盐岩发生腐蚀作用的机制不同。刘杰等[35]对不同酸性环境中钙质砂岩的浸泡时间比尺及强度模型进行了研究,提出了时间比尺的概念,建立了试样腐蚀脱落深度与浸泡时间的关系。周翠英等[36]探讨了软岩饱水过程中化学成分的变化特征和规律,同时把岩石的宏观力学损伤及其变化规律与水-岩相互作用的化学及矿物颗粒损伤联系起来分析其弱化机制。陈卫昌等[37]通过研究发现酸雨的淋蚀作用会使试样的表面硬度和表层微观结构发生相应的改变,溶蚀产物会部分填充石灰岩内的微孔隙和微裂隙,可以有效减缓小尺寸孔隙的破坏。陈文玲等[38]通过研究表明:室温时,pH越小化学反应越充分,岩石脆性减弱,强度降低,但温度达到 80℃时,随着 pH的降低,岩样单轴抗压强度反而显著增大。黄明和詹金武[39]通过泥质页岩的循环崩解试验建立了岩石单次崩解后新增表面能及循环崩解累计新增表面能的计算公式和能量耗散量预测的对数函数表征公式。刘新荣等[40]通过研究得出：在干湿循环作用前期，砂岩的抗剪强度降幅很大；酸性环境下，砂岩抗剪强度劣化最为严重；干湿循环后的干燥试件抗剪强度劣化幅度远不如湿状态下的劣化幅度。韩铁林等[41]通过试验得出了冻融和化学溶液共同作用下砂岩的峰值强度及弹性模量均呈现出指数函数的劣化趋势，而其峰值应变却按指数函数的趋势增加。张峰瑞等[42]认为岩石损伤程度随着冻融循环次数的增加而增大，岩石各蠕变力学参数随着冻融次数和溶液环境的改变而明显变化。张站群等[43]研究了化学腐蚀后灰岩的动态拉伸力学特性。刘永胜等[44]通过试验研究了不同层面倾角的层状复合岩石在化学腐蚀作用下的力学特性变化情况。刘厚彬等[45]通过研究得出：酸蚀作用主要集中在 2 h 以内导致岩体孔洞、裂缝尺寸明显增大，其力学参数降低幅度最大，后期力学参数降低幅度变小，泊松比整体变化规律不明显。王苏然等[46]和廖健等[47]分别对酸化学腐蚀下花岗岩及石灰岩剪切强度特性进行试验研究。Karfakis 和Akram[48]通过研究得出：浸泡在化学溶液中岩石的断裂韧度和应变能减少，裂缝的开裂和扩展依赖于岩石的矿物成分、结构和溶液的化学性质。Haneef 和Johnson[49]通过多种技术手段研究了模拟酸雨对相互搭接或对接的石灰岩、砂岩、大理岩、花岗岩的腐蚀情况。Uchida 等[50]从单轴抗压强度、层理面方向、矿物成分、孔隙率和生物作用等方面对砂岩腐蚀情况进行了描述和分析。Rebinder 等[51]探讨了岩石力学特性在化学环境下的弱化规律，对几种不同化学药剂的作用及影响机制进行了分析比较，结合 Griffith 强度理论对岩石在水化学作用下裂纹扩展等进行了解释。Hutchinson 和 Johnson[52]对石灰岩在酸雨腐蚀作用后的力学性质进行了研究，采用 HCl、H_2SO_4 等溶液模拟酸雨，得到了其力学性质变化规律。Wang等[53]通过试验研究得出，化学腐蚀后的岩体变形模量显著提高，对峰值强度与弹性模量的影响较小。Han 等[54]试验研究得出了花岗岩经过酸腐蚀后，断裂韧性 K_{IC}、劈裂抗拉强度、抗压强度均随化学腐蚀时间的延长呈现相同的劣化趋势，强碱溶液则有一定的碱性抑制化学损伤恶化作用。

在化学腐蚀作用下岩石本构模型的研究方面，Feng 等[55]、陈四利等[56]对不同化学腐蚀作用下各类岩石的力学特性展开了系统的细观力学试验研究，获得岩石受水化学溶液侵蚀后的动态破裂特征及演化规律，建立了峰值前化学损伤本构模型。丁梧秀等[57]对水化学腐蚀作用展开了相关的细观力学试验研究，将化学腐蚀作用后的孔隙率变化作为损伤变量，建立了岩石在水化学腐蚀下的损伤演化本构模型。Li 等[58]建立了可应用于不同时段受酸腐蚀岩石的力学性质预测的化学损伤模型。对受酸腐蚀砂岩的抗压强度试验及 CT 扫描试验结果进行了分析与总结，发现砂岩中主要胶结物 $CaCO_3$ 的溶解是岩样强度和变形衰减的主要原因。霍润科等[59-64]对化学溶液下岩石的物理力学性质进行了大量的研究，建立了岩样渗透破坏深度、单轴抗压强度、CT 数与岩石密度之间的关系式，推导了受盐酸腐蚀圆柱形岩样的扩散控制方程，建立了扩散模型与单轴抗压强度之间的关系式及受腐蚀岩石的非线性弹性本构方程。崔强等[65]对受化学溶液腐蚀后的砂岩、单裂纹灰岩的微观形貌、矿物成分进行分析，建立了水-岩系统的对流-反应-扩散模型。丁凡等[66]研究了酸性环境下砂岩溶质运移的数学模型及其解析解。姜立春和温勇[67]把砂岩腐蚀后的主要胶结物含量的变化作为化学损伤变量，建立了砂岩在酸性矿山排泄水腐蚀作用下的损伤本构模型。王正波等[68]研究了酸雨对重庆武隆鸡尾山滑坡滑带页岩物理力学性质的影响。

1.2.3　宁镇地区下蜀土研究现状

下蜀土是一种类似黄土的沉积性土壤，在我国呈区域性广泛分布。南起太湖，北至苏北地区，西至汉江流域，向东延伸至东海、黄海大陆架。其中，在长江中下游流域比较多见，尤其是在宁镇山脉一带的低山、河成阶地及丘陵岗地等地貌单元。下蜀土分为红土和黄土两层，是一种非均匀性土层，在工程地质、水文地质性质上均会有差异，但以可塑—硬塑为主，结构致密，强度和承载力高，水理性质差，涨缩性明显。1932 年，李四光等在江苏地区下蜀镇发现了黄土地层，并将下蜀土命名为"下蜀黄土"。自此，国内外许多学者便对下蜀土的性质展开了研究。

在物源成因方面，众学者对于下蜀土的成因是众说纷纭的，有风成说、水成说，还有多成因说。造成这种争论的原因可能是不同学者选取的研究对象来自不同位置。不过，随着研究的深入，风成说现被更多的学者认同[69]。王爱萍等[70]通过图解法结合物源判别指数表明宁镇地区下蜀土与西北黄土成分更为相似，推断下蜀土与西北黄土物源均为西北的风尘堆积。李徐生等[71]将宁镇地区下蜀土与其他各地区如陕西、甘肃等地的土壤中的常量、微量元素进行对比，有力证明了下蜀土的风成说。并通过化学蚀变指数(CIA)表明宁镇地区下蜀土经历的化学风化强度为中等。师育新等[72]运用 X 射线衍射分析(XRD)的手段揭示了下蜀土的黏土矿物组成为伊利石、蛭石、高岭石型，同时再次佐证了下蜀土经历了中等强度的风化作用。林家骏等[73]通过试验的手段分析长江中下游地区不同地区下蜀土剖面的组分，并与西北黄土进行对比，得出西北黄土与下蜀土的物源一致的结论。其具体化学成分的差别则与气候及风化程度有关。余汶[74]通过观察下蜀土中古生物化石，发现其形成年代大致与马兰黄土相同。李立文等[75,76]通过对板桥—三山矶一带及江阴长山附近下蜀土中钙质结核的研究，阐明了钙质结核的形成条件以及物质组成。许峰宇和李立文[77]对下蜀土的磁化率进行了研究，在古地磁的角度对下蜀土进行了地层划分。

在工程性质方面，刘建刚和吕民康[78]从粒度成分，矿物组成，物理、水理性质等方面描述了下蜀土的工程地质性质。曾凡稳[79]分析总结了影响南京地区下蜀土边坡稳定的因素，并阐述了各影响因素的作用机理。吕民康[80]通过对不同层位下蜀土物理力学性质，以及不同层位性质产生差异的内在机理开展研究，得出造成不同土层性质差异的根本原因是环境变迁。另外，随着各种微细观技术手段的发展与成熟，学者们对下蜀土的研究更加深入。人们逐渐找到了更多的证据证明了下蜀土的宏观工程性状在很大程度上受到微细结构的系统状态或整体行为的控制，复杂的物理力学性状是其微细结构特性的集中体现。韩爱民等[81]通过三轴试验与扫描电镜的方法，将下蜀土的宏观力学性质改变与微观结构变化进行对比研究，得出了土体强度与结构变化之间的部分规律。丁长阳等[82]通过试验将下蜀土的物理力学指标以及微观结构要素结合分析，找出了压缩性定量指标与微观结构参数之间的函数关系，为预测下蜀土的变形沉降提供了微观方法。夏佳[83]对下蜀土的微结构进行了细致的研究，并在此视角解释了下蜀土的物理力学性质以及工程地质性质。

对于下蜀土的水稳定性，许多学者也做出了研究证明，宁镇地区下蜀土在干、湿程度有差异的情况下，其各项物理、水理性质均有所不同。韩爱民等[84,85]通过研究表明，当下蜀土含水率较高时，可塑性也增强，当含水率降低时，下蜀土强度增高，脆性也随之增强。另外对于脱湿状态下的下蜀土变形特征与基质吸力及静围压之间的关系也进行了研究，结果表明，下蜀土的变形特征与基质吸力呈负相关，而随着压缩性的降低，静围压对下蜀土的持水特性也越难形成干扰。

1.2.4 碎石土（土石混合体）研究现状

土石混合体的物理力学特性之所以有别于土体和岩体，其材料结构的差异是主要原因之一。随着计算机与图像技术的发展，使得土石混合体几何结构的研究成为可能。Li 等[86]运用 Monte-Carlo 原理模拟块石在土石混合体中的分布特征，建立了土石混合体的随机结构模型。油新华等[87]提出了利用数码摄像、自动图像识别和计算机数值仿真技术，建立土石混合体的精细结构力学模型的方法。Yue 和 Chen[88]建立了土石混合体的平面几何模型，体现了这一材料的非均质性等细观结构。徐文杰和胡瑞林[89]应用分维理论对虎跳峡龙蟠右岸分布的土石混合体粒度分布的分维规律进行了研究分析，建立了平均粒径与相应分维数之间的定量关系模型。Lanaro 和 Tolppanen[90]通过使用激光扫描技术获得土石混合体中碎块石的三维图像，通过傅里叶与几何分析提取砾石块体的具体参数，建立了土石混合体的结构模型。徐文杰和胡瑞林[91]及 Medley[92]指出土石混合体是由具有一定工程尺度、强度较高的块石、细粒土体及孔隙构成且具有一定含石量的极端不均匀松散岩土介质系统，其中可视粒径、土/石阈值、"土"与"石"的强度特征及含石量四个参数是土石混合体概念中的关键问题。徐文杰等[93]、Yue 和 Morin[94]、Kwan 等[95]建立了土石混合体各自相应的细观结构的"概念模型"。并在此基础上对研究区分布的土石混合体的粒度、块体表面分维、块体定向性分维及形态特征等内部细观结构进行了相应的统计分析研究。廖秋林等[96]提出了基于数码图像的土石混合体结构模型自动生成方法。舒志乐等[97]、Tyler 和 Wheatcraft[98]建立了土石混合体的二维分形结构模型，提出了粗、细料无标度区间粒度分维值的概念。Liu 等[99]、张亚南等[100]从规律性、可测性和易操作性三个方面说明采用波动方法探测土石混合体结构特性的可行性。徐文杰等[101]利用几何矢量转换技术，将二元数字图像下土石混合体的概念模型转换为有限元软件可以接受的矢量格式，从而为土石混合体细观结构数值模拟提供基础。徐文杰等[102]开发了基于任意凸多边形及椭圆形块石的土-石混合体细观结构随机生成系统——R-SRM2D。李世海和汪远年[103]针对土石混合体提出了一种随机计算模型。通过统计分析的方法研究了单轴受压情况下土石混合体内部应力场分布与土石配比、岩石块度大小等因素的关系。廖秋林等[104]基于土力学与岩石力学的实验室力学试验原理与方法，揭示了土石混合体的压密特性与机制，指出土石混合体 50 锤次可达到的最佳压密效果，而压密机制随含石量增加而有所变化。Shi 等[105]基于土-岩石细观统计数字成像结果，采用模拟退火算法扩展了三维堆积体细观结构特征。实现了堆积体的三维细观结构的构建。李长圣等[106]根据 CT 扫描得到土石混合体切面图像信息，通过二值化和砾石边界识别技术提取砾石表面点云数据，应用逆向工程软件重构砾石的三维模型。苑伟娜等[107]利用计算机 X 射线断层扫描技术，实时监测单轴加载作用下土石混合体试样内部结构的变化规律，分析土石混合体变形破坏的结构效应。基于 CT 的定位扫描原理，研究试样内部块石的运移规律，并建立内部结构变形与宏观变形的联系。

土石混合体的力学试验研究是探索、建立土石混合体理论的重要途径。土石混合体的力学试验研究主要分为两个方面。一方面是围绕块石在土石混合体中的作用进行了一系列室内试验研究，另一方面是开展相应的数值试验工作。黄广龙等[108]通过研究表明，散体岩土体的应力-应变关系为非线性硬化型，体变为剪缩并表现出体变随围压的增加而减小，材料的应力-应变关系比较符合 Duncan-Chang 模型的双曲线假设。武明[109]通过大型和中型三轴试验，并对影响抗剪强度的几个指标如粗颗粒含量、干密度、含水量等各自与抗剪强度的关系进行了分析。苑伟娜等[107]对土石混合体中不同形状、排列的块石对土石混合体力学特性的影响进行了研究。Li 等[86]通过现场试验研究表明，土石混合体的变形破坏具有材料变形破坏和结构变形破坏两种特性。油新华[87]根据野外大面积水平推剪试验，得出了土石混合体的变形特点和相关的力学参数。徐文杰等[110]通过现场试验，归纳出了土石混合体在天然状态下的全应力–应变曲线，提出在计算强度参数时应采用平均滑动面和对土石混合体的黏聚力起重要作用的关键粒径的概念。Xu 等[111]基于 R-SRM2D，运用数值试验的方法研究土–石混合体细观结构的差异与其细观损伤机制及宏观力学行为的关系。徐文杰和王永刚[112]、Wang 等[113]运用数值试验的方法研究了土石混合体的细观渗流场特征、渗透破坏机理及宏观渗透系数与细观结构的定量关系。徐文杰等[114,115]通过研究结果表明,土石混合体的剪切带将随着块石含量的增加而变宽,其内摩擦角增量与块石含量(25%~70%)近似呈线性增长的关系,黏聚力较相应土体有很大程度的降低,但当块石含量大于 30%时,其黏聚力随着块石含量的增加而缓慢降低。周中等[116]采用室内正交实验,研究了砾石含量、孔隙比和颗粒形状三个因素在不同水平下对土石混合体渗透系数的影响。廖秋林等[117]运用高精度岩石试验机,首次进行了土石混合体的单轴压缩试验。周剑等[118]通过研究得出利用双轴试验反算的土体微观参数运用于直剪试验获得的宏观力学参数与实际一致;一定含量的碎石使土石混合体的初始剪切刚度较均质土有所增大,达到峰值抗剪强度所需的剪切位移减少;假定土石界面的黏结强度为土体内部的 1/10 时,土石混合体的内摩擦角明显增大,而黏聚力则稍有减少;与均质土体直剪形成的破裂面相比,土石混合体模型中的裂隙部分集中于剪切面呈宽带状,部分存在碎石与土体分界面。邓华锋等[119]选取三峡库区典型土石混合体库岸边坡,进行不同含水率的土石混合体大试样室内直剪试验,重点对剪切应力–剪切位移关系曲线变化特征、剪切面破坏特征以及直剪试验中的剪切"跳跃"进行详细分析,并提出用临塑抗剪强度和极限抗剪强度来分析土石混合体的抗剪强度的方法。

随着计算机技术的发展,土石混合体的数值分析可以从不同角度探讨其变形破坏机理、强度特征。刘新荣等[120]针对土石混合体填筑路堤工后沉降的非线性蠕变特性,提出了一种能考虑材料非线性黏弹性变形的蠕变模型。高谦等[121]采用室内试验、现场试验和数值模拟的方法对其进行系统地研究,得出土石混合体的渗透系数与其非均匀度近似存在线性关系,渗透系数与土石混合体的孔隙比成正比。舒志乐等[122]应用分形几何理论研究土石混合体的强度特征。通过大型三轴试验,对不同粒度分维、不同围压下土石混合体的应力–应变特性、强度参数特征及峰值强度特征进行分析。李维树等[123]基于三峡库区水位涨落将引起土石混合体含水率变化的特点,在大量试验基础上,得出了不同碎石含量下 c、φ 值随含水率变化的弱化公式。徐文杰等[124]、Lebourg 等[125]、Chen 等[126]通过大尺度直接剪切试验提出了内部塑性区扩展可能存在的三种模式。杨冰等[127]比较了不同级配条件下土石混合体模型的微观结构及基本力学物理性能。研究了含石率对土石混合体骨架效应等结构性的影响,并提出了工程中建议采用的土石比例区间。Yue 和 Chen[88]利用有限单元法模拟了经典巴西劈裂试验并与真实试验进行对比,研究发现土石混合体材料的非均质性对试样拉应力的分布有重要影响。油新华等[128]采用 FLAC[3D] 程序对块石在土石混合体中的力学效应进行了详细分析,指出块石形状、分布对土石混合体的变形破坏起着控制作用。油新华等[129]也采用 FLAC[3D] 程序对土石混合体现场原位推剪试验进行了模拟,指出土石混合体的结构效应导致了其应变强化的出现及弹性模量与强度的增加。苑伟娜等[107]采用颗粒离散单元法

PFC^{3D} 模拟了土石混合体的压剪试验,研究了含石率对土石混合体力学特性的影响。张亚南等[100]、李世海和汪远年[103]利用三维离散元方法模拟了土石混合体单轴压缩试验、现场大直剪试验。徐文杰等[130]基于附加质量法,对金沙江中游梨园水电站左岸一土石混合体边坡在蓄水后地震作用下的稳定性进行分析研究。徐文杰等[131]以金沙江中游梨园电站坝前大型土石混合体边坡为例,基于精细地质结构模型,研究其在蓄水及库水位骤降过程中的流–固耦合及相应的稳定性变化特征。Liu 等[132]针对土石混合体中较大的颗粒无法在常规三轴仪上试验的问题,应用由 Hashin 和 Greszczuk 提出的理论模型,可以计算由弹性基质和大块颗粒组成的介质的弹性参数。结果表明,Hashin 模型能较好地预测土石混合体弹性参数,Greszczuk 模型预测效果较差。丁秀丽等[133]从土石混合体细观结构出发,融合细观结构模型生成技术、主–从接触面模型及非饱和土渗流与强度理论,建立非饱和土石混合体的细观数值模拟方法。

1.3　江苏省典型滑坡地质灾害分布及特点

滑坡灾害是江苏省重要地质灾害种类之一,也是汛期突发性地质灾害防治重点,主要分布于南京、镇江、苏州、无锡、连云港等地低山丘陵区及岗地地区,根据滑坡物质组成及形成机理,并结合全省滑坡地质灾害的发育区域看,总体可以分为四大滑坡灾害区。

1. 连云港云台山地区

连云港市云台山地区位于连云港市区东北部,主要包括锦屏山、前云台山、中云台山、后云台山等互不连续的断块山脉,为前古生代变质岩系组成。通过对研究区地质灾害调查结合资料分析,云台山地区共有滑坡 74 处,其中土质滑坡 59 处,岩质滑坡 15 处,以中小型滑坡为主,滑坡均发生于 4～9 月,多集中在 7 月、8 月的汛期阶段,这段时间的滑坡灾害发生总数占整个统计数据的 80%,滑坡发生频率与降雨分布的月份吻合,降雨对滑坡地质灾害的影响大[134,135]。

2. 南京镇江宁镇山脉地区

宁镇山脉西起南京市,东至镇江市孟河镇,东西长超过 100 km,山体略向北突出,呈弧形展布,宁镇山脉属于低山丘陵。下蜀土滑坡在宁镇山脉地区十分常见,具有分布广、数量多、规模小、季节性明显、受人为环境影响大的特点。下蜀土形成于第四纪晚更新世,普遍发育于宁镇地区,空间特征上,下蜀土滑坡集中分布在高程为 15～70 m 的岗地地区,少数分布在运河沿岸、长江沿岸和低山丘陵区。南京地区除秦淮区和建邺区分布较少,其余地区广泛分布,镇江地区的下蜀土滑坡主要集中于京口区、润州区以及句容市。下蜀土属于第四纪松散土状堆积物，成分以褐黄色粉质黏土为主，含有钙质结核，其结构单元体排列紧密，以絮凝体为主，联结类型为胶结联结和结合水联结，黏性和可塑性均较低，垂直节理发育，黏土矿物以伊利石为主，其次蒙脱石。下蜀土具有膨胀性，液性指数一般为 48%～65%，自由膨胀率为 30%～45%，具有弱膨胀潜势，遇水膨胀，失水收缩，土体垂直裂隙发育，往往加剧滑坡优势面的形成，陡坡以及较大临空面地段，容易发生滑坡。

时间特征上，下蜀土滑坡的发生时间主要集中在每年的夏季，6 月、7 月两个月的滑坡发生率占 88%左右；而群发性、大规模地质灾害的发生都在丰水年份，如 1954 年、1969 年、1991 年、2003 年、2008 年、2015 年等，发生率远远高于枯水年。下蜀土滑坡的规模特征表现为滑坡规模以小型滑坡为主(据统计，滑坡体积小于 1 万 m^3 的占到 90%左右)；滑动面的深度不大，多为浅层滑坡(据统计，滑动面深度小于 6 m 的占到 95%左右)。此外，下蜀土滑坡具有突发性强的特点，滑坡体吸水饱和以后，强度迅速降低，蠕动破坏变形时间较短，迅速进入整体性滑动破坏阶段，下蜀土滑坡突发性强的特点导致其可在短时间内造成较大的危害[136-138]。

3. 苏州无锡环太湖地区、江阴沿江地区

本地区出露的地层主要为中志留统茅山组及泥盆系五通群观山组的石英砂岩、粉砂岩、泥岩等。无锡市主要分布在江阴的秦皇山、花山、崎山、定山一线、沿江君山、黄山、长山一线及中部的毗山、砂山、乌龟山，无锡市区的陆区-阳山、惠山及太湖沿岸。苏州市主要分布在高新区阳山、凤凰山、鹿山、馒头山、王晏岭、高景山等地；吴中区七子山、尧峰山、清明山、穹窿山、玄墓山、玉屏山、东山莫厘峰、西山缥缈峰一带。

该区石英砂岩和含砾石英砂岩结构致密，抗压强度可以达到 80 MPa，抗风化能力强、属坚硬岩石，而泥质粉砂岩和粉砂质泥岩，胶结程度差，岩石强度低，属软岩，遇水易软化崩解(根据对无锡市石塘山泥化夹层试验结果，粉砂质泥岩夹层主要矿物石英占比 55%～60%，伊利石占比 10%～15%，伊利石占比 10%左右，蒙脱石占比小于 10%，凹凸棒土占比 5%～10%)，在坡向与层面一致的高陡临空面上极易沿软弱夹层发生顺层岩质滑坡灾害[139-141]。

4. 宜兴、溧阳南部山区

宜兴市南部的丁蜀、张渚、太华、湖㳇等低山丘陵区。冲沟、山谷地区残坡积层厚度整体比较大，如张渚、太华、湖㳇等镇，泥盆系五通群、志留系茅山组砂岩上覆盖着一层厚度 1～5 m 的残坡积碎石、粉质黏土，结构松散，村庄多分布在山体周围，距离山体较近，村民建房切削山坡的现象较为普遍，形成了坡度陡、高度大的不稳定斜坡，形成了许多沿土岩分界面的碎石土滑坡灾害[142, 143]。

第 2 章　苏南地区滑带土形成与聚集的地球化学特征研究

2.1　试　验　方　案

2.1.1　试验设计

为对苏南地区边坡中的泥化夹层性质、破坏演变规律进行研究，采取试验设计如下。

(1) 收集取样边坡相关资料，进行进场调研，根据《工程地质试验手册》选取不同边坡、不同泥化程度的典型试样，将试样用塑料袋密封、保湿，以用于室内试验。

(2) 按照取样地点、泥化程度给试样进行分组，其中Ⅰ-1、Ⅰ-2 组试样取自雪浪山香草园西侧边坡、Ⅱ组试样取自雪浪山横山寺西南侧边坡；Ⅲ组试样取自无锡白石里边坡；Ⅳ组试样取自江阴市 500 kV 利梅线 71#电塔东南侧边坡；Ⅴ-1、Ⅴ-2、Ⅴ-3 组试样取自苏州清明山。

(3) 在Ⅰ-1、Ⅰ-2、Ⅱ组试样中每组选取两个试样，再在Ⅲ、Ⅳ、Ⅴ-1、Ⅴ-2、Ⅴ-3 组试样中每组选取 1 个试样，研磨成粉，过 200 目筛，进行 X 射线衍射分析。

(4) 在每组试样中另取 1~2 个试样，烘干，加工，镀金，在扫描电镜下观察，并在Ⅰ-1、Ⅰ-2、Ⅱ组试样中选择适当位置进行能谱仪分析。

(5) 在每组试样中另取部分试样，烘干，过 60 目筛。加水搅拌均匀成 20%含水率的塑性试样，密封保存静置 24 h 后，重塑成重度 22.5 kN/m³、尺寸 Φ6.18×2 cm 的规则试样，Ⅱ组试样共 114 个，其余每组试样 12 个，共 198 个试样。

(6) 取每组试样重塑后的规则试样，在 100 kPa、200 kPa、300 kPa、400 kPa 的法向荷载下进行反复剪切试验，每级荷载共重复 3 次，统计并分析试验结果。

(7) 另取重塑后的Ⅱ组试样 96 个，在阴暗密闭的环境下静置 1 d、3 d、5 d、7 d、14 d、30 d、60 d、90 d，取静置后的试样进行直剪试验，统计并分析试验结果。

(8) 另取重塑后的Ⅱ组试样 4 个，分别在 100 kPa、200 kPa、300 kPa、400 kPa 法向荷载下剪切至残余强度；再取重塑后的Ⅱ组试样 2 个，在 200 kPa 法向荷载下剪切至剪切位移为 6 mm、16.8 mm。取上述试样剪切面附近的部分，烘干、加工，在扫描电镜下观察，加工处理完成的试样如图 2-1 所示。

图 2-1 样品台上处理完成的试样

2.1.2 试样制备

在每组试样中取部分放入烘箱内烘干，烘箱内温度为 105℃，烘干时间为 24 h。将烘干后的试样过 60 目筛(图 2-2)，过筛后用天平称好每一份的质量，计算出每份重塑时所需添加的蒸馏水质量，用喷壶将蒸馏水均匀喷到干粉表面，同时用铲子充分搅拌，制成含水率 20%的湿粉。用保鲜膜将试样密封保存静置 1 d 后(图 2-3)，将湿粉重塑成重度 22.5 kN/m³、尺寸为 Φ6.18 cm×2 cm 的规则试样，其中 Ⅱ组试样 108 个，其余每组试样 12 个(图 2-4)。

图 2-2 试样过筛

图 2-3 密封保存湿粉

2.1.3 试验仪器

为研究试样的抗剪强度，为工程设计和施工提供物理力学参数，采用配制有伺服控制加载的四联应变控制式直剪仪对各组重塑样进行反复直剪试验(图 2-5)。本次 X 射线衍射分析采用荷兰帕纳科公司(Holland Panalytical)生产的 X'Pert-Pro

型 X 射线衍射仪(型号 HX041),仪器扫描方式 θ-θ,检测环境温度为 25℃,湿度为 52%。试验依据标准《沉积岩中黏土矿物和常见非黏土矿物 X 射线衍射分析方法》(SY/T 5163—2018)进行操作。

　　　　图 2-4　重塑后的 II 组试样　　　　　　图 2-5　四联应变控制式直剪仪

　　为进一步了解泥化夹层的结构和各种矿物的联结方式,本次试验采用日本日立公司(Hitachi)生产的 SU3500 型扫描电子显微镜(图 2-6),该仪器采用了全新设计的电子光学系统和信号处理技术,实现了高速扫描和低噪声的观察;在低加速电压观察时分辨率更高,可更好地观察样品表面的细微形状和更有效地降低样品的损坏;更重要的是,这台仪器配备了 Oxford 公司生产的 X-Max 型电制冷能谱仪(图 2-7),其可以根据电压的不同来探测试样表面不同深度范围内的元素组成,结合电镜照片可以更准确地识别矿物。

　图 2-6　Hitachi SU3500 型扫描电子显微镜　　图 2-7　X-Max 型电制冷能谱仪

2.1.4　试验步骤

　　采用反复直剪强度试验研究各组泥化夹层重塑试样黏聚力、内摩擦角和残余强度，综合分析组成泥化夹层的矿物成分与泥化夹层强度的相关性。反复直剪强度试验步骤参照《土工试验方法标准》（GB/T 50123—2019），具体如下。

（1）对准剪切容器上下盒，插入固定销，在下盒内放透水板和滤纸，将带有试样的环刀刃口向上，对准剪切盒口，在试样上放滤纸和透水板，将试样推入剪切盒内。

（2）移动传动装置，使上盒前端钢珠刚好与测力计接触，依次放上传压板、加压框架，安装垂直位移和水平位移量测装置，并调至零位或测记初读数。

（3）根据工程实际和土的软硬程度施加各级垂直压力，对松软试样垂直压力应分级施加，以防土样挤出。施加压力后向盒内注水，在加压板周围包以湿棉纱。

（4）施加垂直压力后，按规范要求测读垂直变形，直至试样固结变形稳定。变形稳定标准为每小时不大于 0.005 mm。

（5）拔去固定销，启动电动机正向开关，以 0.02 mm/min 的剪切速度进行剪切，试样每产生剪切位移 0.2～0.4 mm 记录测力计和位移读数，当剪切应力超过峰值后，按剪切位移每产生 0.5 mm 测读一次，直至最大位移达 10 mm 停止剪切。

（6）第一次剪切完成后，启动反向开关，将剪切盒退回原位，插入固定销，反推速率应小于 0.6 mm/min。

（7）等待半小时后，重复上述步骤（3）、（4）进行第二次剪切，如此反复剪切 4 次。

（8）剪切结束，吸去盒中积水，卸除压力，取出试样，描述剪切面破坏情况，取剪切面上的试样测定剪切后含水率。

采用直剪试验研究静置不同时间的重塑泥化夹层黏聚力的变化，分析泥化夹层强度与重塑后静置时间的相关性，为工程设计和施工提供参考依据。固结慢剪试验步骤与上述反复直剪强度试验步骤相似，只需将剪切的次数变为单次。

2.2　试　验　结　果

2.2.1　X 射线衍射分析

各组试样 X 射线衍射分析图谱见图 2-8～图 2-15。根据 X 射线衍射图谱将各组试样中矿物成分统计至表 2-1。从 X 射线衍射的结果可以看出，组成八种试样的主要矿物为石英和黏土矿物。由于各组试样均取自石英砂岩所夹的泥化夹层，受原岩矿物成分影响，石英在总矿物成分中占比较高，大都在 40% 左右。组成各试样的黏土矿物种类较多，其中 I-1、I-2 组试样的黏土矿物以叶蜡石和伊利石为主，含有少量高岭石和蒙脱石；其余试样中黏土矿物以伊利石为主，未见叶蜡石。IV 组试样中含有一定量（10%～20%）的高岭石；V-1 组试样含有少量高岭石和绿泥石,可能含有少量的蒙脱石;Ⅴ-2 组试样中少量蒙脱石;Ⅴ-3 组试样中含有一定量(<10%)的蒙脱石。

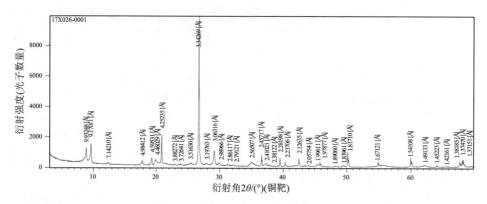

图 2-8　Ⅰ-1 组试样 X 射线衍射图谱

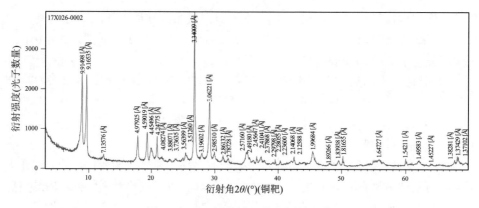

图 2-9　Ⅰ-2 组试样 X 射线衍射图谱

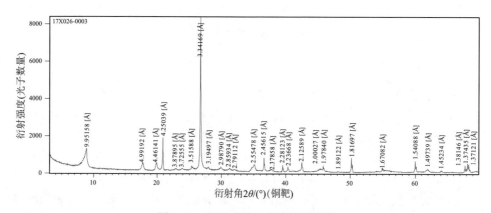

图 2-10　Ⅱ组试样 X 射线衍射图谱

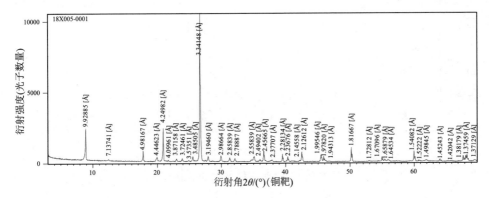

图 2-11　Ⅲ组试样 X 射线衍射图谱

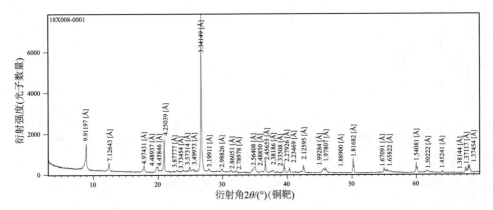

图 2-12　Ⅳ组试样 X 射线衍射图谱

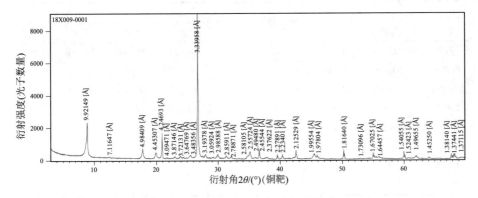

图 2-13　Ⅴ-1 组试样 X 射线衍射图谱

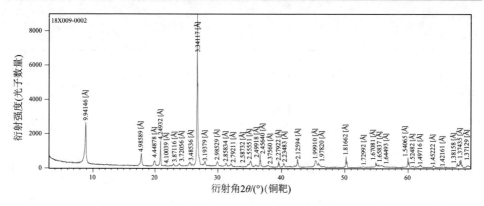

图 2-14   Ⅴ-2 组试样 X 射线衍射图谱

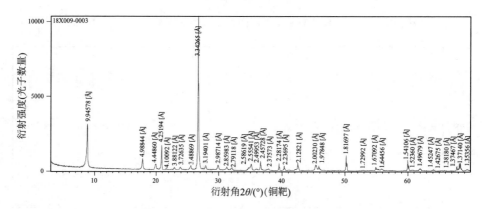

图 2-15   Ⅴ-3 组试样 X 射线衍射图谱

表 2-1   各试样矿物成分含量   （单位：%）

矿物成分	编号							
	Ⅰ-1	Ⅰ-2	Ⅱ	Ⅲ	Ⅳ	Ⅴ-1	Ⅴ-2	Ⅴ-3
石英	45～50	20～25	35～40	40～45	50～55	35～40	35～40	40～45
叶蜡石	30～35	35～40	—	—	—	—	—	—
伊利石	10～15	30～35	55～60	50～55	30～35	50～60	50～60	40～50
高岭石	<5	<5	—	—	10～20	少量	—	—
蒙脱石	少量	少量	—	—	—	*	少量	<10
绿泥石	—	—	—	<5	—	少量	—	—
磁铁矿	—	—	少量	—	—	—	*	*
锐钛矿	*	*	少量	—	—	—	—	—

注：*代表可能含少量；—代表未检出。

Ⅰ-1、Ⅰ-2 组试样矿物种类差异不明显，均以石英、叶蜡石、伊利石为主，均含少量高岭石、蒙脱石，可能含少量锐钛矿。相比取自泥化夹层中部的 Ⅰ-1 组试样，取自泥化夹层与砂岩软硬交界部分的 Ⅰ-2 组试样中石英含量明显更低，黏土矿物含量显著提高，以伊利石变化最明显，从 Ⅰ-1 组试样中的 10%～15%变化到 30%～35%。可以认为造成这种差异的原因是泥化夹层在软硬交界的部分水岩作用更加活跃，泥化程度更高，矿物成分与原岩表现出更大的差异。

相比于 Ⅰ-1、Ⅰ-2 组试样，Ⅱ组试样矿物组成较为简单，黏土矿物仅伊利石一种，含量为 55%～65%，未见叶蜡石、高岭石和蒙脱石。石英含量为 35%～40%，还含少量磁铁矿，磁铁矿以深红色铁质浸染形式呈现，综合雪浪山地层分布情况综合分析，可以确认Ⅱ组试样和 Ⅰ-1、Ⅰ-2 组试样并非属于同一层泥化夹层中。

Ⅲ、Ⅳ组试样矿物组成更为简单。其中Ⅲ组试样含 40%～45%的石英、50%～55%的伊利石和少量绿泥石；Ⅳ组试样含 50%～55%的石英、30%～35%的伊利石和 10%～20%的高岭石，石英和高岭石含量比其余各组试样都更高。

Ⅴ-1、Ⅴ-2、Ⅴ-3 组试样的骨架矿物和黏土矿物的成分和含量均表现出相似性，石英含量均在 35%～45%，伊利石含量在 40%～60%左右，均含一定量和少量蒙脱石，Ⅴ-1 组试样含少量高岭石和绿泥石。综合其他勘查资料，可以确定Ⅴ-1、Ⅴ-2、Ⅴ-3 组试样所属泥化夹层为同一泥化夹层。

2.2.2　扫描电镜观察和能谱仪分析

2.2.2.1　Ⅱ组试样扫描电镜观察

从 X 射线衍射的试验结果(表 2-1)来看，Ⅱ组试样的矿物组成更为简单，首先选取Ⅱ组试样的原状样新鲜面进行观察。从该组试样中选取 3 件进行加工，其中 2 件用于观察层理面，下文称层面；1 件垂直层理面进行观察，下文称断面。

在扫描电镜下，Ⅱ组试样中的片状矿物成层排列(图 2-16 和图 2-17)，通过能谱仪分析可知，该矿物 K 元素质量百分比为 7.72%，原子百分比为 4.27%(图 2-18

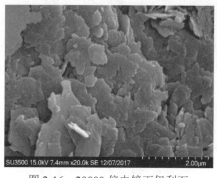　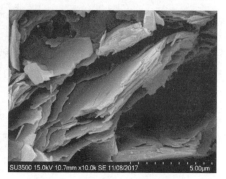

图 2-16　20000 倍电镜下伊利石　　　图 2-17　10000 倍电镜下伊利石

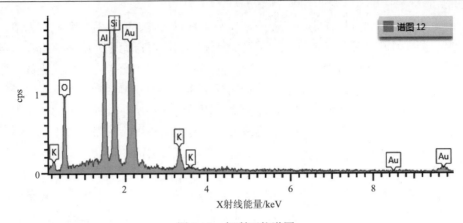

图 2-18　伊利石能谱图

cps 代表能谱仪所收集的反射粒子数

和表 2-2)。结合 X 射线衍射结果综合判断该类片状矿物为伊利石。电镜下伊利石片层厚度小于 1 μm，片层大小尺寸不一，矿物间多呈面-面接触，但微空隙较多，结构较为松散。

表 2-2　伊利石能谱仪分析结果　　　　　　　　　　(单位：%)

元素	质量百分比	原子百分比
O	41.24	55.76
Al	20.64	16.55
Si	30.40	23.42
K	7.72	4.27
总量	100.00	100.00

　　在另一个平面中，在 300 倍下观察到一条宽 20~60 μm 的条带(图 2-19)，将电镜放大倍数提升至 1000 倍，可清楚观察到条带中有线团状矿物嵌在伊利石中(图 2-20)。该颗粒直径在 2~5 μm，由丝状矿物缠绕包裹而成，有的单个镶嵌于伊利石矿物中(图 2-21)，有的组合成集聚体镶嵌在伊利石中(图 2-22)。能谱仪显示该颗粒状矿物 Fe 元素质量百分比 91.35%，原子百分比 78.08%(图 2-23 和表 2-3)，结合 X 射线衍射的结果综合认定该矿物为磁铁矿，条带为铁质浸染条带。

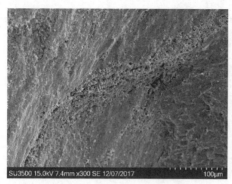

图 2-19　300 倍电镜下铁质条带

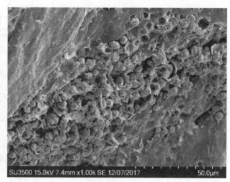

图 2-20　1000 倍电镜下铁质条带

图 2-21　20000 倍电镜下单个磁铁矿

图 2-22　16000 倍电镜下多个磁铁矿集聚

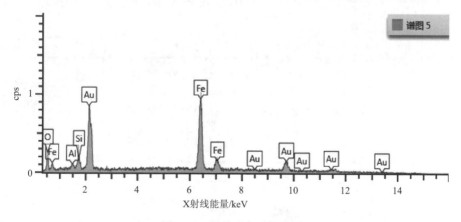

图 2-23　磁铁矿电子能谱图

表 2-3　磁铁矿能谱仪分析结果　　　　　　　　　　　　（单位：%）

元素	质量百分比	原子百分比
O	5.55	16.59
Al	1.08	1.91
Si	2.02	3.42
Fe	91.35	78.08
总量	100.00	100.00

从 X 射线衍射的分析结果来看，Ⅱ组试样中石英矿物的平均占比达到 35%～40%，但在对Ⅱ组试样进行扫描电镜观察时，并未观察到明显的石英矿物。考虑到这几次观察都是敲碎泥化夹层，取其新鲜面进行观察，而石英矿物之间连接强度比较高，泥化夹层一般会沿胶结强度降低的伊利石之间破裂，所以在平面和断面的观察中均未直接观察到明显的石英。通过增加能谱仪透射电压，增加能谱仪的分析深度(图 2-24)，发现元素占比中 Si 和 O 的质量百分比和原子百分比显著增加(表 2-4)。证明Ⅱ组试样中确实含有一定比重的石英，且这些石英"隐藏"在伊利石矿物之下，所以并未直接观察到石英矿物。

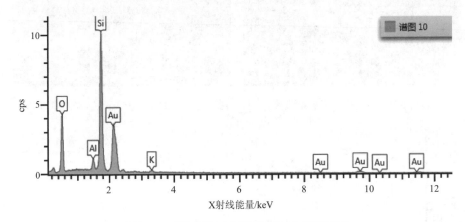

图 2-24　增加透射电压后伊利石电子能谱图

表 2-4　增加透射电压后能谱仪分析结果　　　　　　　　（单位：%）

元素	质量百分比	原子百分比
O	50.24	64.06
Al	3.42	2.58
Si	44.84	32.57
K	1.50	0.79
总量	100.00	100.00

2.2.2.2　Ⅰ-1、Ⅰ-2 组试样扫描电镜观察

考虑到Ⅰ-1、Ⅰ-2 组试样取自同一地点同一泥化夹层，遂将这两类试样进行比较分析。试样中含有伊利石和叶蜡石两种片状矿物，两种矿物除理论分子式、元素含量不同外，在扫描电镜下显示出这两种矿物外观上的区别。在这两种试样中，伊利石多呈有起伏的羽毛状(图 2-25)，叶蜡石多呈平直的鳞片状、叶片状，也有部分叶蜡石聚集为致密的块状集聚体(图 2-26)。除聚集为集聚体的部分之外(图 2-27)，其余叶蜡石间结构松散。

图 2-25　500 倍电镜下伊利石　　　　　　图 2-26　5000 倍电镜下叶蜡石

在 5000 倍下观察Ⅰ-1 组试样，还观察到高岭石(图 2-28 黑色线框内)。在扫描电镜下，高岭石矿物集合体由许多六角形晶片相互重叠而成，结构较为典型，在 10000 倍下仍无法观察到晶片间空隙，联结致密。

图 2-27　500 倍电镜下叶蜡石集聚体　　　　图 2-28　5000 倍电镜下高岭石

纵观Ⅰ-1 组试样所有平面和断面，相比Ⅰ-2 组试样，Ⅰ-1 组试样矿物和矿物集聚体之间联结更为致密，孔隙率更低。考虑到这两组试样是取自同一泥化夹层

的不同部位，可以认为造成结构差异的主要原因是泥化程度不一，处于泥化夹层和石英砂岩交界处的部分，所受的泥化作用更强烈，泥化程度更高，其结构相较于原岩的结构发生了较大的变化，结构更疏松。

在各组试样中，石英颗粒都较为粗大，粒径在 150～500 μm（图 2-29 和图 2-30），石英间依靠伊利石胶结。这种胶结强度较低，遇水软化较为严重，所以在实际中黏土矿物含量高的泥化夹层的强度对暴雨天气很敏感。

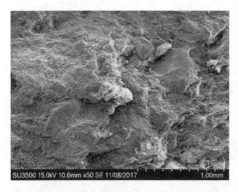 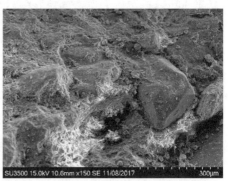

图 2-29　50 倍电镜下 I-1 组试样　　　　　图 2-30　石英被伊利石矿物包裹

2.2.2.3　Ⅱ组试样剪切面扫描电镜观察

根据反复剪切试验中Ⅱ组重塑试样在反复直剪试验中的应力应变变化规律，Ⅱ组试样一般在产生 6.0 mm 剪切位移时达到第一个峰值强度，剪切位移达到 16.8 mm 时达到第二个峰值强度，产生 33.0 mm 剪切位移时达到最终残余强度。Ⅱ组重塑试样达到残余强度时，剪切面起伏不平，剪切面上遍布平行剪切方向的擦痕（图 2-31）。另取 6 个Ⅱ组重塑试样，其中 4 个分别在 100 kPa、200 kPa、300 kPa、400 kPa

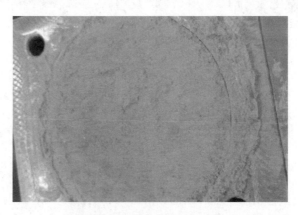

图 2-31　达到残余强度时的剪切面

的法向荷载下进行反复剪切试验；另外两个试样在 200 kPa 的法向荷载下分别剪切 6.0 mm、16.8 mm 剪切位移时，取剪切面进行切割、烘干、喷金，在扫描电镜下观察剪切面附近片状矿物的排列规律。

　　在扫描电镜下同样可以明显观察到剪切面上的擦痕、微擦痕以及剪切时由剪胀作用产生的微裂隙。由于微裂隙和微擦痕的存在，可以通过调整电子显微镜镜头角度、距离和放大倍数来全方位、多角度观察剪切面上矿物的排列方式。在低倍(50～500 倍)下，镜头垂直剪切面观察剪切至残余强度的剪切面时，可以观察到剪切面上鳞片状矿物的起伏方向一致，羽毛尖端指向一个方向(图 2-32 和图 2-33)，呈现出明显的定向排列。

 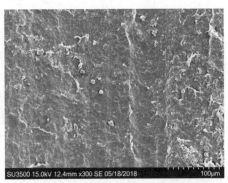

图 2-32　50 倍电镜下剪切面　　　　　　图 2-33　300 倍电镜下剪切面上微擦痕

　　通过调整电镜逐条观察擦痕可见，每条微擦痕上伊利石均出现定向排列，排列方向与剪切位移方向一致，矿物间呈面-面接触，连接致密，矿物层层堆叠，擦痕表面未见明显空隙，擦痕走向和伊利石排列方向一致(图 2-34～图 2-37)，均与剪切方向平行。

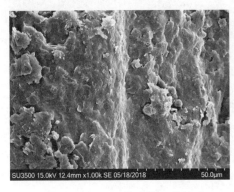 

图 2-34　1000 倍电镜下的擦痕　　　　　图 2-35　5000 倍电镜下的擦痕

 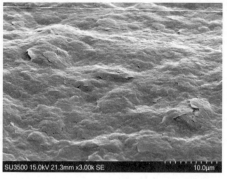

图 2-36　200 kPa 法向荷载下某擦痕顶端细观　图 2-37　200 kPa 法向荷载下某擦痕左翼细观

　　在这几个试样的剪切面上，矿物均出现定向排列，且各试样间无明显差别（图 2-38 和图 2-39），说明剪切应力与矿物定向排列相关性不大，矿物定向排列主要取决于剪切位移。多条典型微擦痕上片状伊利石矿物的排列均同样表现出明显的定向性。而且，观察发现矿物在定向排列方向上的长度要比垂直该方向上的长度更长，通过与原状样中的伊利石矿物形态对比，推测可能是矿物转动所致或者矿物在剪切作用下被拉长。

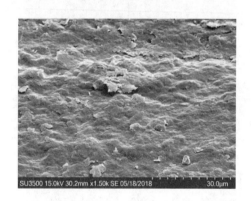 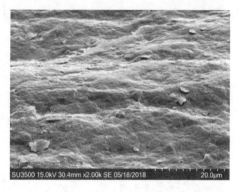

图 2-38　300 kPa 法向荷载下擦痕上矿物定向　　图 2-39　400 kPa 法向荷载下擦痕上矿物定向
　　　　　　　　　　排列　　　　　　　　　　　　　　　　　　　　排列

　　在剪切至 6.0 mm，即试样的剪切应力达到峰值时，结构面附近的矿物与剪切面呈垂直或者大角度相交，呈现出明显的不规则性（图 2-40～图 2-43），与前文中出现的定向排列表现出显著的差异。

图 2-40　20 倍电镜下剪切 6.0 mm 时剪切面

图 2-41　剪切面附近矿物呈不规则排列

图 2-42　500 倍电镜下剪切面附近的矿物

图 2-43　1000 倍电镜下剪切面附近的矿物

　　当剪切位移达到 16.8 mm 时，此时试样已经历过一次剪切和回推，在剪切应力-剪切位移关系曲线上应力达到第二次反复的稳定值，剪切面附近的矿物已经表现出一定的定向性，大部分矿物排列方向与剪切方向平行或者小角度相交（图 2-44和图 2-45），表现出一定的定向性，但仍有一部分矿物排列方向与剪切方向大角度相交，与达到残余强度时的完全定向排列仍有一定的差异。

图 2-44　剪切位移 16.8 mm 时的剪切面 1

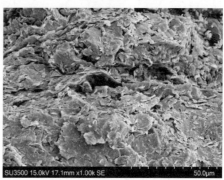

图 2-45　剪切位移 16.8 mm 时的剪切面 2

对比在 200 kPa 法向荷载作用下产生 6.0 mm、16.8 mm、37.0 mm 剪切位移时试样剪切面附近矿物排列方式，可以认为，在直剪试验中，剪切面附近的矿物随着剪切位移的增加而产生转动，当大部分矿物转动至垂直剪切方向时，试样达到峰值强度；继续剪切，剪切面附近的矿物逐渐转动至与剪切面呈小角度相交，当剪切面附近矿物全部沿剪切面定向排列时，整个试样达到残余强度。此后，随着剪切位移的增加，试样的强度与剪切面附近矿物的排列方式均不再产生明显变化，保持稳定。

2.2.3　反复剪切试验结果分析

II组试样在各级法向荷载下的剪切应力-剪切位移关系曲线如图 2-46 所示，在 100 kPa 法向荷载下，第一次反复中，试样剪切至 5.4 mm 时剪切应力达到峰值，峰值强度为 37.73 kPa，峰值后应力略有下降；第二次反复中，试样剪切 3.4 mm 时剪切应力达到峰值，峰值强度为 30.28 kPa；第四次反复中，试样剪切 2.4 mm 时剪切应力增加至 20.58 kPa，并且在 2.4～7.0 mm 内剪切应力均保持不变，可认为试样在剪切 32.4 mm 时剪切应力已完全达到残余强度。在 200 kPa 法向荷载下，第一次反复中，试样剪切至 6.0 mm 时达到峰值强度 57.80 kPa，峰值后应力略有下降；第二次反复剪切 6.8 mm 时，曲线出现第二次峰值 47.04 kPa，峰值后剪切应力略有下降；第三次反复剪切至 8.2 mm 时，出现第三次最大值，峰值后应力无下降，稳定在 35.61 kPa；第四次反复剪切 3.0 mm 时，即总剪切位达到 33.0 mm时，试样的剪切应力增加至 32.05 kPa，并且连续剪切 4 mm 应力均稳定不变，可认为此时试样已完全达到残余强度。在 300 kPa 法向荷载下，试样剪切 7.2 mm 时剪切应力达到峰值，峰值强度为 139.65 kPa，且试样在前 2.0 mm 剪切位移内表现出明显的塑性变形，剪切应力呈直线增长，增长速率为 44.46 kPa/mm；试样剪切

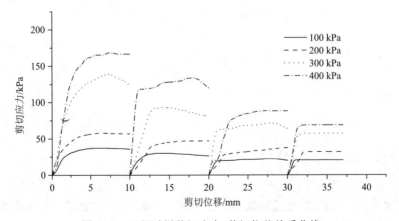

图 2-46　II组试样剪切应力-剪切位移关系曲线

32.0 mm 时应力达到残余值，残余强度为 52.05 kPa。在 400 kPa 法向荷载下，试样剪切 7.2 mm 时剪切应力达到峰值，峰值强度为 168.92 kPa，前 3.2 mm 剪切位移内试样处于弹性变形阶段，剪切应力增长速率为 47.23 kPa/mm；剪切 31.8 mm 时，剪切应力达到残余值，残余强度为 68.77 kPa。

在剪切应力-剪切位移关系曲线中，剪切应力在每次反复剪切试验上的峰值逐次减小，直至出现残余强度才最终保持稳定。在较高等级的法向荷载(300 kPa 和 400 kPa)下，试样才表现出明显的弹性变形阶段，且法向荷载越大，弹性变形阶段越长，剪切应力增长速率越快。

除Ⅳ组试样外，其余各组试样的剪切应力变化规律和Ⅱ组试样相似。Ⅳ组试样在第一次反复中，随着剪切位移的增加，剪切应力不断增加，在各级法向荷载下均未出现峰值强度(图 2-47)，破坏形式接近延性破坏。且各反复间的剪切应力也未出现递减规律，剪切至 40.0 mm 时仍未出现明显的残余强度。

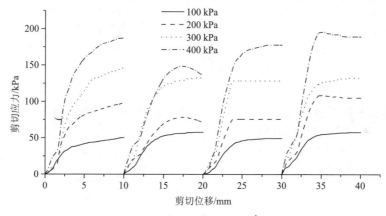

图 2-47　Ⅳ组试样剪切应力-剪切位移关系曲线

结合矿物成分及各组试样重塑后的形态进行分析，可认为Ⅳ组试样出现不规则剪切应力变化规律的原因是Ⅳ组试样中高岭石含量较高，接近 20%，高岭石矿物的水稳性好，具有亲水性差、可塑性低和压缩性低的特点，所以Ⅳ组试样的塑性指数较低。而在试样制备时，为更好地横向比较各试样的强度，重塑时统一制备成 20%含水率的试样。由于高岭石含量较高，20%含水率的Ⅳ组试样此时已接近流塑状态，在直剪试验中表现出接近延性破坏的破坏形式；而不含高岭石或者高岭石含量少的试样，试样的塑性指数较高，含水率为 20%时处于硬塑或者可塑状态，在反复直剪试验中表现为脆性破坏或塑性破坏。

将各组试样在各级法向荷载下的峰值抗剪强度和残余抗剪强度统计至表 2-5 和表 2-6。由于Ⅳ组试样未出现明显峰值强度和残余强度，依据相关规范取第一次反复剪切位移6 mm时的剪切应力视为峰值强度，残余强度不作研究。

表2-5　各组试样峰值抗剪强度统计　　　　（单位：kPa）

法向荷载	编号							
	I -1	I -2	II	III	IV	V -1	V -2	V -3
100	61.48	30.72	37.73	43.38	43.00	48.85	39.79	45.30
200	115.72	73.57	56.03	130.96	86.15	92.30	80.77	90.77
300	159.93	120.47	139.65	196.62	131.76	135.69	121.11	132.89
400	197.16	176.28	168.84	235.32	170.83	181.32	178.40	181.78

表2-6　各组试样残余抗剪强度统计　　　　（单位：kPa）

法向荷载	编号						
	I -1	I -2	II	III	V -1	V -2	V -3
100	21.22	13.91	20.58	24.73	26.40	32.06	29.80
200	44.18	29.33	32.05	48.71	51.74	63.74	82.31
300	65.74	40.77	57.40	75.47	81.31	95.32	88.96
400	84.93	61.41	68.91	99.25	107.62	126.97	120.43

将表2-5和表2-6中的数据绘制成峰值强度-法向应力关系曲线（图2-48）和残余强度-法向应力关系曲线图（图2-49）。

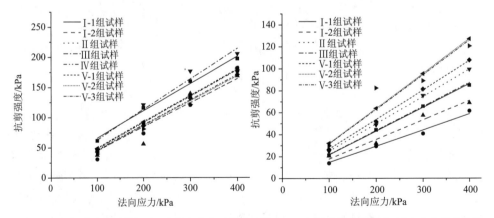

图2-48　各组试样峰值强度-法向应力关系曲线　　图2-49　各组试样残余强度-法向应力关系曲线

将图2-48和图2-49拟合到的各组试样的黏聚力c、内摩擦角φ和残余内摩擦角φ_r汇总至表2-7。纵观所有试样，黏聚力普遍偏低，I -1组试样黏聚力最高，为20.76 kPa，III组试样次之，为12.38 kPa，其余几组试样黏聚力较为接近，均在

5 kPa 左右，最小仅为 4.12 kPa；内摩擦角也比较接近，最小为 21.70°，最大为 26.79°；残余内摩擦角的浮动相比内摩擦角的浮动较大，最小为 8.36°，最大为 17.64°，各组泥化夹层在强度上保持着一定的共性。

表 2-7　各组试样的峰值强度和残余强度汇总

试样编号	黏聚力/kPa	内摩擦角/(°)	残余内摩擦角/(°)
I-1	20.76	24.28	12.13
I-2	4.93	21.70	8.36
II	4.98	22.05	10.04
III	12.38	26.79	13.98
IV	4.53	22.59	—
V-1	5.84	23.56	15.00
V-2	4.12	22.39	17.64
V-3	4.45	23.51	17.43

与 I-1 组重塑试样相比，I-2 组重塑试样的黏聚力和内摩擦角均相对小，结合两种试样的 X 射线衍射分析结果，可以认为造成两种试样在强度、矿物成分和完整性等方面呈现差异的根本原因是与石英砂岩交界处的泥化夹层受到构造挤压错动影响更加强烈，这部分泥化夹层所受泥化作用比处于中部的泥化夹层更加明显，泥化程度更高，所以在矿物成分上表现出黏土矿物含量更高，石英含量更低；强度也比中部泥化夹层强度更低。II 组试样在峰值强度上和 I-2 组试样非常接近，在峰值强度拟合曲线图上两组试样的拟合曲线出现重复，但在残余强度上表现出一定的差异，这是由于两组试样矿物的组成不同。

取自无锡市白石里滑坡的 III 组试样表现出较大的强度。横向对比在清明山取得的 V-1、V-2 和 V-3 组试样，矿物成分、黏聚力、内摩擦角和残余内摩擦角均比较接近，这三组试样间的差异与在雪浪山取得的 I-1、I-2、II 组试样间的差异较小。

2.2.4　直剪试验结果分析

由于泥化夹层的性质特殊，在取样时很难取到未经扰动的规则原状样，为了弥补原状样强度的缺失，本次试验考虑通过研究静置不同天数的泥化夹层重塑试样的抗剪强度，分析重塑试样生成后的静置时间与强度的相关性，探讨由重塑试样强度估计原状试样强度的可能性。

将含水率 20%、重度 22.5 kN/m³ 的 II 组重塑试样分别在阴暗密闭的环境下静置 1 d、3 d、5 d、7 d、14 d、30 d、60 d、90 d，再进行固结慢剪试验，整理直剪试验结果，并绘成剪切应力-剪切位移关系曲线（图 2-50 和图 2-51）。

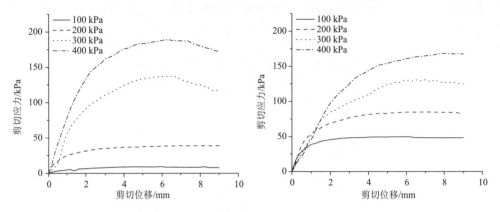

图 2-50　静置 3 d 时剪切应力-剪切位移关系 曲线　　　　图 2-51　静置 14 d 时剪切应力-剪切位移关系 曲线

　　静置 3 d 时（图 2-50），试样在各级法向荷载下均在剪切位移 6.0 mm 左右时达到峰值应力，在 200 kPa 法向荷载下，在前 0.4 mm 剪切位移内，试样处于弹性变形阶段，剪切应力增长迅速；0.4 mm 后，试样进入塑性变形阶段，剪切应力增长缓慢，继续剪切至 6.0 mm，剪切应力达到峰值 38.84 kPa，峰值后应力无明显下降。在 100 kPa 和 200 kPa 法向荷载下，试样均表现出明显的塑性；在 400 kPa 法向荷载下，在前 2.8 mm 剪切位移内，试样处于弹性变形阶段；2.8 mm 后，试样进入塑性变形阶段，剪切应力增长缓慢，继续剪切至 6.0 mm，剪切应力达到峰值 180.90 kPa，峰值后剪切应力出现明显下降。在 300 kPa 和 400 kPa 法向荷载下，试样表现出一定的脆性。

　　静置 14 d 时（图 2-51），在 100 kPa 法向荷载下，在前 0.6 mm 剪切位移内，试样变形为弹性变形，剪切应力增长迅速；0.6 mm 后，试样进入塑性变形阶段，应力增长缓慢，继续剪切至 5.2 mm，剪切应力达到峰值，峰值后剪切应力未出现明显下降。在 200 kPa 法向荷载下，在前 1.0 mm 剪切位移内，试样处于弹性变形阶段；剪切应力在剪切 6.0 mm 后达到峰值，峰值后应力无明显下降。在 300 kPa 法向荷载下，试样在前 1.6 mm 剪切位移内处于弹性变形阶段；在 400 kPa 法向荷载下，试样在前 2.6 mm 剪切位移内处于弹性变形阶段。在各级法向荷载下，试样均表现出明显的塑性，剪切应力在峰值后均未出现明显下降。

　　整理静置不同天数的各组试样直剪试验结果，绘制成抗剪强度-法向应力关系曲线图（图 2-52），将拟合得到的黏聚力及内摩擦角汇总至表 2-8，并绘制关系曲线成图 2-53。

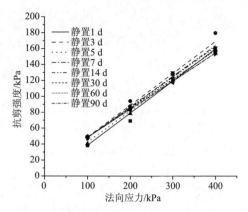

图 2-52　Ⅱ组试样抗剪强度-法向应力关系曲线

表 2-8　静置不同天数的Ⅱ组试样强度参数

静置时间/d	黏聚力/kPa	内摩擦角/(°)	拟合曲线 R^2
1	4.24	22.00	0.99464
3	6.64	21.84	0.99605
5	7.37	21.31	0.99811
7	9.70	21.09	0.99942
14	11.11	20.86	0.99963
30	12.37	20.05	0.99763
60	12.98	19.60	0.99382
90	13.22	19.44	0.99993

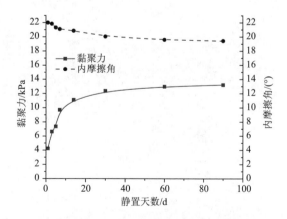

图 2-53　Ⅱ组试样黏聚力及内摩擦角与静置天数的关系曲线

　　表中 R^2 值表示试验数据拟合分析指数，R^2 越大，说明数据之间的拟合程度越好。各组试验的拟合曲线 R^2 均大于 0.99，证明拟合结果有良好的说服力。可以看出，重塑泥化夹层的黏聚力随着静置时间的增长而增加，由静置 1 d 时的 4.24 kPa 变化到静置 90 d 时的 13.22 kPa，变化幅度 8.98 kPa。前 14 d 内黏聚力变化较快，由 4.24 kPa 增加到 11.11 kPa，共增加 6.87 kPa，占总变化量的 76.5%；14～90 d 内变化较慢，共变化 2.11 kPa，占总变化量的 23.5%，已经呈现稳定的趋势。重塑泥化夹层的内摩擦角随着静置时间的增长而降低，由静置 1 d 时的 22.00° 降低至静置 90 d 时的 19.44°，对应的摩擦系数由 0.404 降低至 0.353，90 d 内摩擦系数共损失了 12.6%。前 30 d 内内摩擦角降低较快，由 22.00° 降低至 20.05°，对应的摩擦系数由 0.404 降低至 0.365，前 30 d 内摩擦系数共损失了 9.7%；内摩擦角在 60～90 d 内降低较慢，由静置 30 d 时的 20.05° 降低至静置 90 d 时 19.44°，对应的摩擦系数由 0.365 降低至 0.353，后 60 d 内摩擦系数共损失了 2.9%。

2.3　工　程　实　例

2.3.1　研究区工程地质条件

横山寺景区位于无锡市西南部滨湖区雪浪山风景区内，始建于北宋淳化年间，横山寺是座千年古刹，每年都吸引着大量国内外游客前来参观，但是雪浪山东麓遗留众多的采矿宕口，导致大面积的坡面临空，从而为崩塌、滑坡创造了有利的条件[134]。

目前景区内多处边坡存在严重的边坡地质灾害隐患，雪浪山横山寺边坡地质灾害类型主要为滑坡及崩塌灾害(图 2-54)，主要分布在横山寺北侧、横山寺西南侧，香草园西侧。其中横山寺北侧和西南侧主要发育崩塌灾害，香草园西侧主要发育滑坡灾害。

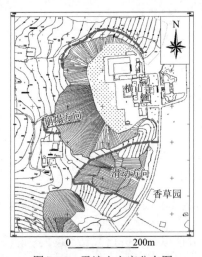

图 2-54　雪浪山灾害分布图

Ⅱ组试样取样地点为横山寺西南侧不稳定边坡(图 2-55),横山寺西南坡边坡长度 110 m,总体坡向约 85°,坡度约 45°,坡脚高程最低为+29.0 m,最高为+32.7 m;坡顶高程最低为+90.0 m,最高为+105.7 m,高差 57.3~76.7 m。边坡组成岩性为五通组石英砂岩夹粉砂质泥岩,地层产状 100°~110°∠20°~30°。石英砂岩的强度较高、抗风化能力强,属极坚硬岩石。其中所夹的粉砂质泥岩易风化,属软岩,遇水易膨胀,Ⅱ组试样即取自该层,工程上称该层为"白泥层"。在坡向与岩层倾向一致的高陡临空面上极易沿软弱夹层发生滑移等地质灾害。

图 2-55 横山寺西南侧边坡的落石、裂缝

根据室内试验所得结果,不同含水率的"白泥层"剪切强度如表 2-9 所示,在雨水软化作用下,"白泥层"强度会显著降低。在暴雨多发的季节,横山寺西南边坡存在沿"白泥层"产生滑坡的风险。

表 2-9 不同含水率下"白泥层"强度

含水率	黏聚力/kPa	内摩擦角/(°)
天然含水率	184.03	34.75
20%含水率	13.22	19.44
饱和含水率	9.62	11.53

边坡岩体整体为弱风化、岩体较破碎、多呈中厚层—厚层结构。该边坡属于顺向坡,有两组产状分别为 160°~180°∠70°~80°(结构面①)、270°~275°∠75°~

83°（结构面②）相互交切的结构面分布，将岩体切割为块状。坡顶残坡积层厚度小于 0.5 m，局部基岩出露，坡顶植被较茂盛，坡面崩塌严重，基岩裸露，无植被覆盖，地质剖面图见图 2-56。

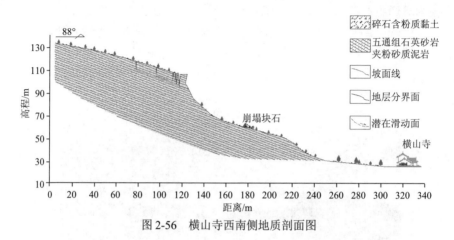

图 2-56　横山寺西南侧地质剖面图

根据现场地质灾害调查，本坡段崩塌地质灾害非常严重，坡面上分布有十余条拉张裂缝，并有明显错台现象，裂缝总体走向北北西向，与结构面②走向一致，裂缝开裂宽度 0.1～2 m，深度 8.0～9.0 m，长度可达 25 m，总体表现为坡顶线处裂缝宽度和深度最大，向坡内逐渐变窄变浅的趋势。距离坡面深度 8.0～9.0 m 处发育有一连续性好的粉砂质泥岩夹层，该夹层产状与地层产状一致，厚度 5.0～10.0 cm，是该处产生崩塌的滑移面位置，潜在崩塌体的体积约 20000 m³，破坏模式为滑移式崩塌。

2.3.2　边坡稳定性数值试验

在无锡市雪浪山横山寺边坡的地质灾害治理设计中，治理方案往往只从二维角度出发，选取剖面进行稳定性计算，此种方法难以对边坡的整体稳定性进行合理评价，二维方法忽略了周围岩体的影响，具有一定局限性。因此，依据勘查资料在 3DEC 中建立横山寺西南侧边坡三维地质模型，采用离散元方法研究节理遇水软化条件下的边坡稳定性及失稳破坏形式，并提出相应的治理措施，最后对治理效果进行模拟和评价。

2.3.2.1　数值模型的建立

根据研究区的边界条件、节理发育情况，基于研究区勘查平面图，通过 CAD、Surfer、MapGIS 等软件在 3DEC 软件中建立了三维模型如图 2-57 所示，模型地理位置如图 2-58 中实线框所示，潜在崩塌区为虚线框所示区域。模型东西方向长

250 m(X 轴方向)，南北方向长 150 m(Z 轴方向)，坡顶最高处高程为 136 m，坡脚最低处高程约 37 m，底面高程为 0 m。

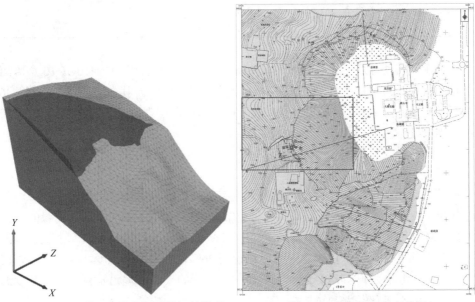

图 2-57　横山寺西南侧边坡初始模型　　　　　图 2-58　模型实际地理位置

　　模型设置一条"白泥层"结构面和两组节理，"白泥层"结构面产状 100°∠20°(图 2-59 中黑色块体与白色块体交界面即为"白泥层")，强度根据室内试验结果取值(表 2-9)；①组节理产状为 170°∠70°，间距 10 m，布满整个模型；②组节理产状 270°∠80°，间距 5 m，分布在坡顶前缘(图 2-60)，两组节理强度参数取值均按照以往工程经验(表 2-10)取值。

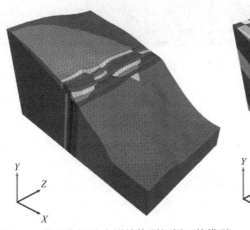
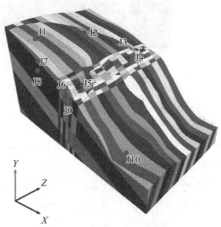

图 2-59　节理与泥化夹层结构面切割下的模型　　　图 2-60　监测点示意图

表 2-10　节理强度参数经验取值

条件		黏聚力/MPa	内摩擦角/(°)
节理	天然	5	36
	潮湿	1	30

为了观察边坡各个位置的变形，在模型各个部位布置了 J1～J10 共 10 个监测点(图 2-60)，J1～J7 位于"白泥层"上部的砂岩岩层中，其中监测点 J4、J5、J6 位于节理密集分布的区域；J8、J9 位于坡顶"白泥层"下部的砂岩岩层中；J10 位于坡脚，远离"白泥层"。

2.3.2.2　边坡稳定性数值试验结果

首先对模型进行初始化，得到天然状态下的边坡应力场，考虑节理在降雨入渗作用下软化，但由于坡顶前缘部分岩层节理十分密集，岩体更破碎，前缘的"白泥层"结构面软化程度比坡顶后缘高，强度更低。将前缘"白泥层"强度设置为饱水状态强度，后缘"白泥层"强度设置为 20%含水率状态强度，两组节理强度设置为潮湿状态强度。运算后②组节理中靠后缘的一条节理已发育为一条宽度约为 15 cm 的裂缝(图 2-61)。

图 2-61　原始模型出现裂缝

由模型位移矢量图(图 2-62)看出，此时"白泥层"上部前缘块体沿"白泥层"向坡脚方向产生了 7.0～15.4 cm 的位移，且位移矢量方向大致平行，滑移块体横向相互作用较弱。相比于前缘砂岩块体的位移，后缘块体的位移较小。从整体来看，模型破坏形式表现为滑移式崩塌，与现场调查所得结论一致。

根据各监测点的数据，从整体来看，监测点 J1～J7 在 X 方向上产生的位移普遍比 Y 方向产生的位移更大，因为"白泥层"上部的监测点是沿着倾角为 20°的"白泥层"滑动，所以 X 方向位移更大。监测点 J4、J5、J6 的位移远大于其他监测点的位移,是因为这三个监测点布置在节理密集的部位,这部分的"白泥层"软化更加严重,岩体滑动更大。而且根据位移发展的趋势(图 2-63),这部分岩体有加速崩塌的趋势,因此,为避免形成滑坡等地质灾害,应及时治理。监测点 J8、J9、J10 的位移最小,约为监测点 J1、J2、J3 位移的 1/10,说明"白泥层"下部的模型整体处于稳定状态。

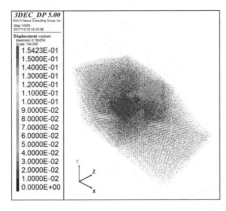

图 2-62 原始模型位移矢量图 图 2-63 原始模型监测点位移曲线

　　监测点 J1、J2、J3 以及 J7 布置在坡顶后缘的"白泥层"上部砂岩岩层中,这四个监测点产生了 0.3 cm 左右的位移,虽然位移随着迭代步数增加趋于稳定,但考虑到这部分"白泥层"软化程度不高,而在长期降水等恶劣天气下,这部分"白泥层"仍有可能遇水软化导致强度下降从而形成整体性滑坡,破坏程度比前缘泥化夹层形成的滑移式崩塌更加严重。所以在对该边坡进行治理时,还应相对应地对后缘部分的"白泥层"进行处理。

　　从位移矢量图和监测点的数据都可以看出,崩塌区的位移也出现明显的分区现象,左侧部分的位移较大,约 15 cm,右侧位移较小,约 8 cm。造成这种差异的主要原因是两侧岩体厚度不同,假设砂岩密度为 ρ,"白泥层"上部砂岩厚度为 h,岩体黏聚力为 c,内摩擦角为 φ。则崩塌区单位面积岩块的下滑力 F 为

$$F = \rho gh \cdot \sin 20° \tag{2-1}$$

抗滑力 f 为

$$f = c + \rho gh \cdot \cos 20° \cdot \tan \varphi \tag{2-2}$$

所以,单位面积岩块下滑的加速度 a 为

$$a = \frac{\rho gh \cdot \sin 20° \cdot c - \rho gh \cdot \cos 20° \cdot \tan \dfrac{c}{\rho h}}{\rho h} \tag{2-3}$$

简化得

$$a = g \cdot \sin 20° \cdot c - g \cdot \cos 20° \cdot \tan \frac{c}{\rho h} \qquad (2\text{-}4)$$

岩层越厚，h 越大，$\frac{c}{\rho h}$ 越小，加速度 a 越大，所以左侧较厚岩层的位移要比右侧较薄的岩层位移大。

此时，发生滑移的块体已经累积了较大的速度(图 2-64)，如不加以治理，块体会加速位移。综上所述，对边坡进行治理是十分必要的，在设计防治方案时，应主要针对坡顶前缘"白泥层"及其上部破碎的砂岩进行治理，也应该兼顾坡顶后缘的"白泥层"。

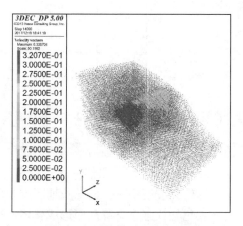

图 2-64　原始模型速度矢量图

2.3.2.3　边坡治理方案设计及数值模拟

根据该边坡的变形特点，综合技术可行性及经济合理性，提出了下列治理方案。

1. 削坡减载

采用机械(破碎机等)结合人工方式对该区崩塌危险区进行削坡及坡面修整，削坡坡度 20°(沿岩体层面)，崩塌区后缘及南侧边界削坡坡度 45°(坡比 1∶1)，预计削坡土石体积约 26838 m³，削坡后的土石方部分用于平台、截排水沟砌筑材料，剩余部分通过机械装载运输至指定堆场。

2. 锚杆（外锚内注式）加固

沿削坡后层面每隔 6 m 布置一根外锚内注式锚杆（水平间距 4 m），并且在平台下部坡面每隔 4 m 布置 3 排外锚内注式锚杆（水平间距 4 m），锚孔直径 $D \geqslant$ 110 mm，倾角 20°，材料为 HRB335ϕ32 钢筋，锚杆长度均为 15 m，锚固段长度不少于 3 m，注浆材料为水泥净浆，水灰比 0.45～0.50，浆体材料标准试件的抗压强度不应低于 25 MPa。

3. 其他辅助方案

修筑平台、挂网客土喷播、坡面及平台修整、锚杆格构、截排水沟。设计剖面图如图 2-65 所示。

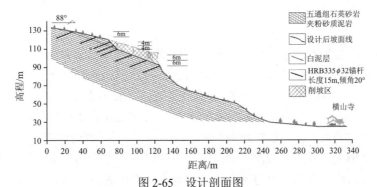

图 2-65　设计剖面图

依据设计方案，在已经进行自重平衡后的初始模型上进行开挖处理，处理后模型如图 2-66 所示。模型共设置锚杆 235 根，崩塌区后缘 138 根，水平间距 6 m，垂直间距 4 m；削坡区 97 根，水平间距 4 m，垂直间距 4 m。

对治理加固后的边坡进行数值模拟，将"白泥层"强度参数选取为饱水状态强度，节理强度参数选取为潮湿状态参数，研究治理加固效果。由模型的位移矢量图可以看出，治理后模型产生的最大位移仅 0.17 cm 左右（图 2-67），相比于原始地形模型产生的最大位移 15.40 cm，治理措施极大程度上限制了模型的位移。从整体来看，坡顶后缘"白泥层"上部砂岩块体位移最大，但是位移并不是整个层面一致，而是出现了明显的渐变，靠近削坡区的块体位移大，远离削坡区的块体位移小，而且位移方向并未完全沿着"白泥层"的方向，可以认为这部分位移基本是由坡顶前缘岩体卸荷回弹引起的。模型深部块体没有明显位移，靠近节理部分的块体有 0.07 cm 左右的位移，离地表越近，位移越大，大致沿②组节理呈对称分布。削坡区地表块体位移方向朝 X、Y 轴正方向，充分说明这部分位移也是由块体卸荷回弹引起的。综上所述，治理后已基本消除"白泥层"对边坡稳定性的影响。

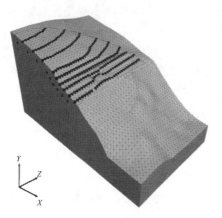

图 2-66　治理后模型

黑点为锚杆节点

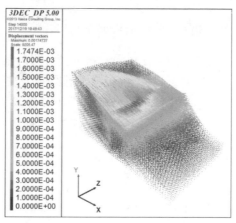

图 2-67　治理后模型位移矢量图

　　将治理后得到的监测点位移数据绘制成图 2-68，其中监测点 J4、J5、J6 所处的块体被开挖。从位移曲线来看，所有监测点治理后产生的位移远小于治理前位移，治理后各监测点的位移集中在 2500 步之前，但最终都趋于稳定。位于削坡区下方监测点 J9 的 X、Y 方向位移数据均为正，说明这部分块体位移以回弹为主，回弹方向基本垂直"白泥层"层面向外。监测点 J10 由于处于坡脚，远离削坡区，产生位移最小。治理前后监测点 J8、J10 的位移基本无变化，说明距离削坡区较远的坡顶后缘和坡脚基本没有卸荷回弹。此时模型最大不平衡力为 19.3 N，模型已经达到基本稳定的状态。计算结果表明，即使在泥化夹层遇水软化强度降至饱水状态，治理后的边坡仍然表现出良好的稳定性，治理效果十分显著。

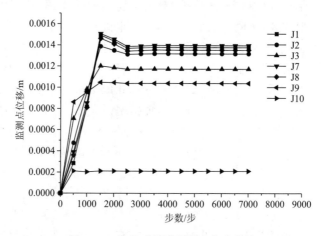

图 2-68　治理后模型监测点位移曲线

第 3 章 边坡泥化夹层细观渐进损伤破坏动态演变规律研究

3.1 试 验 方 案

3.1.1 试验设计

PFC^{3D} 数值试验方案设计如下。

（1）在 PFC 模拟软件中进行数值试验，根据室内试验结果标定参数，并进行直剪试验，观察模型中 Clump 排列方式的变化。

（2）根据试验所得参数，用 PFC 软件模拟 Clump（Clump 是由多个颗粒单元组成的块，Clump 内的颗粒单元称为 Pebble，各 Clump 中各 Pebble 之间无相对位移，为一个整体）完全定向排列情况下的直剪试验，控制剪切方向与 Clump 定向排列方向夹角分别为 0°、15°、30°、45°、60°、75°、90°、105°、120°、135°、150°、165°，分析剪切强度与排列方向的相关性。

3.1.2 试样制备

3.1.2.1 片状矿物模拟

根据在扫描电镜下观察到的伊利石矿物的形态，在微观下，伊利石矿物大小相近，所以在泥化夹层滑动带剪切模型中，用同一大小的 Clump 来模拟泥化夹层中的片状矿物（图 3-1），通过分析 Clump 在直剪试验中产生不同剪切位移时的排列来分析剪切过程中泥化夹层中片状矿物的排列分布情况。

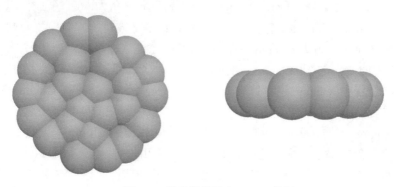

图 3-1 滑动带模型中 Clump 模板

Clump 直径为 6 mm，高 1.5 mm，每个 Clump 由 25 个 Pebble 并排构成，同一个 Clump 中 Pebble 之间不会产生相对位移，在生成时控制最小 Pebble 与最大 Pebble 体积之比为 0.96，这样可以近似确认所有 Pebble 的质心处于同一平面内，以便于后续统计 Clump 排列方式。

在本次数值试验中，为了更直观地统计每个 Clump 的排列方式，引入"产状"的概念。约定 Clump 的产状是以 Y 轴正方向为正北、X 轴正方向为正东，Z 轴正方向为竖直向上方向时 Clump 朝上那面的倾向、倾角。考虑到模型在 Clump 生成，稳定时会有部分 Clump 紧贴侧面和底部的墙体，统计时表现出倾角为 0°、90° 的 Clump 富集，为消除这种误差，在每次统计时只统计距离墙体 3 mm 以外的 Clump 的产状。产状统计的基本步骤如下。

(1)遍历每个 Clump 中任意 3 个 Pebble 的质心坐标位置；

(2)求出由这三个质心组成平面的法向量，如果法向量坐标为负，则用法向量的反向量代替该法向量；

(3)由 Z 坐标为正的法向量导出以该向量为法向量的平面的产状；

(4)统计所有统计范围内 Clump 的产状，并分区间记录。

统计产状分布时将倾向每隔 20° 划分一个区间，共 18 个；倾角每隔 5° 划分一个区间，共 18 个，所有产状被分成 324 个区间，将各产状区间内的 Clump 数量结果导入 Origin 软件中绘制成极坐标下的热力图，在极坐标中 θ 代表倾向，r 代表倾角，由圆心向外发散逐渐增大，原点代表产状为 0°∠0° 的 Clump 所处位置，最外圈代表倾角大于 85° 的 Clump 所处区间，颜色代表 Clump 产状聚集在该区间内的数量，由黑到白数量依次增加。

为了更好地描述模型中 Clump 排列方式的变化，用 Clump 顶底面和剪切面的平均夹角来描述模型中 Clump 的整体变化规律，在空间三维坐标系中，描述两个平面的夹角常用锐角来表示。在本次数值试验中，定义剪切方向和 Clump 定向排列方向的夹角为 Clump 顶底面和剪切盒下盒施加推力侧的夹角，Clump 产状全部为 0°∠60° 的模型中剪切方向和 Clump 定向排列方向夹角为 60°(图 3-2)，Clump 的产状全部为 180°∠60° 的模型中剪切方向和 Clump 定向排列方向夹角为 120°(图 3-3)。定义这种夹角的优势在于，在常规的空间三维坐标系中，产状为 0°∠60° 和 180°∠60° 的 Clump 顶底面和剪切面夹角均为 60°，即 Clump 产状中的倾角，倘若在剪切过程中 Clump 逆时针转动了 15°，则产状 0°∠60° 的 Clump 变化为 0°∠45°，产状为 180°∠60° 变化为 180°∠75°，如果用常规的夹角来描述，变化前后的两种 Clump 平均夹角均为 60°，无法正确表达模型中 Clump 产状的变化；如果用定义的夹角来描述，变化前两种 Clump 和剪切面的平均夹角为 90°，变化后的平均夹角为 75°，能更清楚地描述 Clump 顶底面和剪切面夹角的变化。

以图 3-3 中模型为例，Clump 平均夹角统计的基本步骤如下。

（1）遍历每个 Clump 中任意 3 个 Pebble 的质心坐标位置；

（2）求出由这三个质心组成平面的法向量，如果法向量坐标为负，则用法向量的反向量代替该法向量；

（3）计算出 Clump 法向量和剪切面单位法向量的夹角，如果 Clump 法向量中的 Y 轴分量为正，则该夹角即为 Clump 顶底面和剪切方向的夹角，如果 Y 轴分量为负，则该夹角的补角为 Clump 顶底面和剪切方向的夹角；

（4）求统计范围内所有夹角和，计算得到平均值。

Clump 之间的接触采用平行黏结模型，接触的细观参数根据饱水条件下纯伊利石黏土直剪试验结果进行标定，黏聚力取 11.82 kPa，内摩擦角取 31.21°，对应的摩擦系数为 0.606。

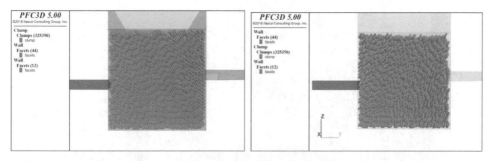

图 3-2　剪切方向和 Clump 排列方向夹角 60°　图 3-3　剪切方向和 Clump 排列方向夹角 120°

3.1.2.2　泥化夹层滑动带数值模型建立

为了使模型能产生较大的剪切位移，泥化夹层滑动带直剪模型长 40 cm（Y 轴方向），宽 10 cm（X 轴方向），高 10 cm（Z 轴方向），以原点（坐标 0,0,0）为质心对称分布。模型由 35530 个 Clump 组成，共 888250 个 Pebble。模型生成方式是先在一个较高的柱体空间内生成大量转角随机、没有重叠、互不接触的 Clump，使其在重力作用下下落，待模型达到自重平衡后，给模型施加 200 kPa 的法向荷载，并使其平衡，平衡后删除高于剪切盒（Z>5 cm）部分的 Clump，清零每个 Clump 的位移和转角记录，保存为泥化夹层滑动带初始模型（图 3-4），模型统计区域示意图见图 3-5。

图 3-6 为初始泥化夹层剪切带模型的产状统计结果，除去边界附近的 Clump，初始模型共统计 32711 个 Clump，共 817775 个 Pebble，占总模型的 92.07%。初始滑动带模型中 Clump 的倾向分布上较为均匀，倾角分布相对集中，多聚集在 20°～60° 范围内，聚集数量最多的产状为 280°∠45° 附近，聚集数量为 165 个。整体来说，初始滑动带模型中 Clump 产状分布是比较均匀随机的。

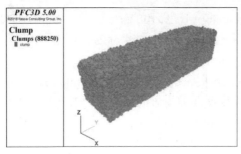
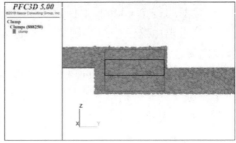

图 3-4　泥化夹层滑动带模型　　　　　图 3-5　模型统计区域示意图

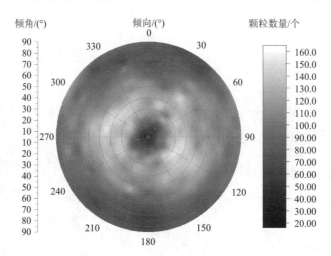

图 3-6　初始模型产状分布

为了避免统计到和剪切盒剪切的 Clump 以致模型出现无规律的较大的转动，在统计直剪过程中 Clump 的产状时，仅统计不与剪切盒接触且遭受最大剪切位移的部分 Clump，如图 3-5 中灰色框内所示，统计区域的坐标范围为–4.7 cm<X< 4.7 cm；10.3 cm<Y<19.7 cm；Z 方向范围通过监测剪切盒上盒顶墙的实时高度来确定，范围在下盒底墙 0.3 cm 以上(Z>–4.7 cm)，上盒顶墙 0.3 cm 以下。

3.1.2.3　定向排列泥化夹层模型的建立

为了减小误差，定向排列泥化夹层模型和泥化夹层滑动带模型采用同一种 Clump，定向排列泥化夹层模型 Clump 的生成方法和泥化夹层滑动带模型的生成方法也有一定相似，基本逻辑是在一个较大、较高的空间下生成大量互不重叠、产状一致的模型，使其在重力下下落，稳定后删除高度超过预留标准的 Clump，然后改变重力方向，继续使其稳定并删除多余颗粒，经过多次改变重力方向并平衡后，选取模型中最核心的部分作为定向排列泥化夹层模型。

　　研究强度和定向排列方向相关性需要创建不同定向排列方向的模型，而横向对比不同模型本来就会造成较大误差。为了减少误差，创建了四种定向排列的模型：0-90 模型、15-75 模型、30-60 模型和 45-135 模型。0-90 模型(图 3-7)共 330450 个 Pebble，13218 个 Clump，Clump 排列方向与 XOZ 平面平行，产状为 180°∠90°，通过改变剪切方向与 Z 轴或者 Y 轴来实现剪切方向与定向排列方向呈 0°(180°)或者 90°；15-75 模型(图 3-8)共 325350 个 Pebble，13014 个 Clump，Clump 排列方向和 X 轴平行，与 ZOX 平面呈 15°，与 YOZ 平面呈 60°，模型内 Clump 产状为 180°∠75°，通过改变剪切方向与 Z 轴负方向、Y 轴负方向、Z 轴正方向或 Y 轴正方向可以实现剪切方向和定向排列方向呈 15°、75°、105°、165°夹角；30-60 模型(图 3-9)共 325350 个 Pebble，13014 个 Clump，Clump 排列方向与 X 轴平行，与 XOZ 平面呈 30°，与 YOZ 平面呈 60°，模型内 Clump 产状为 180°∠60°，通过改变剪切方向与 Z 轴负方向、Y 轴负方向、Z 轴正方向或 Y 轴正方向可以实现剪切方向和定向排列方向呈 30°、60°、120°、150°夹角；45-135 模型(图 3-10)共 298500 个 Pebble，11940 个 Clump，Clump 排列方向与 X 轴平行，与 XOZ 平面呈 45°，与 YOZ 平面呈 45°，模型内 Clump 产状为 180°∠45°，通过改变剪切方向沿 Y 轴负方向和 Y 轴正方向可以实现剪切方向与定向排列方向呈 45°和 135°夹角。

　　建立 4 个定向排列模型，通过改变剪切方向即可实现剪切方向和定向排列方向的夹角为 0°、15°、30°、45°、60°、75°、90°、105°、120°、135°、150°、165°。

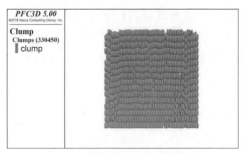

图 3-7　0-90 模型

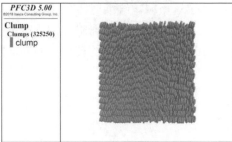

图 3-8　17-75 模型

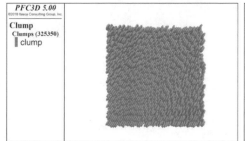

图 3-9　30-60 模型

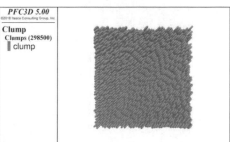

图 3-10　45-135 模型

3.1.3　试验步骤

(1)泥化夹层滑动带模型数值试验步骤:对初始模型进行标定后,设置剪切盒,固定上盒静止不动,使模型在 200 kPa 法向荷载下保持恒定的速度(0.08 mm/s)沿 Y 轴正方向推动下盒,每隔 2 cm 监测一次模型内 Clump 产状的变化,共剪切 26 cm。

(2)定向排列泥化夹层模型数值试验步骤:改变剪切方向,设置剪切方向和定向排列方向分别呈 0°、15°、30°、45°、60°、75°、90°、105°、120°、135°、150°、165°相交,共 12 组搭配。使这些模型在 100 kPa、200 kPa、300 kPa、400 kPa 法向荷载下进行直剪试验,共剪切 5.00 cm,记录各组模型在各级法向荷载下的剪切强度。

3.2　试　验　结　果

3.2.1　泥化夹层滑动带模型数值试验结果

当模型剪切 20 cm 时,模型中剪切应力达到峰值强度,为 52.70 kPa(图 3-11),此时模型统计区域内产生最大 3.66 rad 的转动(图 3-12),剪切面附近的 Clump 平均产生了 1 rad 的转动,模型在 YOZ 平面内产生了最大 2.29 rad 的转动(图 3-13),剪切面附近的 Clump 在 YOZ 平面内平均产生了 0.5 rad 的转动。达到峰值后,剪切应力显著下降。继续剪切至 26 cm,此时模型统计区域内产生了最大 3.33 rad 的转动(图 3-14),剪切面附近平均产生了 1.5 rad 左右的转动,模型在 YOZ 平面内产生了最大 3.23 rad 的转动,剪切面附近的 Clump 平均产生了 1.5 rad 的转动 (图 3-15)。

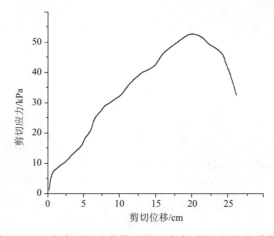

图 3-11　泥化夹层滑动带模型剪切应力-剪切位移关系曲线

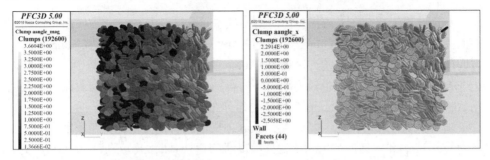

图 3-12　剪切 20 cm 时 Clump 转角　　图 3-13　剪切 20 cm 时 Clump 在 *YOZ* 平面内转角

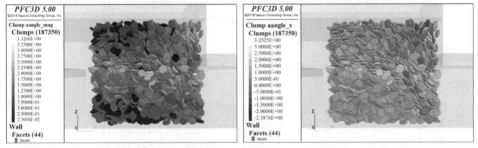

图 3-14　剪切 26 cm 时 Clump 转角　　图 3-15　剪切 26 cm 时 Clump 在 *YOZ* 平面内转角

剪切位移至 26 cm 时，模型中 Clump 的转动已出现明显分层，剪切面附近的 Clump 相比远离剪切面的 Clump 产生了更大的转动，为了更详细地研究这两者之间的区别，将统计区域内的 Clump 分为内外两层，内层（图 3-5 中黑色框线内）为统计区域中距离剪切面 1.5 cm 以内范围（-1.5 cm$<Z<1.5$ cm），外层为统计区域内除内层外的范围。将每剪切 2 cm 时模型中统计区域内 Clump 和剪切方向的平均夹角统计至图 3-16。

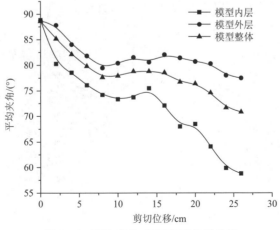

图 3-16　平均夹角-剪切位移关系曲线

　　统计结果表明，在未遭受剪切的初始状态时，模型中 Clump 顶底面和剪切方向的夹角为 88.63°，内层 Clump 和剪切方向的夹角为 88.44°，外层 Clump 和剪切方向的夹角为 88.73°，各统计区域内 Clump 夹角和剪切方向均接近 90°，证明模型在初始状态时倾角分布也较为随机，结合图 3-6 可认为，纯伊利石泥化夹层滑动带模型在初始状态时 Clump 产状是均匀分布的。

　　随着剪切位移的增加，模型中 Clump 顶底面和剪切方向的夹角不断减少，而且内层 Clump 和剪切面的夹角要比外层减少得更快（图 3-16）：剪切至 20 cm 时，模型内层 Clump 和剪切面的平均夹角为 68.48°，外层为 80.69°；继续剪切至 26 cm，内层 Clump 顶底面和剪切方向的平均夹角已经降低至 58.79°，外层降低至 70.83°。说明剪切面附近的 Clump 受剪切作用的影响要比远离剪切面的 Clump 受到的影响更大，模型内层 Clump 的产状变化能更敏感地反映剪切作用对其产状的影响。

　　模型每剪切 2 cm 时统计区域内层 Clump 的产状绘制成极坐标下的热力图（图 3-17～图 3-30）。

　　在未受剪切的初始状态时（图 3-17），模型内层共统计了 2518 个 Clump 的产状，Clump 产状分布十分均匀，富集最大数量为 19 个，最小为 0 个，各区间内分布的 Clump 分布数量标准差为 4.015。随着剪切位移的增加，Clump 产状逐渐向上半圆富集，热力图中下半区颜色逐渐变黑，说明倾向在 90°～270° 范围内的 Clump 逐渐变少，倾向在 0°～90° 和 270°～360° 范围内的 Clump 迅速增多，继续剪切至 20 cm 时（图 3-27），此时模型内层共统计 2707 个 Clump 的产状，产状在 0°∠48°～0°∠76° 范围内的 Clump 数量最多，富集数量最大为 42 个，最小为 0 个，42 个是整个剪切过程中单个区间内最大富集数量，各区间内 Clump 分布数量的标准差为 7.611，说明模型内层 Clump 产状的离散程度逐渐增加，产状两极分化逐渐严重。证明模型在从初始状态剪切至峰值强度时，剪切面附近的 Clump 由随机排列状态逐渐变成和 Clump 呈大角度相交。

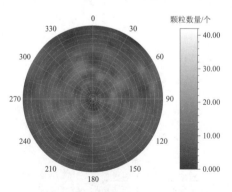　　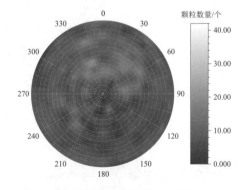

图 3-17　未剪切时 Clump 产状分布　　　　图 3-18　剪切 2 cm 时 Clump 产状分布

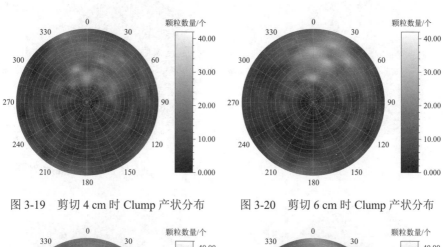

图 3-19　剪切 4 cm 时 Clump 产状分布　　　图 3-20　剪切 6 cm 时 Clump 产状分布

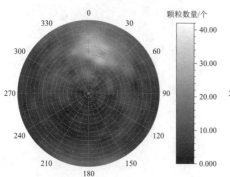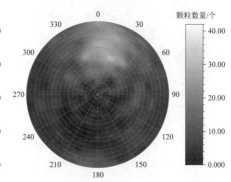

图 3-21　剪切 8 cm 时 Clump 产状分布　　　图 3-22　剪切 10 cm 时 Clump 产状分布

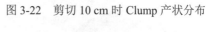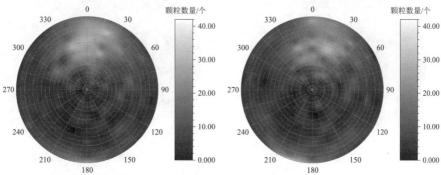

图 3-23　剪切 12 cm 时 Clump 产状分布　　　图 3-24　剪切 14 cm 时 Clump 产状分布

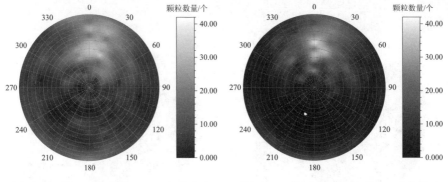

图 3-25　剪切 16 cm 时 Clump 产状分布　　　图 3-26　剪切 18 cm 时 Clump 产状分布

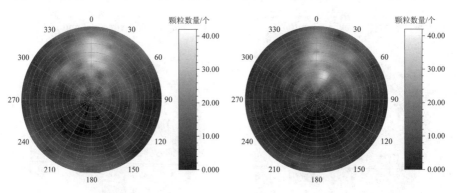

图 3-27　剪切 20 cm 时 Clump 产状分布　　　图 3-28　剪切 22 cm 时 Clump 产状分布

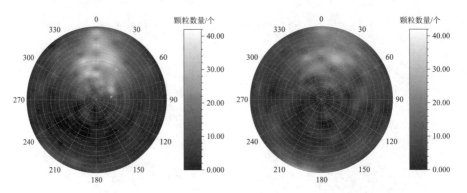

图 3-29　剪切 24 cm 时 Clump 产状分布　　　图 3-30　剪切 26 cm 时 Clump 产状分布

继续剪切，模型内层 Clump 产状富集倾角慢慢变小（图 3-28），倾向的变化趋势不明显。剪切至 26 cm 时（图 3-30），此时模型内层共统计了 2684 个 Clump 的产状，产状逐渐在上半圆均匀分布，产状富集的最大数量为 31 个，最小为 0 个，各区间内 Clump 分布数量的标准差为 6.545。在剪切位移 20～26 cm 内，模型中 Clump 富集数量最大的区域中倾角分量逐渐变小，说明在达到峰值强度后，随着剪切位移的继续增加，模型中的 Clump 有统一与剪切面呈小角度相交的趋势。

推测如果剪切位移足够大时，模型能剪切至残余强度，此时模型内层的 Clump 顶底面和剪切面的夹角会继续减小，在热力图中表现为产状富集在上半圆圆心附近。

模型从初始状态剪切至 26 cm 时，热力图中下半圆灰度逐渐加深，倾向在 90°～270°范围内的 Clump 逐渐变少，说明当固定剪切盒上盒，由左至右推动下盒时，模型中 Clump 在剪切应力作用下仅发生逆时针转动。

3.2.2　定向排列泥化夹层模型数值试验结果

3.2.2.1　摩尔-库仑准则计算结果

将统计所得的数据绘制成剪切应力-法向应力关系图(图 3-31)，并用 Origin 软件拟合每种角度组合下的强度，将拟合得到的黏聚力、内摩擦角统计绘制成黏聚力/摩擦系数与剪切方向和 Clump 定向排列方向夹角关系图(图 3-32)。

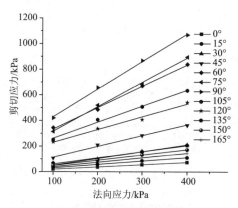

图 3-31　定向排列泥化夹层模型剪切
应力-法向应力关系图

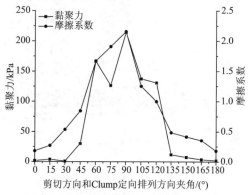

图 3-32　黏聚力/摩擦系数与剪切方向和
Clump 定向排列方向夹角关系曲线

从图 3-32 可以明显看出，模型的摩擦系数比黏聚力表现出更好的规律性，剪切方向和定向排列方向夹角在 0°～90°范围内时，模型的摩擦系数随着夹角的增加而增大；剪切方向和定向排列方向夹角在 90°～180°范围内时，模型的摩擦系数随着夹角的增加而减小；当剪切方向和定向排列方向夹角为 90°时，模型的剪切强度达到最大值，此时模型的摩擦系数为 2.16。当剪切方向和定向排列方向平行(夹角为 0°或 180°)时，模型的剪切强度最小，模型此时的摩擦系数为 0.18。黏聚力随夹角的变化也大致类似，不过在剪切方向和定向排列方向夹角为 30°和 75°时，在图中表现出不规律的波动，但在整体上仍呈现出先增后减的趋势。

　　模型的黏聚力和摩擦系数并不沿 X=90°对称分布，剪切方向和定向排列方向夹角在 0°～60°时，模型强度随夹角的增加而增长更快；夹角在 60°～90°时，模型强度随夹角的增加而增长得较慢；夹角在 90°～135°时，模型剪切强度随夹角的增加而下降得较快；夹角在 135°～180°时，模型剪切强度随夹角的增加而下降得较慢。

　　对比各夹角组合下模型在 400 kPa 法向荷载下的剪切应力-剪切位移关系曲线（图 3-33），将各夹角组合下模型在 400 kPa 法向荷载下达到峰值所需的剪切位移和夹角绘制成关系曲线（图 3-34），在 0°～135°范围内，模型到达峰值所需的剪切位移随着夹角的增加而增大，当剪切方向和定向排列方向呈 135°夹角时，到达峰值强度所需的剪切位移最大，为 3.40 cm；当剪切方向和定向排列方向成 150°和165°时，达到峰值强度所需的剪切位移显著降低，分别降至 0.26 cm 和 0.38 cm。

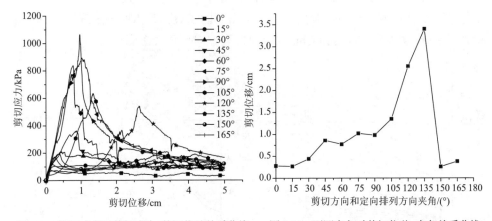

图 3-33　不同夹角时剪切应力-剪切位移关系曲线　　图 3-34　不同夹角时剪切位移-夹角关系曲线

　　将监测得到的剪切上盒顶墙位移随剪切位移的变化绘制成图（图 3-35），可以明显发现当剪切方向与定向排列方向呈 75°、90°、105°和 120°夹角时，模型顶墙的位移要比其余夹角组合下大，其中夹角为 105°时顶墙位移最大，为 5.55 cm，顶墙位移大代表模型中 Clump 产生的剪胀最大，且夹角为 90°、105°和 120°时，顶墙位移没有收敛，仍有随着剪切位移增加而继续增加的趋势；当剪切方向和定向排列方向呈其余夹角时，模型顶墙的位移较小，且均出现收敛趋势，这几种夹角下模型发生的剪胀较小，当剪切方向和定向排列方向平行时模型顶墙位移最小，仅 0.03 cm。

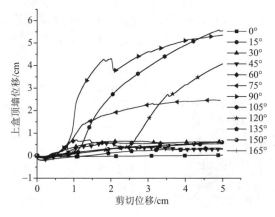

图 3-35　各夹角下模型上盒顶墙位移–剪切位移关系图

3.2.2.2　定向排列泥化夹层模型渐进破坏规律分析

为了更详细地了解剪切方向和定向排列方向呈不同夹角时模型的破坏规律，逐个分析各角度组合下模型中 Clump 排列的变化。为了消除模型剪切过程中剪切盒附近 Clump 和墙体接触使 Clump 出现不规则的转动变化，约定分析模型 Clump 时的统计范围为模型中产生最大剪切位移而又不和剪切盒接触的那部分(图 3-36 灰色框线内)，约定内层为剪切面上下 1.5 cm 以内的部分(–1.5 cm<Z<1.5 cm)，如图 3-36 黑色框线内所示。

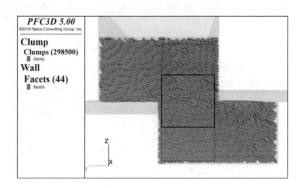

图 3-36　定向模型统计区域示意图

当剪切方向和 Clump 定向排列方向平行(夹角为 0°)时，在 400 kPa 法向应力下，定向模型在剪切 0.28 cm 时剪切应力达到峰值 73.46 kPa(图 3-33)，随后模型的剪切应力随着剪切位移的增加而缓慢下降。在剪切应力到达峰值前，模型中(删除剪切盒附近 Clump 后)Clump 仅发生了最大 0.29 rad 的转动(图 3-37)，在 YOZ 平面内转动不明显，转角在 0 rad 左右(图 3-38)，模型中大部分 Clump 仅发生

0.02 rad 的转动，剪切面附近的 Clump 均产生 0.06 rad 左右的转动。模型剪切 5.00 cm 后，整个模型在 Z 方向产生了最大 0.41 rad 的转动，剪切面附近均产生 0.2 rad 左右的转动。

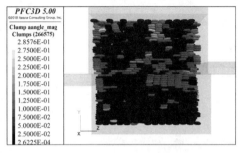　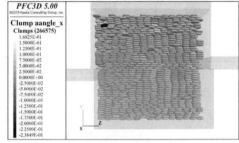

图 3-37　夹角 0°、剪切 0.28 cm 时 Clump 转角　　图 3-38　夹角 0°、剪切 0.28 cm 时 Clump 在 *YOZ* 内转角

　　统计模型内层 Clump 顶底面和剪切面的夹角，并计算出平均夹角。平均夹角 随着剪切位移的增加大致呈增加趋势（表 3-1），剪切至 5.00 cm 时，模型内层 Clump 顶底面和剪切面的平均夹角仅 1.27°，基本可认为剪切方向和定向排列方向平行时 的模型中 Clump 并未随着剪切位移的增加发生转动。结合监测的剪切盒顶墙的位 移变化曲线，在剪切过程中模型既未产生由 Clump 转动引发的剪胀，也未明显产 生由 Clump 相互之间错动而产生的剪胀，所以模型中剪胀分量恒为 0；且由于模 型附近的 Clump 已完全沿剪切面定向排列，所以从模型开始发生塑性变形开始， 摩擦分量就一直处于最大值。

表 3-1　各位移下模型内层 Clump 的平均夹角

剪切位移/cm	平均夹角/(°)
0.00	0.00
0.26	0.68
1.00	0.65
2.00	0.78
3.00	0.85
4.00	0.92
5.00	1.27

　　剪切方向和 Clump 定向排列方向平行时模型的剪切机理(A)可以概括为在剪 切初期，随着剪切的增加，模型的弹性变形不断增加，黏聚分量、摩擦分量也不 断增加，在弹性变形转变为塑性变形的一瞬间，此时黏聚分量迅速降低，摩擦分

量由阻止矿物颗粒发生相互滑动趋势的静摩阻力转变为阻止 Clump 发生滑动的摩阻力,此时模型中剪切应力达到峰值,峰值强度为黏聚分量和摩擦分量之和,模型继续剪切,此时黏聚分量迅速消失,而摩擦分量保持不变。各强度分量的发展规律如图 3-39 所示。一般情况下岩层中的泥化夹层已遭受较大的剪切位移,颗粒已沿滑动面呈定向排列,如果对其继续沿滑动方向剪切,其剪切应力的发展机理应遵循剪切机理(A),所以工程上一般取其残余强度作为计算值。

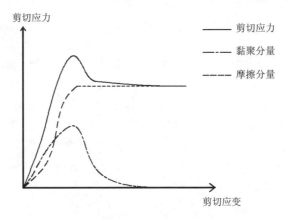

图 3-39　剪切机理 A 的强度分量发展示意图

当剪切方向和 Clump 定向排列方向夹角为 45°时,在 400 kPa 法向应力下,定向模型在剪切 0.86 cm 后剪切应力达到峰值 362.96 kPa,继续剪切至 5.00 cm 时剪切应力下降到 238.11 kPa。达到峰值强度时模型中 Clump 在 YOZ 平面内产生了最大 0.71 rad 的转动,剪切面附近的大部分 Clump 均产生了 0.10 rad 左右的转动(图 3-40),此时剪切盒上盒顶墙仅上移 0.18 cm,模型在达到峰值强度时产生的剪胀作用不明显,模型剪切 5.00 cm 时,剪切面附近的部分 Clump 独立转动,部分 Clump 相互重叠成团粒整体运动,Clump 和 Clump 团粒在 YOZ 平面内产生了 0.80 rad 左右的转动,大部分 Clump 发生了 0.10 rad 左右的转动(图 3-41)。Clump 转动方向一般为逆时针,仅有少数 Clump 由于夹在两个逆时针旋转的 Clump 团粒之间而顺时针转动。

剪切方向和 Clump 定向排列方向夹角为 15°、30°和 60°时,在直剪试验中,内层 Clump 和剪切面平均夹角的变化与剪切方向和 Clump 定向排列方向夹角为 45°时表现出一致的规律性,随着剪切位移的增加,Clump 顶底面和剪切面的夹角不断减小。

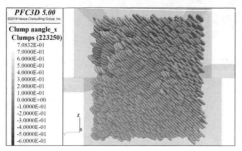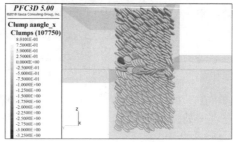

图 3-40　45°夹角下峰值时 YOZ 平面内转角　图 3-41　45°夹角下剪切 5.00 cm 时 YOZ 平面内转角

　　根据室内试验结果和泥化夹层滑动带数值试验结果推测，如果剪切足够大的位移时，模型中 Clump 顶底面和剪切面的夹角会减小至 0°，即最终模型中剪切面附近的 Clump 排列与剪切方向平行，此时模型应完全达到残余强度。剪切方向和 Clump 定向排列方向夹角为 15°、30°和 60°时，模型剪切盒上盒顶墙位移变化（图 3-35）、应力应变曲线形状与剪切方向和 Clump 定向排列方向夹角为 45°时均相似（图 3-33），说明当剪切方向和 Clump 定向排列方向夹角在 15°～60°时，模型在直剪试验中表现出的剪切机理是一样的。

　　当剪切方向和 Clump 定向排列方向夹角从 15°增大至 60°时，模型的摩擦系数和黏聚力不断增大，模型剪切至峰值强度的位移也不断增大。产生这种规律的原因是在一个固定大小、顶墙可移动的剪切盒中，Clump 定向排列方向和剪切面夹角越大，经过剪切面附近的 Clump 越多（图 3-42），横向间 Clump 咬合越紧凑。这些定向排列的 Clump 充分发挥了粒间力的作用，在恒定剪切速度的直剪试验中，需要累积足够大的剪切位移才能产生足够大的剪切力来克服 Clump 间咬合作用使其发生转动，所以随着剪切方向和 Clump 定向排列方向夹角的增加，模型剪切强度中的剪胀分量增加，峰值位移和峰值强度也随之增加。

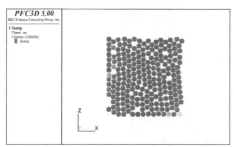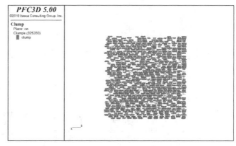

图 3-42　0°夹角和 60°夹角下模型剪切面截面

　　当剪切方向和 Clump 定向排列方向夹角为 90°时，在 400 kPa 法向应力下，定向模型在剪切 0.98 cm 后剪切应力达到峰值 1067.76 kPa，此时模型中剪切面附近的矿物均发生了 0.80 rad 左右的转动(图 3-43)，转动方向沿剪切方向呈逆时针方向。而且剪切过程中 Clump 相互咬合成块(图 3-44)，整块逆时针转动，剪切应力达到峰值时块中 Clump 顶底面和剪切面夹角为 75.74°。由于模型中 Clump 和剪切盒之间接触光滑无摩擦，整体转动的 Clump 块将剪切盒上盒顶墙附近的 Clump 不断往上推，使剪切盒上盒、剪切面附近出现了拉裂缝(图 3-45)。

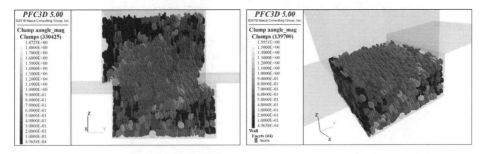

图 3-43　90°夹角下峰值时模型转角　　　　图 3-44　90°夹角下峰值时模型剪切面截面

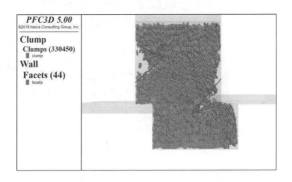

图 3-45　90°夹角下模型中出现的拉裂缝

　　剪切方向和 Clump 定向排列夹角为 75°时，模型中 Clump 运动规律和夹角为 90°时相似，模型在剪切至 1.02 cm 时达到峰值强度 894.98 kPa，此时块中 Clump 顶底面和剪切面夹角为 64.70°。在剪切过程中 Clump 快速转动，Clump 顶底面和剪切面的夹角迅速减小(图 3-46)。

　　这两种夹角组合下，虽然模型由于 Clump 相互咬合组成块而产生巨大的剪胀，在法向应变上和夹角 15°～60°时模型表现出差异，但模型在剪切应力发展规律上仍表现出相同的机理(图 3-47)。这种剪切机理(B)的特征是模型需要剪切一定的位移才能积累足够的剪切力，才能克服 Clump 间的黏聚力、摩擦力和 Clump 块的转动阻力，使 Clump 块发生转动，且 Clump 顶底面和剪切方向夹角越大，所需克服的转动阻力也越大。在剪切初期，模型变形为弹性变形，剪切应力为黏聚分量、摩擦分量和剪胀分量之和，剪切应力迅速增加，继续剪切模型产生塑性变形，黏聚分量迅速降低至消失，摩擦分量保持不变，剪胀分量继续增加，继续剪切，剪胀分量达到临界值后迅速降低。在应力应变曲线上，剪切应力总体表现为先迅速增加后迅速降低，强度分量发展规律如图 3-48 所示。

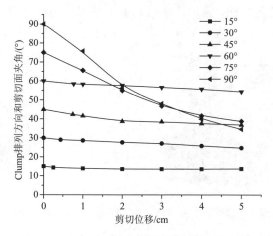

图 3-46　Clump 平均夹角-剪切位移关系曲线 1

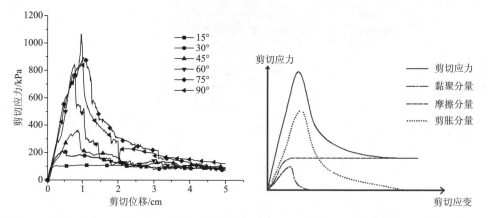

图 3-47　不同夹角时剪切应力-剪切位移关系曲线　图 3-48　剪切机理(B)的强度分量发展示意图

　　剪切方向和 Clump 定向排列方向夹角为 120°时，在 400 kPa 法向应力下，模型剪切 2.64 cm 后剪切应力达到峰值强度 541.13 kPa，此时模型中剪切面附近的 Clump 相互咬合成块，块的体积要比夹角 90°模型中块的体积要小，Clump 块整体转动 0.75 rad 左右(图 3-49)，而远离剪切面部分的 Clump 转动不明显。而且可以明显看出，此时 Clump 均和剪切面接近正交状态，统计得到模型内层 Clump 和剪切面的夹角为 85.82°，接近垂直。剪切方向和 Clump 定向排列方向夹角为 105°、135°时，也表现出类似的规律(图 3-50)。

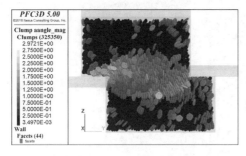　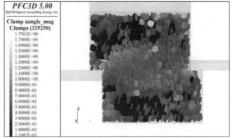

图 3-49　120°夹角下峰值时模型转角　　　　图 3-50　105°夹角下峰值时模型转角

当 Clump 定向排列方向和剪切方向夹角在90°～135°范围内时,模型中 Clump 随着剪切位移的增加不断转动,当剪切面附近大部分 Clump 和剪切面垂直相交时,模型剪切应力达到最大值, 模型剪切强度基本由 Clump 之间的摩擦阻力和使 Clump 发生转动的转动阻力控制,此时理论上模型已经产生了最大的剪胀(夹角为135°),但由于剪切盒横截面积固定不变,在初始状态下和剪切面大角度相交的模型(夹角为 105°和 120°时), 由于 Clump 间相互咬合成块转动(图 3-51),在模型达到峰值强度后继续剪切,模型仍会继续产生大量剪胀,在剪切盒顶墙位移表现出和夹角为 90°模型相似的规律。推测如果继续剪切,模型将达到完全的残余强度,而此时剪切面附近的 Clump 和剪切面平行。

这种剪切机理(C)在剪切应力-剪切位移曲线上的表现特征为模型在剪切初期产生的形变为弹性形变,此时的剪切应力为黏聚分量、摩擦分量和剪胀分量之和, 经过短暂的位移后模型进入塑性变形阶段,此时黏聚力迅速消失,摩擦分量恒定不变,剪胀分量迅速增加,剪切应力为摩擦分量和剪胀分量之和,当块中 Clump 的顶底面和剪切面垂直时,剪胀分量达到最大值,同时模型剪切应力达到

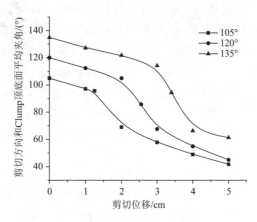

图 3-51　Clump 平均夹角-剪切位移关系曲线2

峰值，继续剪切剪胀分量迅速下降，模型的剪切应力也迅速下降，强度分量发展示意图如图 3-52 所示。而且，Clump 顶底面的排列方向和 90°差距越大，Clump 转动至 90°所需的剪切位移就越大，模型达到峰值时所需的位移就越大；但 Clump 排列方向和 90°距离越大，Clump 间相互咬合作用就越弱，所需克服的转动阻力就越小，所以模型的峰值强度就越小(图 3-53)。

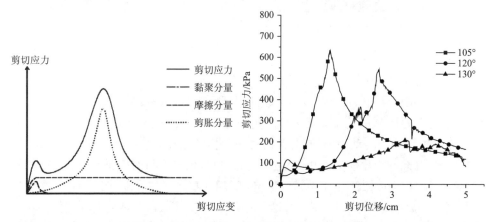

图 3-52　剪切机理(C)强度分量发展示意图　　图 3-53　剪切机理(C)剪切应力-剪切位移关系曲线

当剪切方向和 Clump 定向排列方向夹角为 165°时（图 3-54），在 400 kPa 法向应力下，模型剪切 0.38 cm 时剪切应力达到峰值强度 144.63 kPa。此时模型剪切面附近(除剪切盒附近外)的 Clump 仅产生了不超过 0.1 rad 的转动，模型内层 Clump 的顶底面和剪切面的平均夹角为 163.86°，说明这类模型的峰值强度主要由接触间黏聚作用和摩擦作用控制，在剪切初期转动阻力并不明显。剪切应力达到峰值后迅速下降，但下降一段位移后不断上升，但剪切 5.00 cm 时仍未出现第二个峰值。

剪切至 5.00 cm 时（图 3-55），模型中 Clump 发生了最大 3.00 rad 的转动，剪切面附近的 Clump 在逆时针方向平均发生 1.75 rad 左右的转动，模型中转角出现明显分层，在–1.3 cm<Y<1.5 cm 范围内转动明显，该范围外 Clump 无明显转动。剪切方向和 Clump 定向排列方向夹角为 150°时也表现出类似的规律（图 3-56），模型在剪切 0.26 cm 后达到峰值强度 172.06 kPa，此时模型内层 Clump 顶底面和剪切方向的平均夹角为 149.25°。模型在剪切 3.90 cm 时，剪切应力出现第二个峰值 294.18 kPa。

剪切方向和 Clump 定向排列方向夹角大于 150°时（图 3-57），模型在直剪试验中表现出一种新的剪切机理(D)，这种机理主要特征是剪切初期模型产生弹性形变，剪切应力为黏聚分量、摩擦分量和剪胀分量之和，由于模型中 Clump 为近水平状态，剪胀分量增长较慢，摩擦分量和黏聚分量增长较快，继续剪切模型产

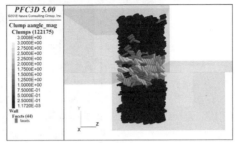

图 3-54　165°夹角下峰值时剪切面截面　　图 3-55　165°夹角下剪切 5.00 cm 时 Clump 转角

生塑性变形，黏聚分量迅速降低至消失，摩擦分量保持恒定不变，剪胀分量继续增长，剪切面附近 Clump 顶底面和剪切面夹角越接近 90°，剪胀分量增长越快，当这些 Clump 顶底面和剪切面垂直时，剪胀分量达到峰值，此时剪切应力出现第二个峰值。这类模型中各剪切分量的发展规律和夹角为 105°～135°模型中各分量的发展规律类似，但夹角为 105°～135°时，由于模型中 Clump 咬合较紧，模型中的剪胀分量在剪切应力中占主导地位，剪胀分量最大值大于黏聚分量最大值，所以在剪切应力-剪切位移关系曲线上第二个峰值强度更大（图 3-56）。剪切机理（D）的强度分量发展示意图如图 3-58 所示。

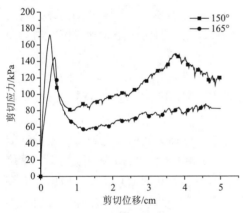
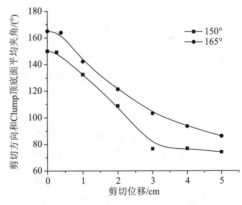

图 3-56　150°、165°夹角时剪切应力-剪切位移　　图 3-57　Clump 平均夹角-剪切位移关系
　　　　　关系曲线　　　　　　　　　　　　　　　曲线 3

在固定剪切盒上盒不动，从左至右匀速推下盒的直剪试验中，无论定向排列方向和剪切方向夹角如何变化，模型中 Clump 在剪切应力作用下均做逆时针转动，并随着剪切位移的增加，剪切面附近的 Clump 逐渐摆脱原有的排列方式，沿剪切面形成新的定向排列。但当剪切方向和 Clump 方向呈不同夹角时，模型的抗剪强度表现出巨大差异，说明泥化夹层中片状矿物的排列方向本身就会对泥化夹层的强度造成影响。

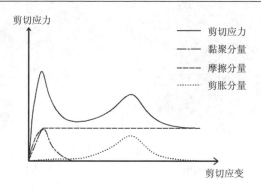

图 3-58　剪切机理(D)的强度分量发展示意图

当剪切方向和 Clump 定向排列方向夹角不同时，模型表现出 4 种不同的剪切机理，在不同的剪切机理中，抗剪强度的剪胀分量作用时间不同，相对大小也不同。Clump 定向排列方向决定了剪胀分量的大小和剪胀分量所需的剪切位移，从而决定了模型的剪切机理。当 Clump 定向排列方向和剪切方向夹角大于 90°时，当剪切面附近的大部分 Clump 转动到与剪切面垂直时，此时剪切应力中的剪胀分量达到最大值，且夹角和 90°的差值越小，剪胀分量的最大值越大，剪胀分量达到最大值所需要的剪切位移越小，剪胀分量的增长速率越大；当 Clump 定向排列方向和剪切方向夹角小于 90°时，当夹角和 90°的差值越小，剪胀分量的最大值越小，但剪胀分量达到最大值所需要的剪切位移越大，剪切应力达到峰值所需的剪切位移也越大。

此外，相邻两种剪切机理间是平滑过渡的。在遵循剪切机理(C)的模型中，剪切应力的峰值为摩擦分量和剪胀分量的峰值之和，随着剪切方向和 Clump 顶底面夹角的增加，即 Clump 逐渐倾倒，模型中的剪胀分量会不断减小，达到剪胀分量峰值所需的位移也不断增加，在剪切应力-剪切位移关系曲线上表现为模型峰值右移且峰值变小，当剪胀分量峰值小于黏聚分量峰值时，剪切应力取黏聚分量峰值与摩擦分量之和，此时模型的剪切机理过渡到剪切机理(D)；如果剪切方向和 Clump 顶底面夹角继续增加，剪胀分量继续减小，当剪切方向和 Clump 顶底面夹角为180°时，剪胀分量完全消失，随着剪切位移增加，剪切应力在达到峰值后不再增加，而是逐渐减小至仅剩摩擦分量，此时模型的剪切机理过渡到剪切机理(A)；如果遵循剪切机理(C)的模型中 Clump 顶底面和剪切方向的夹角不断减小，剪切应力中剪胀分量不断增大，达到剪胀分量峰值所需的剪切位移逐渐减小，单位位移增长的剪胀分量不断增大，当剪胀分量增加速率超过黏聚分量降低速率时，剪切应力在黏聚分量达到最大值时不再降低，剪切机理过渡到剪切机理(B)。

第4章 酸碱性环境下泥页岩物理性质变化的微结构响应与力学特性转化机理研究

4.1 试 验 方 案

4.1.1 试样制备

软弱夹层岩样取自苏州市吴中区金庭镇金庭艳阳度假酒店东侧黄犊山废弃采石宕口(图 4-1),由于矿山露天开采,因此软弱夹层露头较为明显。边坡最大坡高约 20 m,坡面较陡,坡度为 45°~75°。坡体基岩裸露,主要为上泥盆统五通组(D_3w)灰黄色厚层-中厚层石英砂岩及薄层黏土页岩,页岩中含少量钙质结核,岩体表面风化程度为中等风化。采取的软弱夹层岩样为紫红色粉砂质页岩,软弱夹层上、下岩层均为坚硬石英砂岩,软弱夹层上覆岩土体为 12~15 m,原状岩样如图 4-2 所示。

图 4-1 采石宕口现状

(a)页岩软弱夹层

(b)软弱夹层岩样

图 4-2 软弱夹层原状岩样

　　软弱夹层由于其物理力学性质及破坏强度与土体比较接近，黏土矿物含量较高，尤其是软弱夹层浸水后强度下降较快。因此，对于软弱夹层重塑试样进行试验时参照《土工试验方法标准》(GB/T 50123—2019)和《工程岩体试验方法标准》(GB/T 50266—2013)。

　　根据土工试验相关规程规定可知，常规三轴试验及单轴试验中，试样制备过程中需符合一定的精度要求，扰动土样同一组试样的密度与要求的密度之差不得大于±0.01 g/cm³，一组试样的含水率与要求的含水率之差不得大于±1%。室内试验可采用的试样直径范围为 $\Phi35$ mm～$\Phi101$ mm，试样高度应为试样直径的 2.0～2.5 倍，此种情况下可最大限度地消除试验过程中重塑试样端部效应对试样力学性质的影响。另外，根据实验室常规三轴试验仪三轴室尺寸参数，最终确定试样尺寸 h 为 80 mm(试样高度)，Φ 为 39.1 mm(试样直径)，试样高度与直径之比均为 2.046。根据前期试验结果，确定制备重塑试样的含水率 ω 为 11.7%，密度 ρ 为 2.15 g/cm³，干密度 ρ_d 为 1.94 g/cm³。

　　地下水主要来源于大气降水和地表水，它含有的常见阴离子是碳酸氢根(HCO_3^-)、硫酸根(SO_4^{2-})、氯离子(Cl^-)。碳酸(H_2CO_3)为二元弱酸，饱和碳酸溶液 pH 约为 5.6，不符合本次试验要求；盐酸(HCl)为一元无机强酸，但其具有挥发性，氯化氢气体挥发后使得溶液 pH 发生改变，本次试验需要长期浸泡，不符合本次试验要求；硝酸(HNO_3)具有强氧化性，遇光、遇热易分解，易与试样中某些矿物发生氧化还原反应，不符合本次试验要求；而稀硫酸溶液中硫酸根(SO_4^{2-})为地下水中常见阴离子，无氧化性，性质稳定，因此，本次试验采用稀硫酸作为试样浸泡溶液。

　　试样制备的过程包括现场原状岩样取样、过筛、含水率调配、密封润湿、试样制备、溶液配备、试样饱和、试样浸泡等主要步骤。为保证试样在制备过程中的均质性，控制试样只受单一因素影响，必须严格控制试样制备过程中的每一环节，尽量排除其他因素对试样强度等力学参数的影响。软弱夹层重塑试样的制备过程主要如下。

　　(1)含水率调配。用电子天平称取过筛之后的样本 1000 g，按照试验方案的含水率均匀喷洒相应质量的水，同时用调土刀拌匀，置于保鲜袋中密封静置 24 h，如图 4-3(a)所示。

　　(2)压样法制备试样。将要求密度所需质量的湿土倒入三轴试样专用尺寸的模具中，采用静压力的方式，通过活塞将土样压成 $\Phi39.1$ mm×80 mm 的土柱，此时试样密度即为试验要求的密度，取出试样，置于保湿缸中保存。

　　(3)酸性溶液的配制。采用质量分数 98%的浓硫酸进行稀释，根据物质浓度与 pH 的关系，计算加水的体积，分别配制 pH 为 1、3、5 的溶液备用，并用 pH

计、精密 pH 试纸对配备好的酸性溶液进行检验。稀硫酸溶液配制过程如图 4-3(b) 所示。

(4) 试样饱和。试样渗透系数小于 10^{-4} cm/s，故采用抽气饱和法。将装有试样的饱和器放入真空缸内，连通真空缸与抽气泵，启动抽气泵，当真空压力表到达指定读数时，保压 2 h。微开管夹使清水徐徐注入真空缸，待水完全淹没饱和器后，静置 24 h。

(5) 浸泡装置的安装。由于酸性溶液对饱和器具有腐蚀性，故根据承膜筒的尺寸，定制浸泡试样的石英管。利用承膜筒将橡皮膜套在饱和试样外，然后将套有橡皮膜的试样套在石英管中，两端分别放一个透水石，最后用橡皮筋绑紧。

(6) 试样浸泡。将试样分别浸泡在 pH 为 1、3、5 的稀硫酸溶液和清水中。每个大组分成 4 个小组，每个小组分别浸泡 30 d、45 d、60 d、120 d。对每一组浸泡的试样进行编号，编号规则为"浸泡时间–pH"（清水为 7）。至此，已完成试样制备与浸泡全过程。

 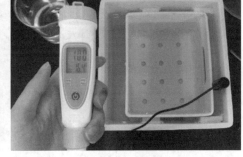

(a) 密封静置过程　　　　　　　　(b) 稀硫酸溶液配制过程

图 4-3　制样过程中主要设备及装置

试样制备过程中主要操作流程及所需要用到的油压千斤顶、保湿缸、饱和器、真空抽气装置如图 4-4(a)～图 4-4(d) 所示，试样在长期浸泡过程中需要利用的石英管浸泡装置、耐酸碱浸泡缸如图 4-4(e) 和图 4-4(f) 所示。试样在长期浸泡过程中，在酸碱浸泡缸上放置纸条以防误触腐蚀溶液，试样浸泡过程与制得最终试样如图 4-5 所示。

4.1.2　试验仪器及技术参数

为研究软弱夹层重塑试样在不同 pH 的酸性溶液中浸泡不同时间的力学特性转化机理（不固结不排水强度和单轴抗压强度），室内试验采用不固结不排水剪（UU 剪）以及单轴压缩试验。

(a)油压千斤顶　　　　　　(b)保湿缸　　　　　　(c)饱和器

(d)真空抽气装置　　　　(e)石英管浸泡装置　　　　(f)耐酸碱浸泡缸

图 4-4　制样过程中主要设备及装置

(a)试样浸泡过程　　　　　　　　(b)制得试样

图 4-5　试样浸泡过程与制得试样

三轴压缩试验采用 TSZ-1 型应变控制式三轴仪(图 4-6),该仪器分成三部分,分别为试验机、测控柜和附件(量力环、压力室、饱和器、对开模、承膜筒、切土器、击实器)。仪器所涉及的主要技术参数:试样尺寸为 $\Phi39.1\ mm\times80\ mm$;周围压力最大能加载到 2.0 MPa，控制误差为±1% FS；轴向荷载最大能加载到 10 kN，控制误差为±1% FS；工作台轴向最大行程为 70 mm。

　(a)三轴压力室　　(b)围压加载系统　　　　(c)微机显示系统

(d)三轴伺服仪全貌　　　　　　　　　(e)对试样加载

图 4-6　TSZ-1 型应变控制式三轴仪

　　单轴压缩试验采用 YYW-1 型应变控制无侧限压力仪（图 4-7），该仪器分别由底座、顶重器、承载板、测力环、百分表组成。仪器所涉及的主要技术参数：试样尺寸为 $\Phi 39.1$ mm×80 mm，量力环测量最大法向应力值为 0.6 kN，工作台轴向最大行程为 30 mm，轴向加压速率为 2.4 mm/min。

　　试样矿物成分分析采用 X 射线衍射分析和电子能谱分析（EDS）进行。X 射线衍射分析法是研究黏土矿物的基本方法，不同的矿物颗粒有不同的化学成分和结构，并倾向于择优取向，当入射 X 射线（高速移动的电子）撞击到不同的黏土矿物晶体时，将引起晶体中原

图 4-7　YYW-1 型应变控制
无侧限压力仪

子的电子振动，振动的电子发出相干散射，由于矿物晶体单位晶胞的形状和大小不同，由此产生的叠加干涉现象不同。因此，利用多晶体衍射方法中的粉末衍射仪法，记录衍射图谱，并根据衍射图谱上的衍射角、衍射峰值、衍射强度、晶体面网间距等特征参数与矿物的标准特征峰进行比对，从而推断矿物类型。晶面间距根据布拉格定律计算，布拉格定律表达式如下：

$$d = \frac{n\lambda}{2\sin\theta} \tag{4-1}$$

式中，d 为晶面间距；n 为波长的整数倍数；λ 为入射波波长；θ 为入射波与晶面的夹角。

本次试验主要检测设备型号为 X'Pert-Pro 型 X 射线衍射仪(型号 HX041)，仪器扫描方式为 θ-θ，检测环境温度为 25℃，湿度为 52%。试验严格遵循《沉积岩中黏土矿物和常见非黏土矿物 X 射线衍射分析方法》(SY/T 5163—2018)对试样中各黏土矿物进行分析。

电子能谱分析利用单色光源(如 X 射线、紫外光)或电子束去照射样品，使样品中电子受到激发而发射出来，根据不同元素发出的具有不同频率的特征 X 射线，对各元素进行定性或定量分析。因此，可结合 X 射线能谱与扫描电镜技术对指定区域进行元素分析，根据矿物集合形态和矿物各原子的百分含量，从而更准确地确定软弱夹层试样的矿物组成。

扫描电镜依据电子与物质的相互作用，利用极细高能电子束形成的电子探针在试样表面扫描，检测器捕获电子束激发的二次电子信号，信号经放大等处理，形成立体感很强的图像。扫描电镜主要包括以下系统：真空系统和电源系统可保护电子束系统不被氧化并增大电子平均自由程，从而提高成像质量；电子光学系统可激发产生物理信号的、直径极小的扫描电子束，进而获得较好的信号强度和图像分辨率；信号检测放大系统能将光子信号先转变为电流信号，再经放大处理成为显像系统的调制信号，利用信号最后转换成与样品表面特征一致的扫描图像。本次试验扫描电镜图像观测采用中国科学院南京地质古生物研究所实验技术中心的 SU3500 型扫描电子显微镜(图 4-8)。

4.1.3　试验方案设计

为研究酸性环境下软弱夹层力学特性转化机理，主要从浸泡酸性溶液的 pH、试样的浸泡时间、含水率、矿物成分、微结构和水样离子监测分析这六个方面对试样强度、微结构响应及其力学特性转化机理进行分析。室内力学试验采用不固结不排水剪(UU 剪)以及单轴压缩试验，此外，利用扫描电镜技术(SEM)、X 射线衍射技术、电子能谱分析和监测浸泡溶液离子浓度等多种手段分析试样在不同浸泡环境下的微结构响应及矿物成分改变。室内力学试验方案设计如下。

图 4-8　SU3500 型扫描电子显微镜

1. 试样在不同 pH 酸性溶液浸泡下的不固结不排水强度分析

固定浸泡时间为 30 d，对试样进行分组，分别置于 pH=1、pH=3 和 pH=5 稀硫酸溶液中浸泡，为 3 组实验组；将试样置于清水(pH=7)中浸泡，为对照组。当固定浸泡时间为 60 d、120 d，同上设置实验组与对照组。

2. 试样在酸性溶液中浸泡不同时间的不固结不排水强度分析

固定浸泡溶液的 pH 为 1，对试样进行分组，浸泡时间分别为 30 d、60 d、120 d。当固定溶液的 pH 为 3、5 或采用清水进行浸泡时，浸泡时间同样分别为 30 d、60 d、120 d。

上述不同试验方案均考虑 3 种不同围压下软弱夹层试样的强度，围压分别为 100 kPa、200 kPa、300 kPa。1、2 两组试验试样命名规则见表 4-1(如 S30-1，S 代表三轴压缩试验试样；30 代表浸泡时间，1 代表 pH，其他试样类同)。

为探究软弱夹层重塑试样在不同 pH 的酸性溶液中浸泡及试样在不同含水率下的单轴压缩试验的强度变化，分别把重塑试样置于不同 pH 的酸性溶液中浸泡 45 d，将同一 pH 溶液浸泡处理后的试样分组烘干至设定含水率，对经不同浸泡、烘干条件下处理过的试样单轴抗压强度进行横向与纵向对比分析。

3. 试样在不同 pH 的酸性溶液浸泡单轴抗压强度分析

固定浸泡时间为 45 d，固定试样含水率为 16%，对试样进行分组，分别置于 pH=1、pH=3 和 pH=5 稀硫酸溶液中浸泡，为 3 组实验组；将试样置于清水中浸泡，为对照组。当固定浸泡含水率为 0%、4%、8%、12%，同上设置实验组与对照组。

4. 不同含水率试样在不同 pH 的酸性溶液中浸泡单轴抗压强度分析

固定浸泡时间为 45 d,固定浸泡溶液的 pH 为 1,对试样进行分组,分别将试样含水率烘干至 0%、4%、8%、12% 和 16%。当固定溶液的 pH 为 3、5 或采用清水进行浸泡时,设置同样的含水率。

3、4 两组试验试样命名规则见表 4-2(编号命名方式为"试验类型含水率-pH",如 D1-4,D 代表单轴压缩试验试样,1 代表 pH,4 代表含水率)。

表 4-1 三轴压缩试验试样命名规则

浸泡时间/d	溶液 pH			
	1	3	5	7
30	S30-1	S30-3	S30-5	S30-7
60	S60-1	S60-3	S60-5	S60-7
120	S120-1	S120-3	S120-5	S120-7

表 4-2 单轴压缩试验试样命名规则

含水率/%	溶液 pH			
	1	3	5	7
0	D1-0	D3-0	D5-0	D7-0
4	D1-4	D3-4	D5-4	D7-4
8	D1-8	D3-8	D5-8	D7-8
12	D1-12	D3-12	D5-12	D7-12
16	D1-16	D3-16	D5-16	D7-16

4.1.4 试验步骤

为对软弱夹层力学特性进行研究,分别对软弱夹层重塑试样进行不固结不排水剪试验和单轴压缩试验。通过不固结不排水剪试验,获得试样破坏时的峰值强度 σ_{1f},并根据不同围压 σ_{3f} 下试样峰值强度,确定不固结不排水强度 c_u 和 φ_u。通过单轴压缩试验,确定试样的无侧限抗压强度 σ。

不固结不排水剪试验操作步骤如下。

(1)注水排气。调整 σ_3 注水阀和 σ_3 围压阀,使围压管内气泡完全消失;将压力室外罩从试验机上取下,打开中间的三通阀,将压力室底座中空气排尽。

(2)安装试样。从酸碱浸泡缸中取出试样,在三轴压力室的底座上依次放上不透水板、试样及不透水试样帽。利用橡皮筋扎紧底座与不透水试样帽,调整试样位置，使试样处于中间位置。

（3）调整工作台位置及压力室注水。安装压力室外罩，将活塞杆对准试样帽，拧紧压力室与底座的螺丝。将试验机和控制柜通电，操作使试验机工作台上升，量力环上的百分表出现轻微摆动时工作台停止上升。向压力室注水，水从上部排气孔溢出后，关闭压力室注水三通阀，旋紧排水螺钉。

（4）施加围压。打开电控柜面板中的围压加载系统，设置试验需要的围压值，达到围压预置数值后将保持围压恒定，把量力环上两只百分表的指针调整为零。

（5）开始剪切试验。在试验机中设定剪切应变速率为每分钟应变 1.0%，即 0.8 mm/min。启动试验机，开始剪切，轴向应变为 20% 时停止剪切。

（6）试验结束。试验结束后，关闭周围压力，卸载围压，打开排气孔，排除压力室内的水，拆卸压力室外罩，取出破坏试样，并做好相关记录及拍照工作。

通过对三轴试验不同围压下试样峰值强度进行处理换算，可获得试样的不固结不排水强度 c_u。根据《公路土工试验规程》（JTG 3430—2020）要求，计算轴向应变、校正试样面积和计算主应力，并利用 Mohr 圆求解不固结不排水强度 c_u：此方法是基于 Mohr-Coulomb 强度准则，该准则认为三轴试验破坏时的应力圆都与某条直线相切，切点处的横、纵坐标值分别对应试样破坏时的法向应力 σ 与剪切应力 τ。在 σ-τ 应力平面上绘制破损应力圆，并绘制不同周围压力下破损应力圆的包线，确定所有圆的公切线的斜率及在 y 轴上的截距，即对应 $\tan \varphi_u$ 和 c_u 值，如图 4-9 所示。

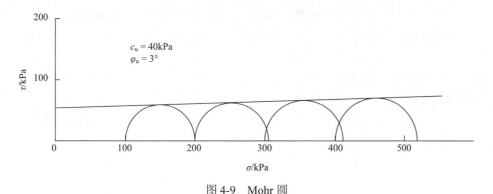

图 4-9　Mohr 圆

单轴压缩试验操作步骤如下。

（1）试样处理。从烘箱中取出某一组指定含水率试样，将试样两端和周围抹一薄层凡士林，防止水分蒸发。

（2）试样安装。根据试样的软硬程度选用不同量程的量力环。将试样置于工作台底座上，转动手轮使底座缓慢上升，至量力环上的百分表出现轻微摆动时工作台停止上升，将量力环上两只百分表的指针调整为零。

（3）单轴压缩试验。设定工作台底座上升速率为每分钟应变3.0%，即2.4 mm/min。启动试验机，开始试验，当测力计读数出现峰值 σ 时，继续进行 3%～5%的应变后停止试验；当读数无峰值时，试验应进行到应变达 20%为止。

（4）试验结束。试验结束后，下降工作台，取出破坏试样，计算轴向应变、校正试样面积、计算轴向应力并做好相关记录及拍照工作。

4.2　试样矿物成分测定及浸泡溶液离子浓度分析

4.2.1　试样矿物成分测定

图 4-10 为各组软弱夹层重塑试样的 X 射线衍射图谱。从各组 X 射线衍射图谱的衍射峰值及晶层间距推断出各组试样的矿物类型及各种矿物的含量基本一致，各组试样所含矿物主要是石英、叶蜡石、伊利石、高岭石以及少量赤铁矿，而其中最为突出的衍射峰主要为石英。除此以外，由于重塑试样具有少量的个体差异，导致少数试样含有极少量的云母和凹凸棒石。通过 X 射线衍射图谱可分析推断出各试样组的矿物类型及含量，见表 4-3（试样编号命名方式为"浸泡时间-pH"，如"30-1"，30 代表浸泡时间，1 代表 pH）。由表 4-3 可知，石英为试样的主要矿物，其含量占 55%～60%；其次为叶蜡石和伊利石，其含量分别为 15%～25%和 10%～15%；高岭石含量较低，约占 5%；另外，试样中还含有极少量赤铁矿和云母，个别试样含有少量的凹凸棒石。从 X 射线衍射图谱分析结果可知，经过不同 pH 的稀硫酸溶液处理后的试样与未经过处理试样的矿物类型组合及矿物含量都基本一致，这表明软弱夹层中的矿物晶格中并没有出现大量离子交换现象，晶体结构也没有遭到严重破坏，该软弱夹层的黏土矿物在酸浓度较低的酸性环境下短期内不会产生大量矿物转化现象。

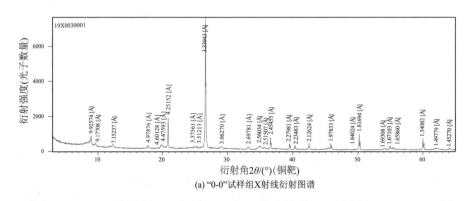

(a) "0-0"试样组X射线衍射图谱

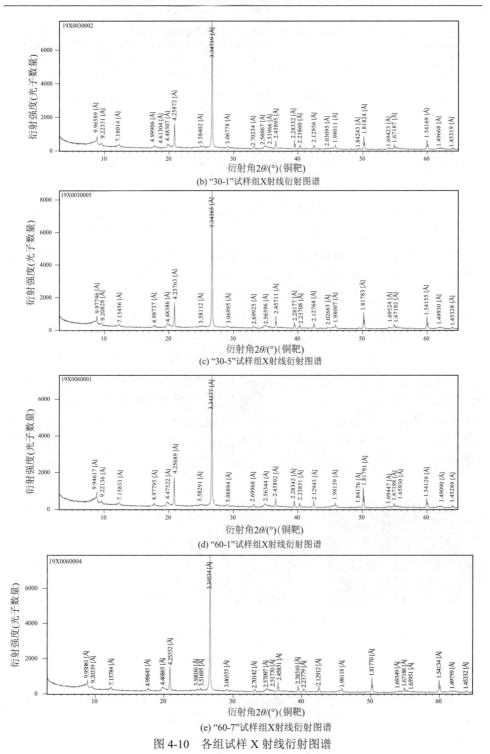

(b) "30-1"试样组X射线衍射图谱

(c) "30-5"试样组X射线衍射图谱

(d) "60-1"试样组X射线衍射图谱

(e) "60-7"试样组X射线衍射图谱

图 4-10　各组试样 X 射线衍射图谱

表 4-3　各试样组的矿物类型及其含量　　　　　　　(单位：%)

试样编号	石英	叶蜡石	赤铁矿	云母	伊利石	高岭石	凹凸棒石
0-0	55~60	15~20	少量	少量	10~15	5±	—
30-1	55~60	10~15	少量	—	10~15	5±	<2
30-5	55~60	20~25	少量	少量	10~15	<5	—
60-1	55~60	20~25	少量	—	10~15	5±	—
60-7	55~60	15~20	少量		10±	5±	—

注：±表示在该值左右少量波动，下同。

对软弱夹层重塑试样进行扫描电镜与能谱分析之前，需要对试样进行特殊处理，包括低温真空干燥、样品表面镀金膜等，试样表面虽然进行镀金处理以增加试样的导电性，在能谱分析中检测到金(Au)的含量较高，但元素 Au 并不参与元素分析。利用日立高新 SU3500 型扫描电子显微镜对试样进行能谱分析，图 4-11～图 4-13 分别为试样中主要矿物的分布情况、石英在扫描电镜中的形态、叶蜡石在扫描电镜中的组合形态及其相应区域的 X 射线能谱图，其中扫描电镜图像中的白框为能谱分析区域。

图 4-11 为软弱夹层重塑试样中主要矿物的分布情况能较为清晰地观察试样中矿物的分布以及各种矿物之间的微观结构。对于硅酸盐矿物，一般采用氧化物形式以表示其元素含量，由能谱图中分析可知，各氧化物含量：SiO_2 约占 62.25%，Al_2O_3 约占 24.07%，Fe_2O_3/FeO 约占 4.37%，K_2O 约占 3.89%，同时还含有少量 SO_3 与 CaO。由氧化物百分含量以及矿物结构式可知，主要矿物为石英、叶蜡石和伊利石，除此以外还有少量高岭石。

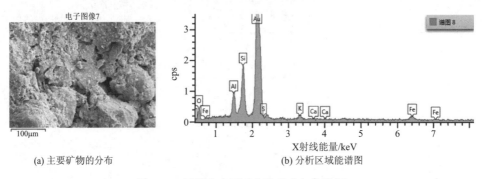

(a) 主要矿物的分布　　　　　　　　　(b) 分析区域能谱图

图 4-11　试样中主要矿物的分布与能谱图

图 4-12 为石英矿物的微观形态，其中 SiO_2 含量极高，高达 84.89%；其次 Al_2O_3 约占 11.01%。根据指定区域能谱分析结果，可推测黑框中的矿物为石英，而晶型较好石英矿物呈六边棱柱体形态，而试样中的石英矿物可能受到自然界长期的风

化作用、侵蚀作用或长距离的搬运作用，使得矿物棱角逐渐磨圆，但石英表面仍然较为光滑，呈粒状形态。由于钾元素含量极低，因此检测区域含有极少或不含伊利石矿物；高岭石为六边形片状矿物，集合体多呈书页状或蠕虫状，因此区域中含有极少或不含高岭石。而能谱分析中 Al_2O_3 含量不低，因此石英表面上可能附有少量叶蜡石，这是沉积物长期的搬运作用和沉积作用造成的。

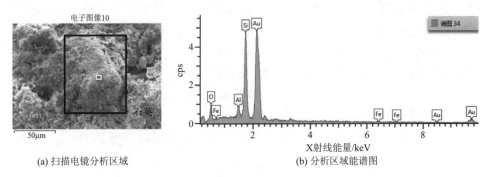

(a) 扫描电镜分析区域　　　　　(b) 分析区域能谱图

图 4-12　石英的扫描电镜分析区域与能谱图

图 4-13 主要为叶蜡石-伊利石混层，由能谱图中分析可知，各氧化物含量为 SiO_2 约占 59.98%，Al_2O_3 约占 27.75%，Fe_2O_3/FeO 约占 6.75%，K_2O 约占 4.51%。由于 K_2O 的含量低于纯伊利石矿物钾元素含量的一半，叶蜡石与伊利石均为 2:1 型层状结构硅酸盐矿物，硅铝率相近，因此扫描区域主要包含叶蜡石和伊利石，但由于叶蜡石和伊利石矿物形态均呈鳞片状、叶片状产出，且层状矿物层面有大量起伏，因此扫描电镜较难辨认。叶蜡石-伊利石混层中，叶蜡石和伊利石常以集合体形式出现，如白框选中部分为集合体的一部分，该集合体呈椭球体产出，联结较为紧密。

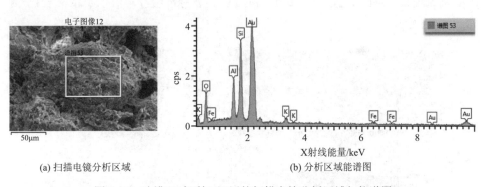

(a) 扫描电镜分析区域　　　　　(b) 分析区域能谱图

图 4-13　叶蜡石-伊利石混层的扫描电镜分析区域与能谱图

4.2.2　浸泡溶液离子浓度监测与分析

软弱夹层试样在浸泡的过程中，溶液与试样产生多种化学作用，如离子交换、水解作用、水化作用等，使得内部矿物结构发生改变，甚至导致部分矿物分解及转化，从而影响其宏观力学性质。为研究稀硫酸溶液与软弱夹层中矿物的相互作用，选取浸泡 60 d 的所有分组，分别对溶液中的主要金属阳离子 Al^{3+}、Ca^{2+}、Mg^{2+}、Fe^{3+}、K^+ 和胶体 H_2SiO_3 进行浓度监测。对于浸泡溶液离子的监测，每隔 10 d 对溶液进行取样，进行主要离子、偏硅酸胶体浓度的检测。采用具有良好化学稳定性的聚乙烯塑料容器盛放待检测水样，在盛放水样前，先用蒸馏水清洗干净，再用待检测溶液润洗 3 遍，以保证溶液中离子浓度的精确性。水样采集时间为 2018 年 11 月～2019 年 1 月，根据原始浸泡溶液的 pH 与试样的浸泡天数对水样进行编号并在水瓶表面写上编号，每瓶水样采集 500 mL，共送检 28 瓶水样。

4.2.2.1　溶液 pH 监测

为研究稀硫酸溶液与软弱夹层中矿物的相互作用，选取浸泡 60 d 的所有分组，对浸泡溶液进行离子监测。对于浸泡溶液 pH 的监测，每隔 5 d 在实验室中采用 pH 计对溶液的 pH 进行监测。"pH"为氢离子浓度指数，数学上定义 pH 为氢离子浓度的常用对数的负值。式(4-2)为氢离子浓度与 pH 的换算公式：

$$pH = -\lg c\left(H^+\right) \tag{4-2}$$

式中，pH 为氢离子浓度指数；$c\left(H^+\right)$ 为溶液中的氢离子浓度，mol/L。

试验采用笔式酸度计对溶液进行 pH 精确测定，并用精密 pH 试纸辅助测定。使用 pH 计测定溶液 pH 前，需利用标准缓冲溶液对 pH 计进行校正，以获取更精确的测量结果。pH 测定过程主要用到的 pH 计、标准缓冲溶液以及精密 pH 试纸如图 4-14 所示。

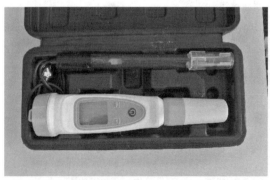

(a) PH-220W 笔式酸度计　　　　　　　　　(b) PH-HJ90B 笔式酸度计

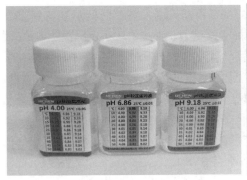

(c) pH 标准缓冲溶液

(d) 精密 pH 试纸

图 4-14　pH 测定中的主要设备

　　测定 pH 时，对溶液的 pH 进行三次测定，取三次测定结果的平均值作为该组浸泡溶液的 pH。图 4-15 为各组浸泡溶液的 pH 随浸泡天数变化曲线图，曲线"pH=1""pH=3""pH=5""pH=7"的起始 pH 分别为 1.0、3.0、5.0 和 7.2。从总体而言，4 条曲线初始都是呈上升趋势，而到某个时间点后增速减慢，pH 最终几乎维持在一个稳定的数值上。浸泡溶液的 pH 前期都是随着时间的增加而增大，但各曲线上升幅度与上升快慢程度区别较大。

　　"pH=1"曲线较为平缓，起伏程度最小，即使曲线上升平缓，但是在试样浸泡整个时间段中 pH 一直在上升。由于 pH 为氢离子浓度常用对数的负值，即式 (4-2)，因此，曲线"pH=1"看似为 4 条曲线中最为平缓、变化最小的曲线，但其中氢离子浓度的变化却比其他 pH 浸泡溶液的氢离子浓度变化要大，而且 pH=1 的浸泡溶液的 pH 不断增加。

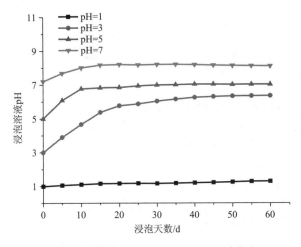

图 4-15　浸泡溶液 pH–浸泡天数关系曲线

"pH=3"曲线随着浸泡天数的增加，pH 不断升高，浸泡时间从 0 d 到 20 d 中曲线斜率较大，增长速率较为稳定；而当浸泡时间为 20～30 d，溶液的 pH 增长速率逐渐降低；浸泡时间为 30 d 以后，溶液的 pH 相对稳定，pH 最终维持在 6.35 左右，酸性减弱，说明此时溶液中关于氢离子的离子交换处于动态平衡状态。

"pH=5"曲线与"pH=3"曲线相似，曲线从 0～10 d 溶液的 pH 增长速率较快，而 10 d 以后，溶液的 pH 相对稳定，最终 pH 维持在 7.02 附近。

而"pH=7"曲线前期虽然也有一定的增长趋势，但 pH 随着浸泡时间增加的上升幅度较小，最终溶液呈弱碱性，pH 维持在 8.12 左右，这可能是因为试样浸泡于溶液中，试样中某些可溶盐发生水解而导致溶液的 pH 发生变化。

4.2.2.2　Al^{3+}、Fe^{3+}离子浓度监测与分析

软弱夹层试样浸泡于不同 pH 的稀硫酸溶液中，Al^{3+}、Fe^{3+}离子浓度随浸泡时间变化的折线图分别如图 4-16 和图 4-17 所示。由图 4-16 和图 4-17 可知，每个 pH 溶液下的 Al^{3+}、Fe^{3+}离子浓度曲线十分相似，由图呈现出的规律较为一致。除此以外，Al^{3+}、Fe^{3+}离子的化合价都为+3 价态，性质较为相似，在伊利石等较多矿物中经常出现 Fe^{3+}代替铝氧八面体中 Al^{3+}的现象，因此将 Al^{3+}、Fe^{3+}离子浓度变化情况进行共同分析。

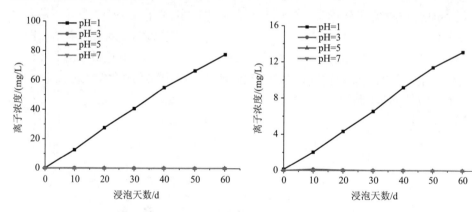

图 4-16　浸泡溶液中 Al^{3+}离子浓度变化图　　　图 4-17　浸泡溶液中 Fe^{3+}离子浓度变化图

如图 4-16 所示，当 pH=3、pH=5、pH=7 时，溶液中的 Al^{3+}离子浓度极低，且随着浸泡时间的增加，Al^{3+}离子浓度一直处于较为稳定的状态，即使 Al^{3+}浓度稍有上升，但 3 条曲线在坐标轴中都近似于 $y=0$ 的水平直线。而当 pH=1 时，曲线与其他 3 条曲线截然不同，随着浸泡时间的增加，Al^{3+}离子浓度不断增加，浸泡天数与离子浓度近似呈线性关系。

如图 4-17 所示，浸泡溶液中 Fe^{3+}离子浓度变化曲线图与 Al^{3+}离子浓度变化曲

线图相似，pH=3、pH=5、 pH=7 时，曲线在坐标轴中都近似于 $y=0$ 的水平直线。而 pH=1 时，试样浸泡天数与离子浓度也近似呈线性关系。Fe^{3+} 与 Al^{3+} 曲线形状较为类似，但 Fe^{3+} 浓度水平较低，在 pH=1 溶液中浸泡 60 d，其离子浓度仅有 13.1 mg/L，而溶液中 Al^{3+} 浓度高达 77.6 mg/L。

溶液中 Al^{3+} 和 Fe^{3+} 的来源主要有三个：一为可溶盐在水溶液中发生物理溶解，二为试样中游离氧化物与 H^+ 发生复分解反应，三为黏粒与溶液间的离子交换。由于当浸泡溶液初始 pH 为 3、5 时，溶液的 pH 随着浸泡时间快速升高，酸性减弱，H^+ 浓度降低，游离氧化物的解离能力降低，故与游离氧化物反应程度较低。当浸泡溶液初始 pH 为 7 时，溶液中的 Fe^{3+} 与 Al^{3+} 离子浓度并没有明显地随着浸泡时间的增加而提高，说明试样中含有极少或不含可溶性铝盐或铁盐。而当 pH=1 时，溶液中 Fe^{3+} 与 Al^{3+} 离子浓度的升高是由于试样在稀硫酸溶液中与 H^+ 发生了化学作用，游离氧化物 Al_2O_3 和 Fe_2O_3 在稀硫酸溶液中的离子方程式为

$$Al_2O_3 + 6H^+ \Longrightarrow 2Al^{3+} + 3H_2O \tag{4-3}$$

$$Fe_2O_3 + 6H^+ \Longrightarrow 2Fe^{3+} + 3H_2O \tag{4-4}$$

黏粒与水溶液之间的离子交换一般认为是在黏粒扩散层与溶液之间进行的，影响黏粒与溶液之间离子交换容量的因素有矿物自身形状、溶液化学成分、离子浓度以及 pH。对于黏土矿物，溶液的 pH 与其等电 pH 的差值越大，交换容量就越大，不溶性次生矿物的等电 pH 如表 4-4。

表 4-4　不溶性次生矿物的等电 pH

矿物种类		硅铝率 SiO_2/Al_2O_3	等电 pH
次生二氧化硅		很大	极小
黏土矿物	蒙皂石-蛭石族	>4	<2
	蛇纹石-高岭石族	2	5
	滑石-叶蜡石族	2	2.3
游离氧化物	Fe_2O_3	0	7.1
	Al_2O_3	0	8.1

由于浸泡溶液 pH 为 1，与游离氧化物的等电 pH 差值较大，因此，离子交换现象较为明显。除此以外，阳离子的交换能力与离子浓度对离子交换也有重大影响，在其他条件相同时，溶液中阳离子交换能力的次序如表 4-5 所示。从表 4-5 可知，Fe^{3+} 与 Al^{3+} 交换能力很强，但由于 H^+ 在溶液中的浓度远大于 Fe^{3+} 与 Al^{3+} 的浓度，比 Fe^{3+} 与 Al^{3+} 交换能力低的 H^+ 也可以进入扩散层置换交换能力较高的金属离子。此时 H^+ 进入到双电层，使得结合水膜变厚，从而在宏观上导致软弱夹层的工程地质性质变差。

表 4-5 阳离子交换能力

交换能力	$Fe^{3+} > Al^{3+} > H^+ > Ba^{2+} > Ca^{2+} > Mg^{2+} > K^+ > Na^+ > Li^+$
解离能力	$Fe^{3+} < Al^{3+} < H^+ < Ba^{2+} < Ca^{2+} < Mg^{2+} < K^+ < Na^+ < Li^+$

4.2.2.3 Ca^{2+}、Mg^{2+}离子浓度监测与分析

图 4-18 和图 4-19 为软弱夹层试样浸泡于不同 pH 的稀硫酸溶液中，Ca^{2+}、Mg^{2+}离子浓度随浸泡时间变化的折线图。元素钙和镁在元素周期表中都位于第二主族（ⅡA），决定元素化学性质的最外层电子数均为 2，即使钙原子金属活泼性比镁原子强，但 Ca^{2+} 和 Mg^{2+} 的化学性质非常类似。由图 4-18 和图 4-19 可知，浸泡溶液中 Ca^{2+} 和 Mg^{2+} 离子浓度变化趋势较为相似，因此将 Ca^{2+}、Mg^{2+} 离子浓度变化情况一同分析。

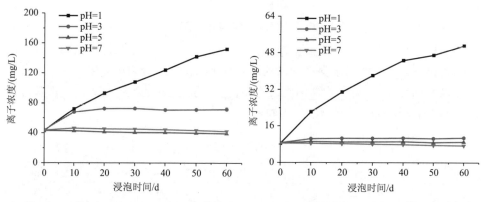

图 4-18 浸泡溶液中 Ca^{2+} 离子浓度变化图   图 4-19 浸泡溶液中 Mg^{2+} 离子浓度变化图

如图 4-18 所示，当 pH=1 时，随着浸泡时间的增加，Ca^{2+} 离子浓度不断增加，Ca^{2+} 离子浓度在浸泡过程中的前 10 d 增加速率较快，随后增加速率有一定的减缓，但总体上浸泡天数与离子浓度近似呈线性关系，Ca^{2+} 离子最终浓度为 142 mg/L，远比 pH=1 时溶液中的 Mg^{2+} 离子浓度高。当 pH=3 时，Ca^{2+} 离子浓度在浸泡 0～10 d 时间里增长速率较快，但随后速率迅速减慢，浸泡 20 d 以后 Ca^{2+} 离子浓度在 71 mg/L 水平上下波动。pH=5 和 pH=7 时，曲线总体变化不大，Ca^{2+} 离子浓度在浸泡过程中基本不变，试样在 pH=5 稀硫酸溶液中的 Ca^{2+} 离子浓度比试样在 pH=7 稀硫酸溶液中浓度稍大。

如图 4-19 所示，当 pH=3、pH=5、pH=7 时，溶液中的 Mg^{2+} 离子浓度较低，且随着浸泡时间的增加，Mg^{2+} 离子浓度一直处于较为稳定的状态，即使 Mg^{2+} 离子浓度稍有上升，但 3 条曲线在坐标轴中都近似于水平直线；但不同 pH 浸泡溶液

中的 Mg^{2+}离子浓度稍有不同，呈现出 pH 越小，Mg^{2+}离子浓度越大的规律，但不同 pH 溶液中的 Mg^{2+}离子浓度相差较小。而当 pH=1 时，曲线与其他 3 条曲线明显不同，随着浸泡时间的增加，Mg^{2+}离子浓度不断增加，但增加速率随着时间的增加不断减慢，在曲线上表现为曲线的斜率逐渐减小，但 Mg^{2+}离子浓度仍保持着一定的增长速率。

溶液中的 Ca^{2+} 和 Mg^{2+}离子浓度都呈现出一定的规律性，如离子浓度随着 pH 的降低而增加，在 pH =1 的浸泡溶液中离子浓度远大于其他 pH 溶液中离子浓度，根据阳离子交换能力，H^+的离子交换能力强于 Ca^{2+} 和 Mg^{2+}，因此，推断为 H^+将 Ca^{2+} 和 Mg^{2+}从黏粒的扩散层中交换到溶液中。浸泡溶液的 pH 为 3 时，Ca^{2+}离子浓度在浸泡 0～10 d 增大速率较大，而随后增速迅速减缓，这是由于浸泡初期溶液的 pH 较低，而随着反应的进行，溶液 pH 升高，反应速率减慢，溶液中离子处于动态平衡状态。

4.2.2.4 K^+离子浓度监测与分析

软弱夹层试样浸泡于不同 pH 的稀硫酸溶液中，K^+离子浓度随浸泡时间变化的曲线如图 4-20 所示。当 pH=1 时，随着浸泡时间的增加，K^+离子浓度不断增加，曲线在增加过程中稍有起伏，但总体上浸泡天数与离子浓度近似呈线性关系。pH=3、pH=5 和 pH=7 时，随着浸泡时间的增加，K^+离子浓度增加趋势较为相似，在浸泡 0～40 d 时间里，K^+离子浓度增加速率较为稳定；在浸泡 40～50 d 时间里，K^+离子浓度增加速率突然加大，随后 K^+离子浓度增加速率逐渐减缓。伊利石是一种富含钾的硅酸盐云母类黏土矿物，伊利石矿物层间存在大量的 K^+离子和水分子，因此 H^+较容易从伊利石层间中将其交换到溶液中。在浸泡 40～50 d 时间内，

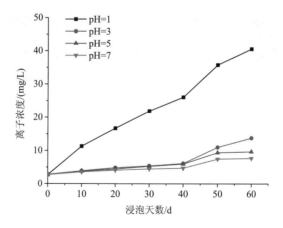

图 4-20 浸泡溶液中 K^+离子浓度-浸泡天数关系曲线

4 种 pH 的浸泡溶液中 K⁺离子浓度增加速率都突然加大，这可能是由于 K⁺对外界温度变化比较敏感。

4.2.2.5　H₂SiO₃胶体浓度监测与分析

图 4-21 为软弱夹层试样浸泡于不同 pH 的稀硫酸溶液中，H₂SiO₃胶体浓度随浸泡时间变化的折线图。当 pH=1 时，随着浸泡时间的增加，H₂SiO₃胶体浓度不断增加，但增加速率随着时间的增加不断减慢，在曲线上表现为斜率逐渐减小，但 H₂SiO₃胶体浓度仍保持着一定的增长速率。当 pH=3、pH=5、pH=7 时，溶液中的 H₂SiO₃胶体浓度较低，在坐标轴中 3 条曲线比较平缓，且随着浸泡时间的增加，H₂SiO₃胶体浓度增长速度十分缓慢，但仍保持着一定的增长速率；不同 pH 浸泡溶液中的 H₂SiO₃胶体浓度稍有不同，呈现出 pH 越小，H₂SiO₃胶体浓度越大的规律，但不同 pH 溶液中的 H₂SiO₃胶体浓度相差较小。

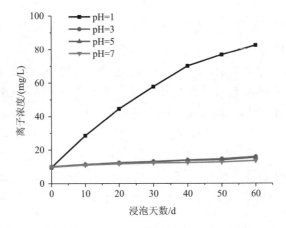

图 4-21　浸泡溶液中 H₂SiO₃胶体浓度-浸泡天数关系曲线

溶液中 H₂SiO₃胶体的来源主要为次生二氧化硅在水溶液中发生解离作用，先由次生二氧化硅（SiO₂）与水作用生成偏硅酸（H₂SiO₃），而偏硅酸为弱电解质，能解离生成 SiO_3^{2-} 和 H⁺：

$$H_2SiO_3 \rightleftharpoons SiO_3^{2-} + 2H^+ \tag{4-5}$$

溶液中 pH 的改变，能影响上述反应式中的解离程度，当溶液中 H⁺浓度增大，反应逆向进行，因此 H₂SiO₃胶体含量增加。硅酸根与颗粒晶体格架不能分离，因而使得颗粒表面带负电，介质中由于含有 H⁺离子而带正电，溶液中 H⁺浓度增大，能抑制偏硅酸的解离程度，从而减少颗粒负电荷的带电数，影响颗粒扩散层性质，从而在宏观上影响软弱夹层的工程地质特性。

4.3 酸性环境下软弱夹层的物理力学特性分析

4.3.1 酸性环境下软弱夹层的基本物理性质变化

软弱夹层试样浸泡于稀硫酸溶液中，试样中某些矿物成分或离子在酸性环境中发生一系列复杂的化学反应,如黏土矿物中阳离子交换使得矿物成分发生变化、结合水膜厚度发生变化；钙质、铁质等胶结物在酸性环境中受到腐蚀；微结构遭到破坏等,软弱夹层的基本物理性质将发生相应的变化。通过对未经浸泡的饱和试样以及经过不同分组处理的试样进行饱和质量、烘干质量、饱和含水率、干密度和孔隙比的测定及换算,分析比较不同酸性环境、不同浸泡时间条件下,试样宏观基本物理指标的变化，从而研究稀硫酸溶液对软弱夹层的腐蚀程度。

根据浸泡天数(30 d、45 d、60 d、120 d)将试样分成 4 组，每组中均含有 pH 分别为 1、3、5、7 的小组。从各个小组中分别取出试样，并对各个试样的质量进行称量，以此研究试样经过不同处理后的质量变化。试样经过不同处理，无论是试样置于不同 pH 溶液浸泡相同时间组，还是置于相同 pH 溶液浸泡不同时间组的质量相对于未经浸泡处理组的试样质量均有所改变。根据直接在实验室测定的饱和质量、烘干质量，换算出各组试样的饱和含水率、干密度和孔隙比。

4.3.1.1 质量的变化

将各组试样进行编号，分别从各组随机取出 3 个试样，用分析天平称量各个试样的饱和质量，计算该组试样的平均饱和质量；此后，将已编号的各个试样分别置于电热烘箱内，在 105℃的恒温下烘至恒量(以下称为烘干质量)，对于以黏土矿物为主的软弱夹层重塑试样烘干时间应大于 8 h,记录每个试样对应的烘干质量，并计算每组试样的平均烘干质量，从而对比试样经过不同处理后质量的变化。

各组试样命名规则为"浸泡时间-溶液 pH"，如试样组"60-3"即表示该组为在 pH 为 3 的稀硫酸溶液中浸泡 60 d 的试样分组；试样组"0-0"表示重塑试样饱和后未经溶液浸泡的对照组。软弱夹层重塑试样经不同处理后的饱和质量和烘干质量如表 4-6 所示。

表 4-6 不同处理后试样的饱和质量与烘干质量 (单位：g)

试样编号	试样 1		试样 2		试样 3		平均值	
	饱和质量	烘干质量	饱和质量	烘干质量	饱和质量	烘干质量	饱和质量	烘干质量
0-0	218.68	183.48	219.33	183.89	218.19	182.59	218.73	183.32
30-7	219.44	183.37	218.63	182.69	218.90	182.76	218.99	182.94
30-5	218.55	182.88	218.69	182.12	218.21	182.03	218.48	182.34

续表

试样编号	试样 1		试样 2		试样 3		平均值	
	饱和质量	烘干质量	饱和质量	烘干质量	饱和质量	烘干质量	饱和质量	烘干质量
30-3	217.72	181.63	218.42	181.55	217.98	181.18	218.04	181.45
30-1	217.81	180.96	217.97	181.23	218.05	181.45	217.94	181.21
45-7	218.97	181.32	218.31	182.05	219.15	181.86	218.81	181.74
45-5	219.22	181.74	219.67	181.96	219.89	182.34	219.59	182.01
45-3	219.68	182.45	220.05	182.71	219.75	182.26	219.83	182.47
45-1	218.88	181.23	218.51	180.31	218.57	180.44	218.65	180.66
60-7	218.11	181.86	219.30	182.71	218.68	181.96	218.70	182.18
60-5	218.06	180.77	219.83	182.04	218.27	181.11	218.72	181.31
60-3	219.13	181.18	219.21	180.88	218.79	180.73	219.04	180.93
60-1	219.61	180.48	219.04	180.06	218.00	179.92	218.88	180.15
120-7	219.04	181.56	218.69	182.08	219.16	181.51	218.96	181.72
120-5	218.92	181.31	218.76	181.13	218.46	180.83	218.71	181.09
120-3	218.76	180.29	218.84	180.76	218.96	180.25	218.85	180.43
120-1	218.95	179.34	219.11	179.92	218.74	179.91	218.93	179.72

根据表 4-6 统计各组的平均饱和质量、平均烘干质量计算试样经不同处理后的质量变化及质量变化程度，各组试样的质量变化与质量变化程度均以未经稀硫酸溶液处理的对照组做对比，如表 4-7 所示。从表中可以看出，各组试样的饱和质量变化与质量变化程度的分布没有呈现明显的规律性，这可能是由于孔隙中充满浸泡溶液，致使饱和质量变化较不明显；而烘干质量变化与质量变化程度的分布则呈现一定的规律性，其烘干质量均比对照组的烘干质量有一定程度的降低。

表 4-7　不同处理后试样的质量变化

试样编号	平均值/g		质量变化/g		质量变化程度/%	
	饱和质量	烘干质量	饱和质量	烘干质量	饱和质量	烘干质量
0-0	218.73	183.32	—	—	—	—
30-7	218.99	182.94	0.26	−0.38	0.12	−0.21
30-5	218.48	182.34	−0.25	−0.98	−0.11	−0.53
30-3	218.04	181.45	−0.68	−1.87	−0.32	−1.02
30-1	217.94	181.21	−0.78	−2.11	−0.36	−1.15
45-7	218.81	181.74	0.08	−1.58	0.04	−0.86
45-5	219.59	182.01	0.86	−1.31	0.39	−0.71
45-3	219.83	182.47	1.10	−0.85	0.50	−0.46
45-1	218.65	180.66	−0.07	−2.66	−0.04	−1.45

续表

试样编号	平均值/g		质量变化/g		质量变化程度/%	
	饱和质量	烘干质量	饱和质量	烘干质量	饱和质量	烘干质量
60-7	218.70	182.18	−0.03	−1.14	−0.01	−0.62
60-5	218.72	181.31	−0.01	−2.01	0.00	−1.10
60-3	219.04	180.93	0.31	−2.39	0.14	−1.30
60-1	218.88	180.15	0.15	−3.17	0.07	−1.73
120-7	218.96	181.72	0.23	−1.60	0.11	−0.87
120-5	218.71	181.09	−0.02	−2.23	−0.01	−1.22
120-3	218.85	180.43	0.12	−2.89	0.05	−1.58
120-1	218.93	179.72	0.20	−3.60	0.09	−1.96

从总体上对比分析可知，试样在清水的浸泡作用下，试样中少量可溶盐或可溶性矿物成分发生物理溶解，溶解至清水中，致使烘干质量发生少量变化；而在酸性环境中，岩土体的腐蚀机理较为复杂，对于岩土体主要为分解类腐蚀。试样在浸泡溶液中除了可溶成分发生物理溶解，还发生一系列的化学反应，如游离氧化物 Al_2O_3、Fe_2O_3 等在酸性环境中发生复分解反应而生成盐类溶解于水中、酸溶液中的 H^+ 与黏土颗粒扩散层中的其他离子发生离子交换，从而进一步溶蚀试样，化学反应使试样质量减少。因此，各组质量相比对照组均呈减少趋势，而随着浸泡时间与稀硫酸溶液 pH 的不同，各组质量减少的程度不同，其中亦呈现出相关的规律性。

由图 4-22(b) 和图 4-22(d) 可知，随着浸泡溶液的 pH 减小，不同浸泡时间的试样烘干质量变化程度均发生较稳定的降低趋势，除此以外，浸泡天数对试样的烘干质量影响总体呈现出较为稳定的负相关关系。

图 4-22(b) 中，随着溶液 H^+ 浓度的增大(pH 减小)，浸泡 45 d 组烘干质量有起伏，浸泡天数分别为 30 d、60 d 和 120 d 时烘干质量降低趋势明显，浸泡不同天数的试样组烘干质量随着 pH 的降低总体呈减少趋势。试样组"120-1"相比未经处理的对照组"0-0"质量降低程度接近 2%(3.6 g)。表明浸泡溶液的稀硫酸溶液浓度越高(pH 越小)，试样烘干质量减少得越多。

图 4-22(d) 中，采用 pH=7 的清水对试样进行浸泡，由于试样中某些可溶成分溶解于水中，试样固体部分质量减少，试样固体质量(烘干质量)总体随着浸泡天数的增加而减少；其他分组的烘干质量和浸泡天数也呈负相关关系，总体表现为随着浸泡天数的增加，烘干质量不断降低，这是由于浸泡时长增加，试样在浸泡中得到较为充分的反应时间，分解类腐蚀程度逐渐增大。

由图 4-22(a) 和图 4-22(c) 可知，浸泡溶液的 pH 和浸泡天数对试样的饱和质量影响不大，这是因为试样受到稀硫酸溶液腐蚀后，试样孔隙中充满浸泡溶液，因此质量变化不大，无明显规律。

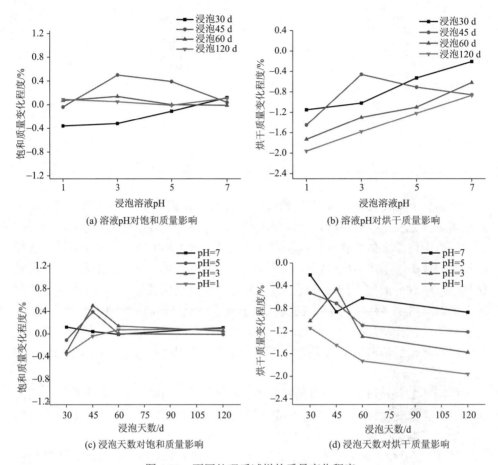

图 4-22　不同处理后试样的质量变化程度

4.3.1.2　饱和含水率的变化

饱和含水率又称饱和水容度，是岩土体湿度的重要物理指标。含水率对于软弱夹层的变形特性、破坏强度有着很大的影响，当岩土体处于不同的含水率情况下，呈现出不同的变形破坏方式，从而表现出不同的工程性质。根据《土工试验方法标准》（GB/T 50123—2019），饱和含水率是将饱和试样置于 105～110℃下烘至质量恒定，试样失去水的质量与试样烘干至恒定质量的比值。对各组试样进行含水率试验，分别取各组 3 个试样平行测定，将试样置于恒定 105℃的烘箱中，烘干至试样质量不再变化，取出试样冷却至室温再称其质量，取测值的平均值，各组饱和含水率如表 4-8 所示。根据表 4.8 及式 (4-6) 可求出经过不同处理后的试样饱和含水率。

$$\omega = \frac{m_{\mathrm{w}}}{m_{\mathrm{s}}} \times 100\%$$

(4-6)

式中，ω 为试样饱和含水率；m_{w} 为水的质量，g；m_{s} 为固体颗粒质量，g。

表 4-8　不同处理后试样的饱和含水率变化

试样编号	平均值/g		水的质量 m_{w}/g	饱和含水率 ω/%
	饱和质量	烘干质量		
0-0	218.73	183.32	34.331	19.32
30-7	218.99	182.94	36.05	19.71
30-5	218.48	182.34	36.14	19.82
30-3	218.04	181.45	36.59	20.17
30-1	217.94	181.21	36.73	20.27
45-7	218.81	181.74	37.07	20.40
45-5	219.59	182.01	37.58	20.65
45-3	219.83	182.47	37.36	20.47
45-1	218.65	180.66	37.99	21.03
60-7	218.70	182.18	36.52	20.05
60-5	218.72	181.31	37.41	20.63
60-3	219.04	180.93	38.11	21.06
60-1	218.88	180.15	38.73	21.50
120-7	218.96	181.72	37.24	20.49
120-5	218.71	181.09	37.62	20.77
120-3	218.85	180.43	38.42	21.29
120-1	218.93	179.72	39.21	21.82

图 4-23 是不同 pH 的稀硫酸溶液浸泡不同天数的试样含水率变化曲线。从图 4-23 (a) 中饱和含水率的变化趋势可以看出，随着 pH 的降低，试样饱和含水率逐渐增大，浸泡不同天数的曲线虽有起伏，但大致呈线性关系增长。试样浸泡 120 d，浸泡溶液的 pH 相同时，其对应分组的饱和含水率均比其他浸泡时间组别要大；试样浸泡 30 d，其对应曲线位于其他浸泡时间曲线下方，即浸泡 30 d 分组的饱和含水率均低于其他浸泡时间组；表明在一定时期内，浸泡时间越久，试样中的矿物、水溶盐、游离氧化物等成分与水、稀硫酸溶液反应越充分。

图 4-23 (b) 中，试样浸泡时长为 30～60 d，试样的饱和含水率变化较大，总体呈变大趋势，而试样浸泡 60 d 后，饱和含水率增大速率放缓。浸泡于 pH 为 1

的稀硫酸溶液中的试样组，其饱和含水率比浸泡在其他 pH 的试样组要大，表明 pH 对试样的腐蚀程度有影响，且 pH 越低，即 H^+ 浓度越高，试样与溶液发生的化学反应越明显，对试样的腐蚀程度越大。

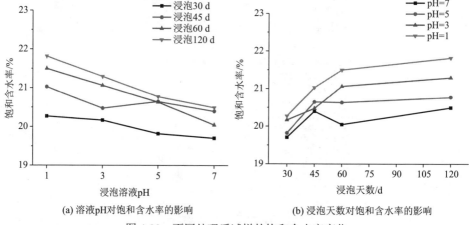

(a) 溶液pH对饱和含水率的影响　　　　　　　(b) 浸泡天数对饱和含水率的影响

图 4-23　不同处理后试样的饱和含水率变化

4.3.1.3　干密度的变化

土的干密度为单位土体体积干土的质量。土的干密度常用作填方工程等工程压实控制的标准，土的干密度越大，表明土体越密实。土的干密度一般采用环刀法或放射性同位素法测定。环刀法为使用 $100 \ cm^3$ 或 $200 \ cm^3$ 的环刀切土样，用天平称其质量，从而计算密度的方法。由于软弱夹层试样在浸泡过程中采用了自制的浸泡装置，试样浸泡前后并无明显的膨胀现象，因此不用考虑试样体积的变化，试样尺寸为 $\varPhi 3.91 \ cm \times 8.0 \ cm$，体积 $V = 96.01 \ cm^3$。故根据表 4-6 测定出经不同处理后试样分组的烘干质量，利用干密度表达式，计算出干密度 ρ_d，各组试样干密度变化如表 4-9 所示。

表 4-9　不同处理后试样的干密度变化

试样编号	平均烘干质量/g	干密度 ρ_d/(g/cm³)
0-0	183.32	1.909
30-7	182.94	1.905
30-5	182.34	1.899
30-3	181.45	1.890
30-1	181.21	1.887
45-7	181.74	1.893
45-5	182.01	1.896
45-3	182.47	1.901

试样编号	平均烘干质量/g	干密度 ρ_d /(g/cm³)
45-1	180.66	1.882
60-7	182.18	1.898
60-5	181.31	1.888
60-3	180.93	1.884
60-1	180.15	1.876
120-7	181.72	1.893
120-5	181.09	1.886
120-3	180.43	1.879
120-1	179.72	1.872

图 4-24 是在不同浸泡时间、不同 pH 浸泡溶液处理下的试样干密度变化曲线，经过相同处理过的试样组变化规律与不同浸泡时间、不同 pH 浸泡溶液处理下的试样烘干质量变化曲线相类似。同样浸泡溶液的 pH 和浸泡天数对试样干密度的影响总体呈现出较为稳定的负相关关系。图 4-24(a) 中，随着溶液 H^+ 浓度的增大 (pH 减小)，浸泡 45 d 组烘干质量有起伏，浸泡天数分别为 30 d、60 d 和 120 d 时烘干质量降低趋势明显，浸泡不同天数的试样组干密度随着 pH 的降低总体呈减少趋势。干密度降低最少的试样组 "120-1" 的干密度为 1.872 g/cm³，而对照组 "0-0" 的干密度为 1.909 g/cm³，干密度降低程度为 1.98%。表明溶液的稀硫酸溶液浓度越高(pH 越小)，试样干密度降低得越多。图 4-24(b) 中，浸泡时间为 30～60 d 期间，浸泡不同 pH 溶液的试样组干密度的变化曲线虽有波动交叉，但各试样组总体随着浸泡时间的递增，试样的干密度呈下降趋势，且随着时间的增加，干密度减少速率逐渐减慢。影响试样干密度变化的因素主要有两个，一是由于稀

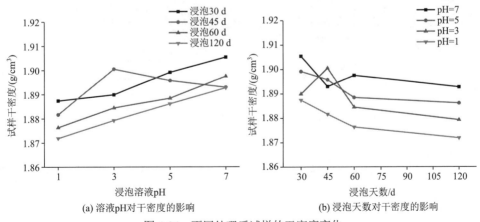

(a) 溶液pH对干密度的影响　　　　(b) 浸泡天数对干密度的影响

图 4-24　不同处理后试样的干密度变化

硫酸溶液与软弱夹层试样颗粒扩散层进行离子交换等化学反应，致使试样的固体颗粒比重减小；二是在酸性环境下，溶液对试样有腐蚀作用，酸溶液通过溶解试样中胶结成分、氧化物等难溶物，使得试样孔隙增大。

4.3.1.4　孔隙比的变化

根据孔隙比定义的表达式[式(4-7)]，可求得各组试样的孔隙比，其中试样中的孔隙体积 V_v 可通过式(4-8)代入求得。由于试样经过真空饱和处理，即试样饱和度接近于 1，可近似认为试样中的孔隙均被溶液所充填，其中质量分数为1%的稀硫酸溶液的密度约为 1.0050 g/cm^3，而 pH 为 1 的稀硫酸溶液的浓度远低于质量分数为1%的稀硫酸溶液，故试验中采用溶液的密度均可近似为水的密度，为 1.0 g/cm^3。各组试样的孔隙比计算结果如表 4-10 所示。

$$e = \frac{V_v}{V_s} = \frac{V_v}{V - V_v} \tag{4-7}$$

式中，e 为试样孔隙比；V_v 为试样中的孔隙体积，cm^3；V_s 为试样中固体颗粒体积，cm^3；V 为试样体积，cm^3，取 V=96.01 cm^3。

$$V_v = \frac{m_v}{\rho_v} = \frac{m_w}{\rho_w} \tag{4-8}$$

式中，m_v 为试样中的孔隙质量(含孔隙充填物)，g；ρ_v 为试样中的孔隙密度(含孔隙充填物)，g/cm^3；m_w 为试样中溶液的质量，g；ρ_w 为试样中溶液的密度，g/cm^3，取 ρ_w=1.0 g/cm^3。

表 4-10　不同处理后试样的孔隙比变化

试样编号	平均值/g		溶液的质量 m_w/g	孔隙体积 V_v/cm^3	孔隙比 e
	饱和质量	烘干质量			
0-0	218.73	183.32	34.331	34.331	0.584
30-7	218.99	182.94	36.05	36.05	0.601
30-5	218.48	182.34	36.14	36.14	0.604
30-3	218.04	181.45	36.59	36.59	0.616
30-1	217.94	181.21	36.73	36.73	0.620
45-7	218.81	181.74	37.07	37.07	0.629
45-5	219.59	182.01	37.58	37.58	0.643
45-3	219.83	182.47	37.36	37.36	0.637
45-1	218.65	180.66	37.99	37.99	0.655
60-7	218.70	182.18	36.52	36.52	0.614
60-5	218.72	181.31	37.41	37.41	0.638
60-3	219.04	180.93	38.11	38.11	0.658

续表

试样编号	平均值/g		溶液的质量 m_w/g	孔隙体积 V_v/cm³	孔隙比 e
	饱和质量	烘干质量			
60-1	218.88	180.15	38.73	38.73	0.676
120-7	218.96	181.72	37.24	37.24	0.634
120-5	218.71	181.09	37.62	37.62	0.644
120-3	218.85	180.43	38.42	38.42	0.667
120-1	218.93	179.72	39.21	39.21	0.690

图 4-25 是在不同浸泡时间、不同 pH 浸泡溶液处理下的试样孔隙比变化曲线。由图 4-25(a)可以看出，随着稀硫酸溶液 pH 的降低，各组试样的孔隙比总体呈现出增大的趋势。浸泡 30 d 的试样组曲线比浸泡时间较长的试样组曲线更为平缓，但浸泡溶液 pH 为 1 的"30-1"组比浸泡溶液 pH 为 7 的"30-7"组孔隙比增大约 3%；浸泡 120 d 的试样组"120-1"组比"120-7"组孔隙比增大约 8.8%。表明浸泡溶液 pH 对于孔隙比的影响较大，同时浸泡时间也对孔隙比的变化有一定的影响。

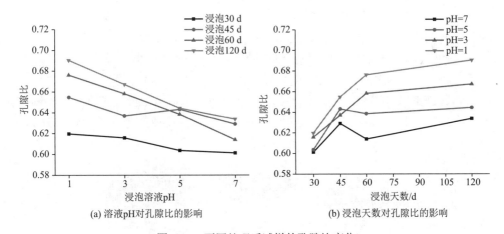

(a) 溶液 pH 对孔隙比的影响　　　　(b) 浸泡天数对孔隙比的影响

图 4-25　不同处理后试样的孔隙比变化

由图 4-25(b)可以看出，试样浸泡时长为 30～60 d，试样的孔隙比变化较大，曲线虽有起伏，但孔隙比总体呈变大趋势，而试样浸泡 60 d 后，孔隙比增大速率放缓。浸泡 30 d 的试样组孔隙比增大程度和增大速率都明显低于其他浸泡时间组，说明短期浸泡对试样的孔隙比也会造成一定的影响，但影响程度较小。"30-1"组相比"0-0"对照组孔隙比增大了 6.16%；pH 同为 1 的稀硫酸溶液长期浸泡组"120-1"则比"0-0"对照组孔隙比增大了 18.15%，比浸泡组"30-1"孔隙比增大了 11.29%，说明在酸性环境下软弱夹层与溶液之间的物理化学反应是一个长期的过程。孔隙比增大速率放缓表明化学反应速率逐渐减慢，在相同条件下(温度、催化剂等)，影响化学反应速率的主要因素是反应物质的浓度。由于试样与溶液之间不断进行离子交换等反应，根据化学反应速率与化学平衡原理可知，反应物的浓度不断降低，最终达到动态平衡，即试样经过长期浸泡，最终可能会达到一个较为稳定的孔隙比。

4.3.2　不同酸性环境浸泡下试样三轴压缩试验研究

三轴压缩试验分为不固结不排水剪(UU 试验)、固结不排水剪(CU 试验)以及固结排水剪(CD 试验)。其中，不固结不排水剪更能适应渗透系数小、施工快速的工程，除此以外，也适应于快速堆载工程和快速破坏的斜坡稳定性等多种工况的分析验算。因此，采用不固结不排水剪对软弱夹层重塑试样在不同 pH 的酸性溶液中浸泡及在不同浸泡时间下的强度变化进行探究，并分别对重塑试样组不固结不排水强度进行横向与纵向对比分析。

4.3.2.1　未经浸泡处理试样不固结不排水强度参数

对不同酸性环境浸泡下试样进行不固结不排水试验前，需要先获得未经浸泡处理试样的不固结不排水强度参数作为参照，从而确定浸泡溶液 pH 与浸泡时间对试样的影响。不同酸性环境浸泡下试验组可根据对照组"0-0"的强度参数进行对比分析，为在酸性环境下强度变化以及腐蚀程度提供参考依据。

在各级围压(100 kPa、200 kPa、300 kPa)下对未经浸泡处理试样进行不固结不排水强度试验(试验压缩过程见图 4-26)。记录试样在剪切过程中的轴向应变 ε 及对应的主应力差($\sigma_1-\sigma_3$)，并依据记录数据绘制各级围压下的主应力差-轴向应变

(a)试验开始　　　(b)轴向应变为 10%　　　(c)轴向应变为 15%

图 4-26　不固结不排水试验压缩过程

曲线于图 4-27 中。由于主应力差与轴向应变关系曲线上并未出现峰值，因此根据规范要求选取 15%轴向应变时的主应力差值作为破坏点，并依据《土工试验方法标准》（GB/T 50123—2019）绘制破损应力圆及不同周围压力下破损应力圆的包线，求出不排水强度参数，如图 4-28 所示，可得试样的不排水强度参数 c_u=53.75°，φ_u=1.79°。

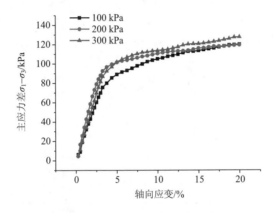

图 4-27 应力与应变关系曲线

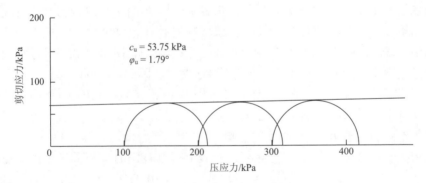

图 4-28 摩尔破损应力圆包线

4.3.2.2 不同酸性环境浸泡下试样不固结不排水剪结果分析

根据 4.1 节所述软弱夹层重塑试样试验步骤及方案，以及 4.3.2.1 节中未经浸泡处理的试样不固结不排水强度参数获取方法，对经过不同处理后的各组试样进行不固结不排水剪试验。根据试验绘制的主应力差与轴向应变关系曲线，获得试样总的抗剪强度参数，各组试样的不固结不排水强度参数见表 4-11。

表 4-11　不同处理后试样的不固结不排水强度参数

试样编号	不同围压下的最大主应力 σ_1/kPa			c_u/kPa	φ_u/(°)
	围压 100 kPa	围压 200 kPa	围压 300 kPa		
S0-0	113.47	116.03	120.78	53.75	1.79
S30-7	58.83	59.93	61.39	28.56	0.63
S30-5	52.44	53.54	57.01	24.60	2.32
S30-3	48.42	52.44	55.00	22.32	1.81
S30-1	43.30	43.85	46.96	20.34	1.90
S60-7	35.08	36.54	38.37	16.55	0.81
S60-5	34.53	37.27	39.83	15.75	1.30
S60-3	33.25	34.90	38.37	15.00	2.26
S60-1	34.71	35.26	38.37	16.08	0.90
S120-7	12.79	13.15	13.52	6.20	0.68
S120-5	11.14	11.69	12.24	5.28	1.37
S120-3	11.51	12.42	13.52	5.21	0.89
S120-1	11.69	12.97	13.33	4.338	1.40

从表 4-11 可以看出，试样的不固结不排水强度参数 φ_u 的值均小于 5°，摩尔-库仑包络线接近水平，说明在不同围压下各组试样的不固结不排水强度比较接近，试验结果较为可靠。试样经过浸泡处理后的不排水不固结强度 c_u 远低于未经稀硫酸溶液处理的对照组"S0-0"，说明软弱夹层重塑试样不同时间的酸溶液浸泡后，强度急速下降，浸泡时间越长，强度下降越明显。因此，浸泡时间长短是重塑试样强度降低的一个重要因素。浸泡时长分别为 30 d、60 d、120 d 分组中各试样组的不固结不排水强度 c_u 数值上比较接近，因此根据浸泡时长对试样进行分组，从而分析不同 pH 浸泡溶液对强度的影响。

依据表 4-11 的计算结果，绘制试样分组浸泡溶液 pH 与不固结不排水强度关系曲线(图 4-29)，从 3 条图线中可看出分别浸泡 30 d、60 d 和 120 d 的不固结不排水强度相差较大，试样浸泡 30 d 的强度明显高于浸泡 60 d 和 120 d 的试样，而经 120 d 浸泡后的试样强度最低，与"S0-0"组相比，不固结不排水强度下降近89%。"浸泡 30 d"曲线随着浸泡溶液 pH 的减小呈下降趋势，而且下降速率较大，呈现为曲线较"陡"，除此以外，酸的浓度越高(pH 越低)，试样的强度下降幅度越大。

"S30-1"组的不固结不排水强度仅为"S30-7"组的 71.22%，强度下降约29%；与"S0-0"组相比，不固结不排水强度下降约 62%，说明在短期内，浸泡溶液 pH 对重塑试样强度影响非常大，这可能是浸泡前期试样中起胶结作用的游离氧化物处于酸性环境中发生化学反应而溶解的原因；而对于"浸泡 60 d"和

"浸泡 120 d"的曲线则随着浸泡溶液 pH 的减小稍有下降,但波动起伏不大,说明长期浸泡于酸溶液中对于软弱夹层重塑试样的不固结不排水强度影响不大,而水溶液则是重塑试样的不固结不排水强度下降的主导因素。这是由于重塑试样的岩土体矿物之间的联结较弱,而且通过长期的离子交换、结合水膜厚度增厚等,使得强度下降。

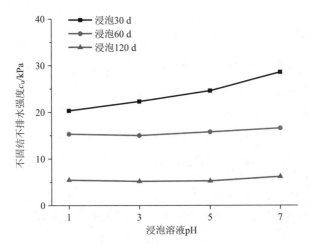

图 4-29　不同处理后试样的不固结不排水强度
与浸泡溶液 pH 关系曲线

4.3.3　不同酸性环境浸泡下试样无侧限抗压试验研究

4.3.3.1　未经浸泡处理试样无侧限抗压强度参数

对不同酸性环境浸泡下试样进行无侧限抗压强度试验前,需要先获得不同含水率下未经浸泡处理试样无侧限抗压强度参数作为参照。不同酸性环境浸泡试验组可根据不同含水率下的对照组"D0"的强度参数进行对比分析,为在酸性环境下强度的变化以及其腐蚀程度提供依据。

本次采用的试样分别在 pH=1、pH=3、pH=5、pH=7 的稀硫酸溶液或清水中浸泡 45 d,试样含水率分别设置为 0%、4%、8%、12% 及 16%。在各组不同 pH 的溶液浸泡下,分别对不同含水率未经浸泡处理的试样进行无侧限抗压强度试验,记录试样的轴向应变及对应的轴向应力,取曲线上最大轴向应力作为该试样的无侧限抗压强度,当峰值不明显时,取轴向应变 15% 所对应的轴向应力作为无侧限抗压强度 σ。对照组"D0"试样的无侧限抗压试验结果如表 4-12 所示。

表 4-12　"D0"试样组不同含水率的无侧限抗压强度

含水率/%	无侧限抗压强度 σ/kPa
0	7630.4
4	984.7
8	507.7
12	275.2
16	121.5

从表 4-12 可看出，软弱夹层重塑试样的无侧限抗压强度受含水率影响极大，当试样处于低含水率状态时，试样强度较高，而随着含水率的上升，试样强度急速下降且降幅明显。本组试验结果作为不同酸性环境浸泡试验组的参照，以此研究酸性环境下强度的变化以及为腐蚀程度的评价提供依据。

4.3.3.2　不同酸性环境浸泡下试样无侧限抗压试验结果分析

对于各组试样，命名规则为"D 浸泡溶液 pH"，如试样组"D3"即表示该组为在 pH 为 3 的稀硫酸溶液中浸泡 45 d 的试样分组；试样组"D0"表示重塑试样饱和后未经溶液处理的对照组。而对于试样个体，各试样命名规则为"D 浸泡溶液 pH-含水率"，如试样"D5-8"即表示该试样为浸泡于 pH 为 5 的稀硫酸溶液中，且含水率为 8%。

各组试样的无侧限抗压强度均以未经稀硫酸溶液处理的对照组做对比，根据 4.2 节中软弱夹层重塑试样试验方法和试验方案，对各组经过不同 pH 稀硫酸溶液处理后的试样进行无侧限抗压试验，各组试样的无侧限抗压强度 σ 见表 4-13。

表 4-13　不同处理后试样组不同含水率的无侧限抗压强度

含水率/%	无侧限抗压强度 σ/kPa				
	D0	D1	D3	D5	D7
0	7630.4	1050.1	1470.8	2020.8	4120.1
4	984.7	482.2	619.3	621.5	634.1
8	507.7	119.6	132.8	155.9	198.1
12	275.2	74.9	89.8	93.5	100.9
16	121.5	34.9	38.7	41.8	64.6

从表 4-13 可以看出，各分组中试样的含水率对无侧限抗压强度有着很大的影响，如分组"D0"中，含水率为 16%的"D0-16"试样的无侧限抗压强度为 121.5 kPa，而含水率为 0%的"D0-0"试样无侧限抗压强度为 7630.4 kPa，是"D0-16"试样的近 63 倍。其他组别中，不同含水率试样之间的强度差异也很大，

这说明含水率对于软弱夹层试样的无侧限抗压强度有着至关重要的作用，这也与软弱夹层遇水易软化性质相似。除此以外，经过不同 pH 溶液浸泡分组之间的无侧限抗压强度也存在着较大差异，如当含水率为 8%时，浸泡溶液 pH 为 1 的"D1-8"组无侧限抗压强度为浸泡溶液 pH 为 7 的"D7-8"组的 60.4%，强度下降明显，说明采用不同浓度的稀硫酸溶液对试样进行浸泡，对其腐蚀程度亦具有较大的影响。

为探究不同 pH 溶液浸泡对不同含水率试样无侧限抗压强度的影响，对某一含水率下试样的无侧限抗压强度进行横向对比。由于各含水率对应的无侧限抗压强度差异较大，故根据表 4-13 不同处理后试样组不同含水率的无侧限抗压强度数据绘制曲线。以"浸泡溶液 pH"为横坐标，"无侧限抗压强度"为纵坐标，分别绘制不同含水率下浸泡溶液 pH 与无侧限抗压强度的关系曲线，见图 4-30，其中"D0"试样组的各个试样横坐标均用"D0"代表。

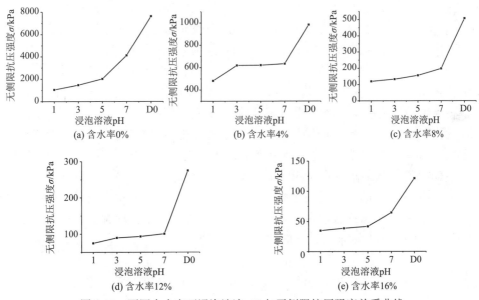

图 4-30　不同含水率下浸泡溶液 pH 与无侧限抗压强度关系曲线

图 4-30 为试样在不同含水率时，浸泡溶液 pH 与无侧限抗压强度的关系曲线。从总体上看，软弱夹层重塑试样不论含水率高低，经过不同 pH 溶液浸泡处理后的试样无侧限抗压强度均低于未经稀硫酸溶液浸泡的试样。当含水率为 8%和 12%时，浸泡后的试样无侧限抗压强度均比未经处理的试样降低 40%以上，试样强度下降明显。经过浸泡的试样中，浸泡溶液 pH 对试样的无侧限抗压强度亦有一定的影响，在相同含水率的情况下，随着 pH 的下降，无侧限抗压强度总体上呈现不断降低的趋势，不同含水率情况下的降低幅度略有不同。

图 4-30(a)中，随着浸泡溶液 pH 的下降，试样的无侧限抗压强度下降十分明显，处于 pH=7 清水中浸泡的试样无侧限抗压强度处于较高水平，而随着浸泡溶液 pH 不断降低，其无侧限抗压强度亦不断下降。浸泡溶液 pH 为 1 时，强度下降幅度最大，其无侧限抗压强度为 1.45 MPa，比浸泡溶液 pH 为 7 时的试样强度 4.12 MPa 下降了近 65%，表明在含水率为 0%时，浸泡溶液的 pH 对无侧限抗压强度影响很大。

由图 4-30(b)可看出，从 pH=7 到 pH=3 之间，随着 pH 的下降，试样无侧限抗压强度下降相对不明显，此段图线斜率较缓；而从 pH=3 到 pH=1 段，试样的强度急剧下降，如试样"D1-4"，其无侧限抗压强度为 482.2 kPa，试样"D7-4"的无侧限抗压强度为 634.1 kPa，"D1-4"试样组的无侧限抗压强度为"D7-4"试样组的 76.04%，强度下降约 24%。

图 4-30(c)和图 4-30(d)的曲线较为相似，试样含水率为 8%、12%时，浸泡前后试样强度变化非常大，说明在此段含水率中，试样浸泡与否对试样的无侧限抗压强度影响较大。浸泡溶液从 pH=7 到 pH=1 之间，随着浸泡溶液 pH 的下降，试样的无侧限抗压强度下降较为明显，但曲线的波动起伏相对小。

图 4-30(e)中，随着浸泡溶液 pH 的下降，试样无侧限抗压强度下降明显，从 pH=7 到 pH=5 之间强度下降最为明显，下降幅度近 35%；而 pH=5 到 pH=1 之间也呈一定的下降趋势，但显然降低幅度较小。

从图 4-30(a)和图 4-30(b)中可看出，浸泡溶液 pH 较低时，试样的无侧限抗压强度下降幅度十分明显，这是因为溶液中的 H^+ 进入双电层，使弱结合水膜增厚，从而影响力学性质。而从图 4-30(c)、图 4-30(d)和图 4-30(e)中可以分析出：较低 pH 溶液浸泡后的试样无侧限抗压强度在相对较高的含水率下表现得相对不敏感，这可能是由于试样含水率较高时，试样的无侧限抗压强度都处于一个较低水平(<200 kPa)，因此酸液对试样的腐蚀较难体现出来。

4.4　酸性环境下软弱夹层微结构响应机理

试验采用编号为"30-1""60-1""120-1""30-7""60-7""120-7"的软弱夹层重塑试样进行扫描电镜观测，通过观测经过不同酸性溶液处理后的试样微结构变化，从微观结构响应角度对试样宏观力学性质改变进行机理分析。试样制备在扫描电镜技术中有着至关重要的作用，试样制备好坏直接影响成像的效果及图像的正确解释。试样的导电性是试样制备最重要的条件，观察时，若试样表面导电性差，电荷累积以致产生静电放电现象，会使得入射电子束偏离正常路径，最终导致成像模糊甚至无法观察。因此，试验需先对试样进行烘干、抽真空处理，然后在试样表面进行镀金处理(图 4-31)，在试样表面形成一层厚约 15 nm 的导电膜，以便于对试样的微结构形貌进行观察。

图 4-31　试样表面镀金

4.4.1　酸性环境下软弱夹层微观结构观测研究

利用 SU3500 型扫描电镜获得试样经过不同处理后的 SEM 照片，对于每个试样均选取具有代表性的区域进行拍摄。利用扫描电镜直接观察软弱夹层试样中的矿物颗粒排列组合关系、孔隙特征以及组成颗粒之间的联结与组合关系，这些微观结构特征直接决定岩土体的强度和稳定性、岩土体的物理力学性质。

颗粒的排列组合关系指的是矿物颗粒排列的松紧程度，颗粒的排列方式直接影响着岩土体中孔隙的大小、类型以及数量，从而影响岩土体的水理性质与力学性质。片状矿物相互间的接触方式分为边面与边面接触(简称边-边接触)、边面与晶面接触(简称边-面接触)、晶面与晶面接触(简称面-面接触)三种类型(图 4-32)。岩土体中孔隙主要分为粒间孔隙、粒内孔隙、溶蚀孔隙和大孔隙四种，其中粒间孔隙为结构单元体(单粒或集粒)之间的孔隙，粒间孔隙会随外界环境变化而做出响应。颗粒之间的联结按联结物质可分为结合水联结、胶结联结、毛细水联结、冰联结和无联结五种，其中结合水联结和胶结联结为主要研究对象，结合水联结强弱取决于结合水膜的厚薄，胶结联结强弱取决于水溶盐与游离氧化物等的胶结力。

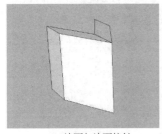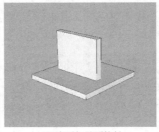

(a)边面与边面接触　　　　　(b)边面与晶面接触　　　　　(c)晶面与晶面接触

图 4-32　黏粒相互接触的基本形态

　　关于岩土体的微观结构类型,结合不同成因、不同物质组成以及不同的形态特征,可分为骨架状结构、絮凝状结构、团块状结构、凝块状结构、叠片状结构、磁畴状结构、蜂窝状结构、海绵状结构等结构类型。

　　利用扫描电镜技术,对经过不同酸性溶液处理后的试样进行观察,根据不同的放大倍数,可获得颗粒间不同的微观形态。当放大倍数较小时(200~1000倍),可从整体上了解试样中的微结构形态与特征,并可对微观结构进行分类;当放大倍数较大时(2000倍以上),可观察到某些矿物被酸性溶液腐蚀后的形态,除此以外,也可观察矿物颗粒排列组合方式和数个细小的矿物晶体较牢固聚合在一起形成的"集粒"。对经相同pH溶液、浸泡不同时间处理的试样微结构图像进行对比分析,可以直观地反映出经过不同处理后的微结构特征,图4-33为各组试样放大约400倍的微结构图像。

　　图4-33(b)、图4-33(d)和图4-33(f)为在初始pH为7的清水中分别浸泡30 d、60 d和120 d的扫描电镜图像。图中可较为清晰地看出试样经过清水浸泡后的微结构整体变化不大,浸泡时间增长,孔隙有稍微增大的趋势;团聚状的集粒主要依靠颗粒间联结力和起胶结作用的黏土质及游离氧化物把单粒和集粒聚合在一起,集粒内黏土矿物呈边-面接触、边-边接触和少量面-面接触的方式排列,孔隙具有一定的连通性,矿物的定向性较差,总体呈现出团聚状-絮凝状结构,工程地质性质较为均匀。

(a) "30-1"组微结构图像　　　　　　　　(b) "30-7"组微结构图像

(c) "60-1"组微结构图像　　　　　　　　(d) "60-7"组微结构图像

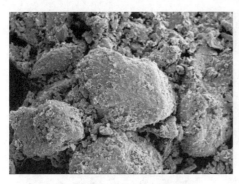

(e)"120-1"组微结构图像　　　　　　　　　　(f)"120-7"组微结构图像

图 4-33　试样经过不同处理后的扫描电镜照片

图 4-33(a)、图 4-33(c)和图 4-33(e)为在初始 pH 为 1 的稀硫酸溶液中分别浸泡 30 d、60 d 和 120 d 的扫描电镜图像。由 2.2 节的 X 射线衍射分析与电子能谱分析可知,层状矿物主要为叶蜡石和伊利石的集合体,经过稀硫酸溶液浸泡后的层状矿物表面开始变得粗糙,甚至局部发生起伏。随着浸泡时间的增加,可显著地看出试样中矿物被稀硫酸腐蚀的过程。经 pH 为 1 的稀硫酸溶液浸泡 30 d 的试样扫描电镜图像[图 4-33(a)]可看出,试样中的矿物微观结构开始出现溶蚀沟、溶蚀槽,起骨架作用的"单粒"和"集粒"开始凸起显露;浸泡 60 d 后[图 4-33(c)],矿物微观结构中的溶蚀沟、溶蚀槽逐渐加深变宽,甚至出现较深的溶蚀洞,颗粒间的胶结作用降低,孔隙逐渐变大;当浸泡 120 d 后[图 4-33(e)],"单粒"和"集粒"基本呈孤立状态,黏土矿物之间的联结因为受到腐蚀而变得稀少,试样微观结构变得疏松,偶尔有星点状或薄膜状黏粒覆盖于骨架矿物的表面,极少数黏粒在骨架矿物之间的接触点间起联结作用。试样的微观结构随着浸泡时间的增加,从团聚状-絮凝状结构逐渐转变成絮凝状-骨架状结构。

试样浸泡于初始 pH 为 1 的稀硫酸溶液与浸泡于初始 pH 为 7 清水中,其结构联结、排列方式、孔隙类型等特征均发生较大的变化,表明酸性环境会对软弱夹层微结构造成影响,且处于酸性环境的时间越长,微观结构的变化越大,从而降低软弱夹层的宏观力学性质,进而影响软弱夹层的工程地质性质。

图 4-34 为不同 pH 溶液浸泡 120 d 的试样扫描电镜照片,为各组试样放大 5000 倍的微结构图像。试样在不同 pH 溶液中浸泡相同时间,通过各组试样的微结构图像进行对比分析,可以直观地反映出在相同时间内,不同的酸性环境对软弱夹层微观结构的腐蚀程度。

(a) "120-1" 组微结构图像　　　　　　　　(b) "120-3" 组微结构图像

(c) "120-5" 组微结构图像　　　　　　　　(d) "120-7" 组微结构图像

图 4-34　不同 pH 溶液浸泡 120 d 的试样扫描电镜照片

从图 4-34 中可以看出,随着 pH 的降低,可以显著地观察到试样中细小矿物被稀硫酸腐蚀后孔隙与颗粒的形态。图 4-34(a) 中试样表面凹凸不平,受酸腐蚀严重,孔隙体积较大,孔隙喉道发育良好,连通性好;结构单元体(单粒和集粒)排列松散,细小的颗粒数量较少,联结削弱明显,可溶性物质与游离氧化物被酸性溶液不断腐蚀,片状矿物出现卷曲、起翘现象。图 4-34(b) 与图 4-34(c) 试样表面某些区域较为凹凸不平,黏土矿物呈边-面接触、边-边接触和少量面-面接触的方式排列,孔隙具有一定的连通性,试样 "120-3" 的孔隙体积比试样 "120-5" 稍大,少量片状矿物发生卷曲现象。图 4-34(d) 中试样表面较为平整,片状矿物基本呈面-面接触方式排列,孔隙体积相对小,孔隙喉道发育较差。因此,当试样处于不同酸性环境时,酸浓度越高,对软弱夹层的腐蚀性越强,微观孔隙比越大,从而降低软弱夹层的宏观力学性质,进而影响软弱夹层的强度与变形性质。

4.4.2　软弱夹层微观结构参数统计与分析

为获取扫描电镜图像中的微观结构参数,先利用 Photoshop 对扫描电镜图像进行亮度调整、图像去噪等图像预处理,同时选择适当的阈值使灰度图像转变为二值图像,使孔隙与颗粒分界清晰可见;然后利用空间信息处理软件 ArcGIS 将光栅图像矢量化,以此区分颗粒与孔隙,从而计算矢量多边形的周长及面积;然后,利用 MATLAB 自编程序获取颗粒与孔隙的纹理特征参数,经系统处理后,提取颗粒与孔隙的定向度。最后,综合已获取的微观结构参数,利用分形理论得到颗粒分维与孔隙分维的空间关系特征参数,进而从微观结构角度对软弱夹层进行分析研究。

对试样在初始 pH 为 1 的稀硫酸溶液中分别浸泡 30 d、60 d、120 d 以及未经浸泡处理试样的扫描电镜照片进行二值化处理,得到只有黑白视觉效果的图像,其中黑色代表孔隙,而白色则代表颗粒。微结构图像经过二值化处理后,能更加直观地看出孔隙与颗粒之间的界限,更加清晰地反映出不同酸性环境下软弱夹层微结构特征、颗粒和孔隙的大小形状、孔隙连通性等的变化状况,图 4-35 分别为未经溶液浸泡处理的“0-0”组以及经过不同处理后“30-1”组、“60-1”组和“120-1”组的微结构照片及其经过图像二值化处理后的图像对比分析图。

(a)“0-0”组微结构图像

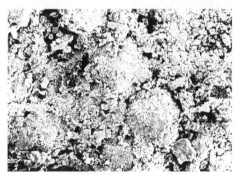

(b)“0-0”组二值化图像

(c)“30-1”组微结构图像

(d)“30-1”组二值化图像

(e) "60-1"组微结构图像　　　　　　　　　(f) "60-1"组二值化图像

(g) "120-1"组微结构图像　　　　　　　　　(h) "120-1"组二值化图像

图 4-35　试样经过不同处理后的微结构照片二值化前后对比

从图 4-35 各组试样微结构照片二值化前后对比可看出孔隙与颗粒分界清晰可见。图 4-35(a)与图 4-35(b)分别为未经任何溶液浸泡处理过的软弱夹层重塑试样微结构照片及其图像二值化处理后的图像，从微结构图像中可看出，未经任何溶液浸泡处理过的微结构照片中颗粒排列紧密，片状矿物多以面-面接触方式排列，各结构单元体之间由胶结物覆盖，孔隙分布较均匀，微观结构呈凝块状-絮凝状结构；通过"0-0"组二值化图像可清楚观察到微孔隙（黑色区域）在试样中的分布情况，从图中可看出黑色区域的分布面积较小，而且分布较均匀。

从图 4-35(b)、图 4-35(d)、图 4-35(f)和图 4-35(h)可以看出，随着浸泡时间的增加，颗粒与颗粒之间的接触状况、孔隙与孔隙之间的贯通情况以及颗粒的排列方式等都发生了较为明显的变化。未经任何溶液浸泡处理过的微结构照片黑色区域较少，而随着稀硫酸溶液浸泡时间的增加，黑色区域逐渐增多，而白色区域逐渐减少，说明试样中的孔隙面积逐渐增多，颗粒面积减少，孔隙比逐渐增大；而孔隙的连通性也随着稀硫酸溶液浸泡时间的增加而变好，在图 4-35(h)中，黑色覆盖区域面积较大，且多个黑色区域连通，表明孔隙的连通性较好，也说明软弱夹层处于酸性环境中的时间越久，矿物颗粒被腐蚀得越严重，孔隙体积增大并逐渐连通，削弱结构单元体的联结，使结构单元体呈"孤立"趋势发展。

从图 4-35 可较清晰地看出：随着稀硫酸溶液浸泡时间的增加，孔隙有增大趋势，也可定性地比较颗粒与孔隙的定向性。通过空间信息处理软件对图 4-35 中各组经二值化处理后的图像进行统计，直接定量获取图像中各微结构参数(包括颗粒的等效周长、等效面积以及孔隙的等效周长、等效面积)。由于图像处理均为对图像中的像素点进行统计，故表中的微结构参数均为无量纲参数，各组试样微观结构等效周长与等效面积如表 4-14 所示。图 4-36 为各组试样颗粒和孔隙的等效周长及等效面积与浸泡时间关系曲线。

表 4-14　各组试样微观结构等效周长与等效面积

试样编号	等效颗粒周长	等效孔隙周长	等效颗粒面积	等效孔隙面积
0-0	1936.31	1930.99	12.02	5.43
30-1	2689.88	2688.09	9.99	7.47
60-1	2598.15	2603.33	8.35	9.16
120-1	2324.97	2330.77	6.97	10.48

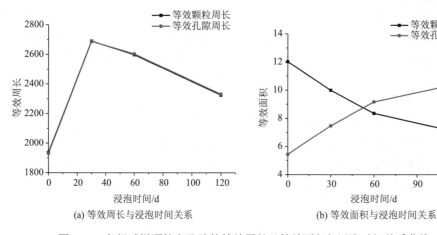

(a) 等效周长与浸泡时间关系　　　　　(b) 等效面积与浸泡时间关系

图 4-36　各组试样颗粒和孔隙的等效周长及等效面积与浸泡时间关系曲线

从图 4-36(a)可见，颗粒周长与孔隙周长数值上基本一致，变化不大，图线基本重合，这是由于二值化图像中只有颗粒与孔隙，也证明了统计的准确性。从图 4-36(b)可以看出，随着浸泡稀硫酸溶液时间的增加，等效颗粒面积急剧下降，同时等效孔隙面积快速增大；浸泡时间为 0～60 d 时，颗粒与孔隙的等效面积变化速率较大，60 d 以后颗粒与孔隙的等效面积变化速率放缓。"0-0"试样组颗粒的等效面积比为 68.8%，而经过 pH 为 1 的稀硫酸溶液浸泡 120 d 后的"120-1"试样组颗粒等效面积比为 39.9%，试样经过稀硫酸处理后的微观颗粒等效面积比降低近 28.9%；而微观孔隙的等效面积从"0-0"试样组的 31.2%上升至"120-1"试样组的 60.1%。说明浸泡时间越长，对软弱夹层的腐蚀性越强，黏土颗粒在稀硫酸溶液中发生溶蚀反应，致使颗粒间联结削弱，小颗粒被腐蚀逐渐以离子形式进入稀硫酸溶液中，进而使得试样微观颗粒等效面积降低，孔隙等效面积增大。

通过对二值化图像信息数据进行统计后，可根据相关公式间接测量出微观结构参数，如等效孔隙比、颗粒与孔隙的等效定向度。微观等效孔隙比与宏观孔隙比计算方法相似，微观等效孔隙比为等效孔隙面积与等效颗粒面积之比。而定向度是指颗粒或孔隙排列的有序化程度，颗粒的定向度越大，则颗粒排列的有序性越差；颗粒的定向性是由颗粒的长轴方向决定。在二维坐标轴中，颗粒长轴对应的方位角为 θ，将 θ 定义域$[0, \pi]$等分为 n 份，颗粒长轴方位角 $\theta \in [i, i+1]$的概率为 $p_i(\alpha)$，根据式(4-9)计算颗粒与孔隙的定向度：

$$H = -\sum_{i}^{n} p_i(\alpha) \log_n p_i(\alpha) \tag{4-9}$$

式中，H 为定向度；$p_i(\alpha)$ 为长轴方位角在 θ 区间$[i, i+1]$的概率。

各组微观等效孔隙比和颗粒与孔隙的等效定向度计算结果如表 4-15 所示。图 4-37 为各组试样等效孔隙比及等效定向度与浸泡时间关系曲线。通过表 4-15 以及图 4-37(a)可以看出，随着浸泡稀硫酸溶液时间的增加，试样的微观等效孔隙比迅速增大，从 0.451 增大到 1.501，试样在初始 pH 为 1 的溶液中浸泡 120 d 试验组"120-1"比未经任何处理过的试样组"0-0"微观孔隙比增大 232.8%。即使微观等效孔隙比与试样的宏观孔隙比目前并无相关理论公式描述其联系，但微观等效孔隙比对软弱夹层的微结构研究仍然具有十分重要的意义。从图 4-37(b)可看出，随着浸泡稀硫酸溶液时间的增加，颗粒的定向度下降趋势明显，有序性增强，这是由于黏土颗粒间的联结被腐蚀，结构单元体呈"孤立"趋势发展，因此颗粒的定向度下降；而孔隙的定向度呈上升趋势，孔隙的有序性减弱，一般而言，颗粒的定向度与土体的压缩系数有一定的关系，颗粒的定向度越小，排列越整齐，因此，土体的压缩系数越大，压缩性越高。

表 4-15　各组试样微观结构参数

试样编号	等效孔隙比	等效颗粒定向度	等效孔隙定向度
0-0	0.451	1.056	0.830
30-1	0.747	1.057	0.970
60-1	1.097	0.975	1.003
120-1	1.501	0.910	1.030

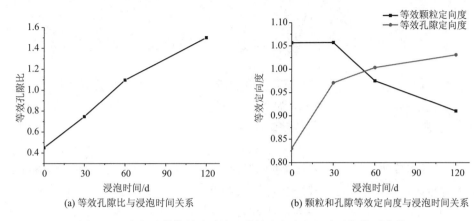

图 4-37　各组试样等效孔隙比及等效定向度与浸泡时间关系曲线

　　利用扫描电镜直接观察软弱夹层试样中的矿物颗粒排列组合关系、孔隙特征以及组成颗粒之间的联结与组合关系,这些微观结构特征直接决定岩土体的强度和稳定性、岩土体的物理力学性质。在酸性环境下,软弱夹层的微结构响应较为显著。随着浸泡时间的增加、溶液 pH 的降低,可明显看出试样中矿物、微观结构被稀硫酸腐蚀的过程。从扫描电镜图像可知,随着稀硫酸溶液浸泡时间的增加,孔隙有增大的趋势,而黏土矿物颗粒逐渐被腐蚀,颗粒间起胶结作用的氧化物联结也逐渐被酸溶液溶解,黏土矿物的排列方式也渐渐发生变化,微观结构中起骨架作用的“单粒”和“集粒”开始逐渐凸起显露,微观结构从团聚状-絮凝状结构逐渐转变成絮凝状-骨架状结构。黏土矿物颗粒与颗粒之间的联结一般由 Fe_2O_3 和 Al_2O_3 等游离氧化物和某些具有吸附性矿物胶结而成,而游离氧化物 Fe_2O_3 和 Al_2O_3 在酸性环境下与 H^+ 发生复分解反应,从而使 Fe 和 Al 以离子形式进入溶液,胶结逐渐削弱,降低矿物之间的联结力,从而在宏观上使得试样干密度下降,降低软弱夹层的强度;除此以外,当浸泡溶液初始 pH 为 1 时,溶液中多种离子浓度发生较大的变化,此过程中,溶液中的 H^+ 与黏粒扩散层中的其他离子进行离子交换,导致黏粒扩散层变厚,从宏观上降低软弱夹层强度,从而使软弱夹层的工程性质变差。综合上述软弱夹层的微结构响应机理可知,酸性环境下软弱夹层试样的微结构响应与其宏观物理力学性质有密切联系,软弱夹层的宏观物理力学特性变化的根本原因是其微观结构发生改变。软弱夹层的干密度、孔隙比、强度等宏观物理力学特性都是建立在软弱夹层矿物颗粒排列组合关系、孔隙特征以及组成颗粒之间的联结与组合关系等微观结构特征上。

4.5　苏南地区含软弱夹层边坡滑坡地质灾害防控技术

(1)苏南地区五通组和茅山组石英砂岩所夹泥化夹层主要含石英和黏土矿物，黏土矿物包括叶蜡石、伊利石、高岭石、蒙脱石和绿泥石，其中叶蜡石和伊利石含量较高；部分试样还有少量磁铁矿和锐钛矿。矿物之间多为面-面接触，结构较为松散。

(2)各组重塑试样的黏聚力普遍偏低，最小仅为 4.12 kPa，最大为 20.76 kPa；内摩擦角比较接近，最小为 21.70°，最大为 26.79°；残余内摩擦角最小为 8.36°，最大为 17.64°。取自泥化夹层与石英砂岩交界处的试样抗剪强度比取自同一泥化夹层中部的试样抗剪强度更低，石英含量更低，黏土矿物含量更高，结构更疏松，泥化程度更高。重塑试样的黏聚力随着重塑后静置时间的增长由 4.25 kPa 增加至 13.22 kPa，内摩擦角随着重塑后静置时间的增长由 22.00°降低至 19.44°。

(3)试样在剪切应力达到峰值时，剪切面附近的大部分矿物和剪切面呈垂直或大角度相交状态；在第二次反复剪切中应力达到峰值时，剪切面附近的矿物和剪切面呈小角度相交，部分沿剪切面定向排列；剪切应力完全达到残余强度时，此时剪切面附近的矿物已完全沿剪切面定向排列。泥化夹层中片状矿物随着剪切位移的增加不断转动，但最终在试样达到残余强度时完全沿剪切面定向排列。试验中观察到的颗粒在剪切过程中逐步定向的过程可以很好地解释边坡的启滑过程。在滑动孕育期，含水量的提高使得土粒间得到润滑，利于土粒间相互错动与转向，在下滑力的牵引下先缓慢变形，在这一过程中土粒的排列从无序向有序发展，愈加光滑的"镜面"逐渐形成(滑动面)，最终导致坡体的整体下滑。

(4)采用离散元分析软件对雪浪山横山寺西南坡在降雨条件下的稳定性进行数值模拟研究。模拟结果表明，在降雨条件下，该边坡会沿泥化夹层产生滑移式崩塌，并存在整体失稳的风险。根据边坡破坏模式提出了削坡减载和锚杆加固等治理方案，并对治理效果进行了数值模拟。结果表明，治理后的边坡，变形以卸荷回弹为主，稳定性较好。

根据边坡降雨条件下数值模型的计算结果可知，在降雨条件下，由于坡顶前缘部分岩层节理十分密集，岩体更破碎，前缘的"白泥层"近乎饱水，强度损失较大，边坡后缘含水率上升至 20%左右，这一方面降低了软弱夹层的力学强度，也增加了下滑推力，诱发了滑坡灾害的形成。

(5)通过 X 射线衍射图谱、全量化学分析以及能谱分析等方法发现浸泡溶液中主要金属阳离子的离子浓度均发生变化，浸泡溶液的 pH 越低，矿物与溶液离子交换现象越明显，进而影响软弱夹层的物理力学性质。随着溶液 pH 的降低、浸泡时间的增加，试样的干密度明显减少，同时孔隙比显著增大。在短期(30 d)

浸泡中，浸泡溶液 pH 对试样不固结不排水强度影响非常大；在相同含水率的情况下，随着 pH 的下降，试样的无侧限抗压强度总体上呈不断降低的趋势；在低含水率中，浸泡溶液的 pH 对无侧限抗压强度影响最为明显。

(6) 借助扫描电镜技术观察了酸性环境下软弱夹层的微观结构。浸泡溶液的 pH 越低、试样在酸性溶液浸泡时间越长，试样微结构的腐蚀程度越严重。随着试样微结构腐蚀程度的增加，片状矿物排列方式、微观结构都逐渐发生变化。经图像处理后分析可知，随着酸溶液浸泡时间的增加，矿物颗粒的面积、定向度均有下降趋势，微观孔隙率逐渐增大。酸性环境下软弱夹层重塑试样的微结构图像、微结构参数变化与试样的宏观物理力学性质变化趋势相一致。

(7) 在酸性环境中，边坡的启滑条件将进一步降低。主要反映在酸溶液腐蚀土粒，使其磨圆度更高，有利于土粒间的错动。另外，酸性溶液腐蚀使软弱夹层中的孔隙明显增多变大，使更多的水进入软弱夹层内部，坡体的下滑力进一步增加，更易导致滑坡灾害。

(8) 为了有效预防含软弱夹层边坡失稳发生滑坡地质灾害，需要重点监测坡体内含水率的变化。位于软硬岩层交界面处的裂隙会成为良好的导水通道，应加强对这类裂隙的探查，在必要的条件下可采用注浆方式进行封堵加固。还应监测地表水及地下水的 pH，若出现水质酸性异常应及时查明原因，阻止水体进一步酸化。

第5章 宁镇地区下蜀土滑塌灾害的成灾机理及地域性规律研究

5.1 试 验 方 案

5.1.1 试验设计及试验仪器

本次研究旨在测试下蜀土经酸碱腐蚀后的各项物理力学性质、各成分含量与微细观结构的改变。再将后两者结合,阐述下蜀土在酸碱腐蚀后工程地质性质变化的机理。首先将下蜀土试样分为9组,去离子水组为O1,硫酸溶液浸泡组浓度由低到高分别为 S1、S3、S6、S9,氢氧化钠溶液浸泡组浓度由低到高分别为 N3、N6、N9、N12,每组 6 个下蜀土环刀样编号 1~6,称量计算每个下蜀土试样的质量。

具体试验步骤如下(试验仪器见图 5-1)。

(1)将下蜀土试样置于浸泡缸中,静置 7 d,而后静置养护 24 h;

(2)取出试样,称重,计算每个试样质量 m、密度 ρ;

(3)对每组 1 号试样进行压缩回弹试验,仪器为 WG(GDG)系列型高压固结仪,绘制 $e\text{-}p$ 曲线,$e\text{-}\lg p$ 曲线,计算压缩系数 a_{1-2},压缩模量 E_S、回弹指数 C_S;

(4)采用 HN101-2A 鼓风干燥箱测定压缩后的 1 号试样的含水率,再经公式推导,计算酸碱腐蚀后,压缩之前试样的含水率 ω;

(5)对每组 2、3、4 号试样进行直剪试验,选用 ZJ 型应变控制式直剪仪,绘制抗剪强度曲线,计算黏聚力 c、内摩擦角 φ;

(a)HN101-2A 鼓风干燥箱　　　　　　　　(b)DK-1.5 可调式电砂浴

(c) WG (GDG) 系列型高压固结仪　　　　　(d) ZJ 型应变控制式直剪仪

(e) GYS-2 (LP-100D) 型数显液塑限联合测定仪　　　(f) SU3500 型扫描电子显微镜

图 5-1　试验仪器

(6)对直剪试验后的 2 号试样进行比重试验，选用 DK-1.5 可调式电砂浴，将土样煮沸，求得土体比重 G_S；

(7)采用 GYS-2(LP-100D)型数显液塑限联合测定仪，对直剪试验后的 3 号试样进行界限含水率试验，测算土体的液限 ω_L、塑限 ω_P、塑性指数 I_P；

(8)对 6 号试样进行 XRD、SEM、EDS 试验，选用 SU3500 型扫描电子显微镜、X′Pert-Pro 型 X 射线衍射仪(型号 HX041)，测定土体矿物成分含量、土体微细观结构、土体各元素占比、游离氧化物成分占比；

(9)将浸泡后的溶液取样，进行水质简分析。

5.1.2　试样制备

5.1.2.1　下蜀土试样的选取

下蜀土在宁镇地区出露广泛，普遍作为各类已竣工或施工规划中工程体的地基基础或持力层，且宁镇地区边坡滑坡灾害半数以上是下蜀土滑坡。为解决实际工程问题，研究本区域下蜀土的工程地质性质随地下水环境变化而改变的机理，此次研究对象选取宁镇地区具有代表性的下蜀土。试样取自南京市栖霞区笆斗山，现场利用钻机，选取同一土层下蜀土进行试验，取出尺寸为直径 8 cm、高度 20 cm 的原状土样，以铁皮为容器，外面包裹保鲜膜、透明胶带。

5.1.2.2　酸碱溶液的配制

随着各类废气、废置污染物的排放，地下水的 pH 逐年变化。根据地下水水化学分析报告，地下水环境既有酸性环境，也有碱性环境，pH 从 2～12 均有分布。本次试验采取高浓度酸碱溶液浸泡较短时间的试验方案。配制质量分数为 1%、3%、6%、9%硫酸溶液和质量分数为 3%、6%、9%、12%氢氧化钠溶液，浸泡土样时间为 7 d。

图 5-2　去离子水

在配制不同浓度的硫酸溶液时，选用质量分数为98%的浓硫酸，浓硫酸溶液的密度 $\rho=1.84$ g/cm³。配制硫酸溶液体积为 3000 mL，先计算出不同浓度所需要浓硫酸的体积，将其沿着玻璃棒缓缓溶进含去离子水(图 5-2)的烧杯中，再将硫酸溶液转移至浸泡容器中，加去离子水缓缓稀释至 3000 mL。配制不同浓度的硫酸溶液所需的浓硫酸与去离子水的体积见表 5-1。

表 5-1　硫酸溶液配制成分表

成分	浓度			
	1%	3%	6%	9%
98%浓硫酸/mL	16.7	50.6	102.7	156.3
蒸馏水/mL	2983.3	2949.4	2897.3	2843.7

在配制不同浓度的氢氧化钠溶液时，选取氢氧化钠分析纯。由于分析纯是固体，因此不考虑其固体颗粒在溶液中的体积占比。配制氢氧化钠溶液体积为 3000 mL，先计算出同浓度的所需固体颗粒的质量，然后将其溶进含去离子水的烧杯中，再将氢氧化钠溶液转移至浸泡容器中，加去离子水缓缓稀释至 3000 mL。配制不同浓度的氢氧化钠溶液所需的氢氧化钠分析纯质量与去离子水的质量见表 5-2。

表 5-2　氢氧化钠溶液配制成分表

成分	浓度			
	3%	6%	9%	12%
氢氧化钠分析纯/g	92.8	192.5	296.7	409.1
蒸馏水/g	3000.0	3000.0	3000.0	3000.0

5.1.2.3　酸碱腐蚀试样的制备

由于需对下蜀土试样经酸碱腐蚀前后的质量、体积等指标进行记录，为方便试验，将先用 Φ61.8 mm×20 mm 不锈钢环刀切取原状土样，而后进行酸碱化处理。首先称量环刀重，在环刀取样后，称量环刀加土体的重量并进行记录。为防止试样浸泡过程中发生崩解，土体颗粒分散在溶液中，故在环刀试样上下两端各放置滤纸与透水石，而后用橡皮套将试样固定(图 5-3)。

将制好的原状下蜀土试样分别置于浓度分别为 1%、3%、6%、9%的硫酸溶液、浓度为 3%、6%、9%、12%的氢氧化钠溶液以及去离子水中，在特制酸碱浸泡缸中静置 7 d(图 5-4)。浸泡结束后，取出浸泡液，封存待检测。将试样在浸泡缸中静置 24 h，沥干环刀与透水石表面溶液，并注意在浸泡缸底部倒入薄薄一层水膜，保持缸内湿润的环境。

图 5-3　下蜀土环刀样　　　　　　图 5-4　试验浸泡装置

5.2　酸碱腐蚀下蜀土试样物理力学性质研究

对经酸碱腐蚀后的下蜀土试样进行基本的土工试验，一方面测定土体的基本物理性质，包括密度、含水率、比重、孔隙比、液限、塑限及塑性指数；另一方面测定土体的力学性质，包括黏聚力、内摩擦角、压缩系数、弹性模量及回弹系数。对比由不同浓度溶液处理试样所得出的数据结果，发现其呈现了一定的规律性。

5.2.1　酸碱腐蚀下蜀土试样基本物理性质变化

5.2.1.1　土体密度变化

由于在环刀取样的过程中，并不能做到使每个试样的质量高度一致。若选取质量这一参数进行研究，则因为初始质量各不相同，对比标准不同，不具备说服力。因此，本次选取不受取样过程误差的指标——密度进行研究。

本次对密度的测量采用环刀法，每个环刀试样的体积理论上均为 60 cm^3，但由于下蜀土是一种膨胀土，经酸碱溶液浸泡后有明显的体积变化，酸碱溶液处理对于土体的膨胀性影响不同，经过酸溶液处理的试样通常在高度上要膨胀 4 mm左右，而经碱化处理的土通常膨胀 2 mm 左右，甚至几乎无膨胀（图 5-5）。因此对于经过腐蚀的土体需要每次测量土体膨胀后的高度来进行体积修正，再称量出质量计算密度。表 5-3 为下蜀土试样经酸碱化处理后的密度参数。

图 5-6 为下蜀土试样经酸碱处理后，密度随溶液浓度变化的曲线图。由图中可以看出，原状土的密度为 1.99 g/cm^3，经氢氧化钠溶液处理的下蜀土试样密度在低浓度时先下降了 0.001 g/cm^3，然后不断增加，最终比原状样要高出 0.1 g/cm^3。这主要是因为，虽然氢氧化钠溶液所发生的化学反应为复合型，但是因为在低浓

（a）酸化下蜀土试样　　　　　　（b）碱化下蜀土试样

图 5-5　下蜀土试样膨胀示意图

表 5-3　下蜀土试样经酸碱化处理后的密度参数表

试样	$\rho/(\text{g/cm}^3)$
O1	1.99
S1	1.79
S3	1.85
S6	1.86
S9	1.90
N3	1.98
N6	2.04
N9	2.06
N12	2.09

度时，溶质较少，复合生成的新物质不足以抵消被腐蚀而流失的氧化物、无机盐等，土体内主要还是以溶蚀为主。随着氢氧化钠溶液浓度的升高，土体中生成了越来越多的难溶、微溶的物质。此时，土体内主要以复合为主，因此，下蜀土试样密度会升高，并大于原状样。而经低浓度硫酸处理的下蜀土试样密度剧烈降低到 1.79 g/cm^3，随着溶液浓度升高，密度也随之升高，但升高趋势逐渐减缓，始终没有超过原状试样的密度 1.99 g/cm^3。这是因为，硫酸溶液对于土体中氧化物的溶蚀作用要强于氢氧化钠，因而会迅速出现一个密度的低谷值，而随着硫酸溶液浓度的增加，孔隙中的某些金属阳离子会与 SO_4^{2-} 生成微溶的物质。而且无论是硫酸溶液还是氢氧化钠溶液，其密度都要大于下蜀土孔隙中原本的水溶液，

经过酸碱化处理后，土体孔隙中原本的低密度溶液置换为高密度溶液，这便是造成酸碱化下蜀土试样密度上升的另一个原因。

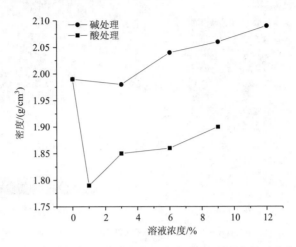

图 5-6　下蜀土试样经酸碱处理后密度-溶液浓度关系曲线

5.2.1.2　土体含水率变化

含水率是影响土体工程性质的一个重要参数，不同含水率的土体，在力学强度指标、压缩性质、可塑性等方面均有很大差异。黏性土含水率是指土体在 105℃ 高温下烘干所损失水的质量与剩余干燥土的质量之比的百分数。但由于本次研究试样数量有限，酸碱腐蚀后的每个试样都有相对应的试验研究，无法单独取出测算含水率。因此，将先计算压缩试验后试样的含水率，再通过公式推导，得出酸碱腐蚀后试样的含水率。

土体含水率计算公式如下：

$$\omega = \frac{m_{\mathrm{w}}}{m_{\mathrm{s}}} \tag{5-1}$$

式中，ω 为含水率；m_{w} 为土体中水的质量；m_{s} 为干燥土的质量。

则酸碱腐蚀后土体含水率 ω_1 和压缩后试样的含水率 ω_2 如下：

$$\omega_1 = \frac{m_{\mathrm{w1}}}{m_{\mathrm{s}}} \tag{5-2}$$

$$\omega_2 = \frac{m_{\mathrm{w2}}}{m_{\mathrm{s}}} \tag{5-3}$$

式中，m_{w1} 和 m_{w2} 分别为酸碱腐蚀后和压缩后土体中水的质量；m_{s} 为酸碱腐蚀土及压缩土烘干后的质量。

压缩土含水率 ω_2 可以根据含水率试验求得，设压缩前试样重量为 m_1，压缩后试样质量为 m_2，则 m_{w1} 为

$$m_{w1} = m_{w2} + m_1 - m_2 \tag{5-4}$$

即

$$\omega_1 = \frac{m_{w2} + m_1 - m_2}{m_s} = \omega_2 + \frac{m_1 - m_2}{m_s} \tag{5-5}$$

烘干土质量 m_s 为

$$m_s = m_2 - m_{w2} = m_2 - \omega_2 \times m_s \tag{5-6}$$

则

$$m_s = \frac{m_2}{1 + \omega_2} \tag{5-7}$$

将式（5-7）代入式（5-5），则

$$\omega_1 = \omega_2 + \frac{(m_1 - m_2)(1 + \omega_2)}{m_2} \tag{5-8}$$

根据式(5-8)，只要称量出压缩前后土体的质量，即可推算出含水率。经不同浓度酸碱腐蚀后试样含水率见表 5-4。

表 5-4　下蜀土试样含水率参数表

试样	m_1/g	m_2/g	ω_2/%	ω_1/%
O1	131.05	124.46	19.11	25.41
S1	135.01	128.99	21.20	26.85
S3	140.03	128.33	21.92	32.99
S6	139.89	122.34	17.79	34.70
S9	137.58	124.15	22.50	35.75
N3	127.12	121.51	19.23	24.70
N6	138.37	132.76	18.41	23.40
N9	126.90	122.12	16.07	20.64
N12	137.68	135.52	13.91	15.72

图 5-7 为下蜀土试样经不同浓度酸碱腐蚀后，含水率随溶液浓度变化的曲线图。由图可以看出，经去离子水处理的原状样含水率为 25.41%，而经过硫酸处理的下蜀土试样含水率比原状饱和样高，最高达到 35.75%，且随着硫酸溶液浓度的升高，含水率增大的趋势减弱，说明硫酸对下蜀土试样的影响已经接近了峰值，更长的浸泡时间或更高的硫酸浓度并不能提高下蜀土试样的含水率。而氢氧化钠对下蜀土试样含水率的影响机制则与硫酸溶液相反，随着氢氧化钠溶液浓度的升高，下蜀土试样的含水率较原状饱和样低，最低为 15.72%，且随着氢氧化钠浓度

升高，含水率下降趋势增强。将硫酸溶液与氢氧化钠溶液对含水率的影响程度做对比，结果见表 5-5。

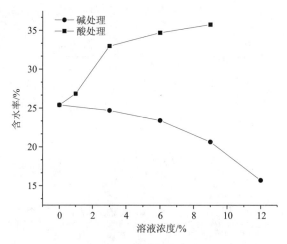

图 5-7　下蜀土试样含水率 溶液浓度关系曲线

表 5-5　酸碱影响含水率程度表　　　　　　　　　　　　　（单位：%）

试样	与原状样含水率差值
S1	1.44
S3	7.58
S6	9.29
S9	10.35
N3	0.70
N6	2.00
N9	4.76
N12	9.69

　　由表 5-5 可见，在同等浓度影响下，酸性溶液对土体的腐蚀效果大于碱性溶液。另外，硫酸溶液在与土体中的无机盐、氧化物等发生化学反应时会有水生成，这会使酸化下蜀土试样更快饱和。这也是下蜀土试样在硫酸溶液腐蚀下，含水率的变化趋势较碱化下蜀土试样更快变缓的原因。另外，含水率的变化也和孔隙比有着密切的关系，其变化趋势将在 5.2.1.4 节和 5.2.1.5 节中详细解释。

5.2.1.3　土体比重变化

　　由于下蜀土为粉质黏土，粒径小于 5 mm，所以采用比重瓶法测算试样比重。试验设备为砂浴、100 mL 比重瓶、电子秤，通过称量质量，来计算土体比重。比

重 G_s 的计算公式为

$$G_s = \frac{m_s}{m_{bw} + m_s - m_{bws}} G_{wT} \tag{5-9}$$

式中，m_s 为试样质量；m_{bw} 为比重瓶加满纯水后的质量；m_{bws} 为比重瓶、试样及水的总质量；G_{wT} 为 T（℃）时纯水的比重。经不同溶液处理的下蜀土试样比重见表 5-6。

表 5-6　下蜀土试样比重参数表

试样	比重
O1	2.51
S1	2.24
S3	2.27
S6	2.32
S9	2.37
N3	2.49
N6	2.52
N9	2.58
N12	2.65

　　酸碱溶液对土体比重的影响机理是多种多样的，但都是基于对土体组分的腐蚀破坏。土体固相主要包含原生矿物、次生矿物、氧化物、可溶盐以及有机质。原生矿物如石英、云母等都是十分稳定的矿物，在酸碱腐蚀下很难发生变化；次生矿物中的黏土矿物虽不如原生矿物稳定，但在酸碱短期影响下溶蚀也有一定难度；剩下的氧化物、可溶盐以及有机质在酸碱溶液的影响下会发生很大改变。

　　图 5-8 为下蜀土试样经不同酸碱浓度溶液处理后比重的变化趋势。可以看出，它与密度的变化趋势基本一致。原状样的比重为 2.51，在低浓度时，无论酸或碱都对下蜀土试样有很大的腐蚀作用，下蜀土试样的比重均有不同程度的降低，酸化下蜀土试样比重降低了 0.27，碱化下蜀土试样比重降低了 0.02。但在酸碱浓度升高后，下蜀土试样的比重均有升高，但其比重变化的机理却有所不同。对于硫酸溶液处理的下蜀土试样，由于水中氢离子浓度剧烈升高，土体中的各类游离氧化物分解与可溶盐一起脱离土体，有机质也与酸反应形成溶于酸的正电荷以及可溶性无机矿物官能团，此时，土体的比重是降低的。但当酸溶液浓度增加，溶液中的 SO_4^{2-} 浓度升高，溶液中的 Ca^{2+} 等可与 SO_4^{2-} 形成微溶盐的金属阳离子，逐渐在土体中沉淀，致使土体比重升高，但始终没有超过原状样，这是因为硫酸盐的难溶物较少，酸化下蜀土试样进行的化学反应还是以溶蚀分解为主。对于氢氧化

钠溶液，浓度较低时，土体中有少部分氧化物、可溶盐会溶于碱液，使土体比重降低。随着碱液浓度升高，土体中有机质与碱生成许多不溶于水的带羟基的无机矿物官能团，还有许多金属阳离子可与 OH⁻生成沉淀物，这都是碱液使土体比重升高的原因。另外，在比重试验烘干土体试样时，原状样中的水全部蒸发，而对于酸碱化处理的试样，H_2SO_4 与 NaOH 分子会析出附着在土颗粒表面，使比重增加(图 5-9)。

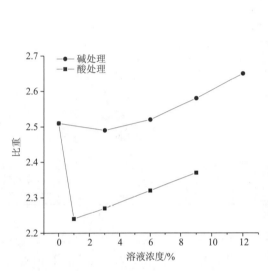

图 5-8　下蜀土试样比重-溶液浓度关系曲线

图 5-9　干燥酸化下蜀土试样

5.2.1.4　土体孔隙比变化

土体孔隙比为土中孔隙的体积与土体固相体积的比值，它表征着土的密实程度。下蜀土的许多性质均受孔隙比的影响，物理性质如质量、含水率，力学性质如压缩性、抗剪强度。土体的孔隙比 e 表达式为

$$e = \frac{(1+\omega)\rho_s}{\rho} - 1 \qquad (5\text{-}10)$$

式中，ω 为土体的含水率；ρ_s 为土体的干密度；ρ 为土体湿密度。其中 $\rho_s = G_s \times \rho_w$，$\rho_w$ 为4℃时纯水的密度。

将求得的土体的含水率、比重、湿密度代入式(5-7)可计算出经不同浓度酸碱溶液处理后下蜀土试样的孔隙比，各项参数见表 5-7。

表 5-7 下蜀土试样孔隙比参数表

参数	O1	S1	S3	S6	S9	N3	N6	N9	N12
$\rho_s/(\mathrm{g/cm^3})$	2.51	2.24	2.27	2.32	2.37	2.49	2.52	2.58	2.65
$\rho/(\mathrm{g/cm^3})$	1.99	1.79	1.85	1.86	1.90	1.98	2.04	2.06	2.09
$\omega/\%$	0.25	0.27	0.33	0.35	0.36	0.25	0.23	0.21	0.16
e	0.58	0.59	0.63	0.68	0.69	0.57	0.52	0.51	0.47

图 5-10 为经不同浓度的酸碱溶液处理过后，下蜀土试样孔隙比的变化趋势图。由图中可以看出，原状下蜀土试样的孔隙比为 0.58，经硫酸溶液处理的下蜀土试样孔隙比不断升高，最高为 0.69。分析其原因，应为土体中起胶结作用的各类氧化物被硫酸溶液溶蚀所致，而作为骨架的原生矿物以及黏土矿物因为性质稳定，则对孔隙比变化贡献不大。另外，随着硫酸溶液浓度的升高，孔隙比变大的趋势有所减缓，因为土体中较不稳定的胶结物已被溶蚀，再增加硫酸浓度也无法大幅提高土体固相的溶蚀度。经氢氧化钠溶液腐蚀的下蜀土试样，孔隙比随溶液浓度增高而不断降低，最低降至 0.47。这主要是因为氢氧化钠与硫酸溶液的腐蚀机理不同，氢氧化钠与下蜀土试样的反应主要为复合型化学反应，它会生成各种难溶或微溶的新物质，一方面在骨架矿物间起胶结作用，另一方面填充了孔隙，使孔隙比不断降低。有关下蜀土试样孔隙比受硫酸溶液与氢氧化钠溶液的影响程度见表 5-8。

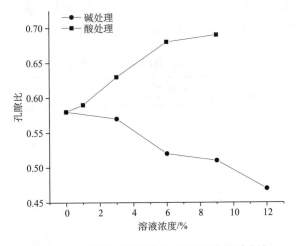

图 5-10 下蜀土试样孔隙比-溶液浓度关系曲线

表 5-8　酸碱影响孔隙比程度表

试样	与原状样孔隙比差值
S1	0.01
S3	0.05
S6	0.10
S9	0.11
N3	0.01
N6	0.06
N9	0.07
N12	0.11

由表 5-8 可见，在同等浓度下，硫酸溶液与土体发生化学反应的剧烈程度大于氢氧化钠溶液，也因此，当硫酸溶液在浓度为 6%时，孔隙比升高趋势已减缓，而氢氧化钠在浓度为 12%时，孔隙比降低的趋势仍然很大。通过与 5.2.1.2 节土体含水率变化趋势对照，发现酸碱作用的规律是一致的，随着硫酸浓度增加，孔隙比升高，含水率提高，而且下降趋势减缓；随着氢氧化钠溶液浓度的升高，孔隙比降低，含水率持续降低。

5.2.1.5　土体界限含水率变化

本次研究采用液塑限联合测定仪法进行下蜀土试样的液限、塑限测定，将所得数据置于双对数坐标系中，取锥尖入土深度为 17 mm 时的含水率为液限，入土深度为 2 mm 时的含水率为塑限，所得结果见表 5-9。

表 5-9　下蜀土试样界限含水率参数表

参数	O1	S1	S3	S6	S9	N3	N6	N9	N12
液限/%	44.87	37.56	42.54	37.59	35.83	38.73	38.63	37.27	35.98
塑限/%	19.86	23.61	24.50	26.82	30.27	27.46	26.77	31.43	31.26
塑性指数	25.01	13.95	18.03	10.77	5.56	11.27	11.86	5.83	4.73

图 5-11 和图 5-12 为下蜀土在不同酸碱溶液处理后液限及塑性指数的变化趋势。可以看出，无论是经过硫酸处理还是经过氢氧化钠处理的下蜀土试样，其塑性指数及液限比原状样都是下降的，这主要是因为本次试验全部采取的是高浓度的酸碱溶液，随着酸碱溶液的加入，离子浓度升高，使得扩散层变薄，继而可塑性降低，液限及塑性指数变小。基于此，土体的塑限也应该呈降低趋势，但得出的规律却是随酸碱浓度上升而升高，如图 5-13 所示。这是因为，不论是酸碱溶液，

当处于塑限时,溶液中的胶体粒子都会析出形成胶质,它在土颗粒中充当胶结物,使得土体的塑限增大。

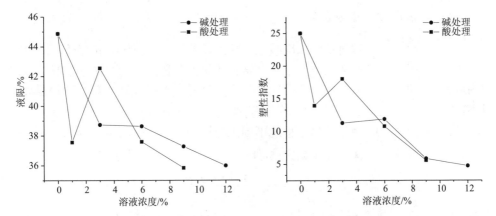

图 5-11　下蜀土试样液限-溶液浓度关系曲线　图 5-12　下蜀土试样塑性指数-溶液浓度关系曲线

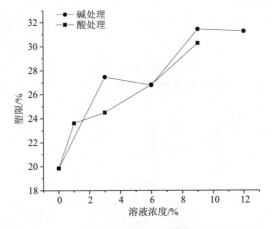

图 5-13　下蜀土试样塑限-溶液浓度关系曲线

　　然而从图 5-11～图 5-13 可以看到,不论是塑限、液限还是塑性指数,不论是硫酸溶液处理还是氢氧化钠溶液处理,均会有不符合规律的异常值出现,这主要是因为传统的扩散层理论,仅对于溶液 pH 在 1～7 可以较好解释,当溶液 pH 过大或过小,该理论只能解释大致规律,并不能完全适用。因此,该异常值虽然无法用现有理论规律解释,但其存在也是完全合理的。

5.2.2　酸碱腐蚀下蜀土试样力学性质变化

　　下蜀土的力学特性是控制宁镇地区各类建筑物、工程体稳定性的重要参数,尤其是随着地下水环境的逐年变化,其力学特性在不同程度酸碱环境下的变化规律更应该引起大家的重视。本小节从下蜀土的压缩性质与抗剪强度两个方面入手，旨在为工程设计提供有效的参数支持。

5.2.2.1　土体压缩性质变化

本次压缩试验通过对不同浓度酸碱腐蚀土以及原状样施加不同荷载，根据试样的垂向形变量，求算体积形变量，再将其转化为孔隙比，进而求算各项压缩特性指标。本次研究所需压缩特性指标有三个，分别是压缩系数 a_v、压缩模量 E_s、回弹指数 C_s。

在 5.2.1.4 节中，各不同腐蚀程度下蜀土试样的初始孔隙比 e_0 已经求出，在不同垂直形变量下，试样孔隙比见式 (5-11)：

$$e_n = e_0 - \frac{h_n(1+e_0)}{H_0} \tag{5-11}$$

式中，e_n 为第 n 级荷载下试样孔隙比；H_0 为试样初始高度；h_n 为试样在第 n 级荷载下试样垂向形变量。

图 5-14 为经不同溶液处理的试样的 e-p 曲线。由图中可以看出，在法向荷载小于 300 kPa 时，经硫酸溶液处理的下蜀土试样的 e-p 曲线斜率要大于原状样，表明其压缩性要比原状样大；经氢氧化钠溶液处理的下蜀土试样的 e-p 曲线斜率要小于原状样，表明其压缩性要比原状样小。

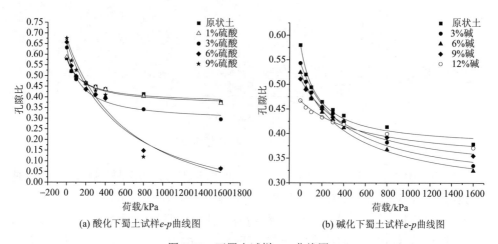

(a) 酸化下蜀土试样 e-p 曲线图　　　　(b) 碱化下蜀土试样 e-p 曲线图

图 5-14　下蜀土试样 e-p 曲线图

由图 5-14 可以看出，在荷载为 0～200 kPa 的范围内，无论是原状样还是酸碱化下蜀土试样，它的孔隙比都迅速下降，这是因为在压缩的初始阶段，是以压缩孔隙、排出土体孔隙水为主，对外力的抵抗能力较小，所以孔隙比降低较快。但随着荷载增加，下降的速率有所不同，由大到小依次为酸化下蜀土试样、原状样、碱化下蜀土试样，造成这个现象的原因则是不同类型的土的压缩机理不同。原状样在低荷载时主要是压缩孔隙，以弹性变形为主；而酸化下蜀土试样，其中很多起胶结作用的氧化物、无机盐已被溶蚀，孔隙比提高，土体结构强度减弱，它的压缩机理是压缩孔隙的弹性变形以及破坏土体结构的塑性变形相结合。因此，酸化下蜀土试样孔隙比降低速率比较高。而碱化下蜀土试样的压缩速率较原状样低，是因为氢氧化钠与土体化学反应生成的沉淀物质填充了孔隙，孔隙比减小，使得土体结构强度提高，因而在低荷载时孔隙比较原状样小。

随着荷载的提高，三种类型的土样孔隙比下降速率都逐渐减缓，这是因为此时孔隙水已基本排出，土体逐渐密实，以孔隙压缩为主的弹性变形逐渐转变为以破坏土体结构为主的塑性变形，其抵抗外力的能力越来越强。而此时，无论是酸化下蜀土试样还是碱化下蜀土试样，其随荷载增加的压缩速率都大于原状样。这是因为无论是酸液还是碱液，在与土体化学反应的过程中都破坏了土体原有的胶结结构，即使在腐蚀过程中新生成了某些起填充孔隙或胶结作用的物质，它也无法与原状样的粒间连接、原状样的结构完整性相比拟。因而，随荷载增大，原状样的压缩性最小，表 5-10 为下蜀土试样压缩性质参数表。

<h3 align="center">表 5-10　下蜀土试样压缩性质参数表</h3>

参数	O1	S1	S3	S6	S9	N3	N6	N9	N12
压缩系数/MPa^{-1}	0.29	0.30	0.46	0.62	0.64	0.29	0.27	0.22	0.11
弹性模量/MPa	3.40	3.33	2.17	1.62	1.57	3.42	3.70	4.51	9.29
回弹指数	0.023	0.023	0.029	0.016	0.011	0.010	0.014	0.009	0.022

根据下蜀土试样的 e-p 曲线，得出经不同浓度硫酸与氢氧化钠溶液处理的下蜀土试样在 $100\sim200$ kPa 的压缩系数 a_{1-2} 变化规律，如图 5-15 所示。由图可见，原状样的压缩系数为 0.29 MPa^{-1}，经硫酸处理的下蜀土试样压缩系数较原状样增大，当硫酸浓度为 9% 时，压缩系数达到了 0.64 MPa^{-1}，这是因为，硫酸溶液会腐蚀土体之间的胶结物，使土体结构完整性被破坏。而随着酸浓度的升高，压缩系数增大的趋势减缓，在硫酸浓度为 6% 与 9% 时，压缩系数只相差了 0.02 MPa^{-1}，这主要

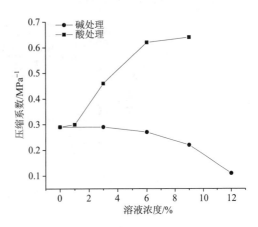

图 5-15　下蜀土试样压缩系数-溶液
浓度关系曲线

是因为土体内部易被溶蚀的氧化物、无机盐等大部分已被溶蚀，即使再增加硫酸浓度，也难以腐蚀土体中较稳定的各类矿物。而经碱溶液处理的下蜀土试样，其压缩系数较原状样降低，在碱液浓度为12%时，压缩系数降至 0.11 MPa^{-1}，主要是因为碱性复合型腐蚀会生成各类沉淀，胶体充填孔隙，使得土体压缩系数降低。而对比硫酸腐蚀的压缩系数曲线，碱化下蜀土试样在碱浓度较高时，压缩系数依然保持较高的减小趋势，这是因为酸性腐蚀强度要高于碱性，在高浓度下，硫酸

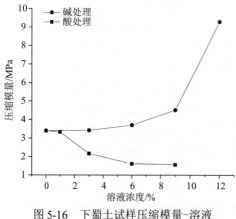

图 5-16　下蜀土试样压缩模量-溶液浓度关系曲线

对土体的腐蚀较充分，而氢氧化钠对土体的腐蚀却并不完全。

土体的压缩模量 E_s 表征着土体的软硬程度、压缩的难易程度，表达式为

$$E_s = \frac{1+e_0}{a_v} \qquad (5\text{-}12)$$

式中，e_0 为孔隙比；a_v 为压缩系数。

经不同浓度酸碱化的下蜀土试样压缩模量变化趋势见图 5-16，可见随着酸浓度的升高，压缩模量降低，土体变软，压缩性变强；随着碱溶液浓度的升高，压缩模量增大，土体变硬，压缩性变小。

本次研究的回弹指数选取荷载由400 kPa逐级降低到100 kPa时的回弹量进行计算。图 5-17 为下蜀土试样经过不同浓度硫酸与氢氧化钠溶液腐蚀后的回弹指数

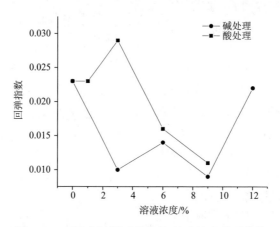

图 5-17　下蜀土试样回弹指数-溶液浓度关系曲线

变化趋势。由图可见，原状样的回弹指数为 0.023，经酸碱腐蚀的下蜀土试样回弹指数除了一个异常点，大部分都小于原状样的回弹指数，这是因为无论酸溶液还是碱溶液，都会对土体结构造成破坏，使土体的塑性变形占比增多。

通过分析上述三类指标可以得出：在外部荷载较小的阶段，碱化下蜀土试样的压缩性要小于原状样的压缩性，酸化下蜀土试样的压缩性最大。而在高应力阶段，经过酸碱腐蚀的下蜀土试样压缩性要大于原状样。

5.2.2.2　土体抗剪强度变化

土体的抗剪强度指标是表征土体工程性质的重要参数。土体作为许多工程体的天然地基基础或持力层，土体强度与工程体的安全性有直接的关联。针对经不同溶液腐蚀后的下蜀土试样进行直接剪切试验，根据其表现出的力学行为，总结规律，指导工程实践。

图 5-18 为经过不同浓度硫酸和氢氧化钠溶液腐蚀后下蜀土试样的抗剪强度，由图中可以看出，经过酸碱腐蚀的下蜀土试样抗剪强度线均与原状下蜀土样有着明显不同。表明不同酸碱程度的水化学环境对下蜀土试样的力学性质有着非常显著的影响。抗剪强度线的斜率代表着内摩擦角，酸化下蜀土试样的抗剪强度线相互交错，而碱化下蜀土试样的抗剪强度线则近乎平行。抗剪强度线的截距代表着黏聚力，经不同浓度硫酸与氢氧化钠溶液处理的下蜀土试样抗剪强度指标见表 5-11。

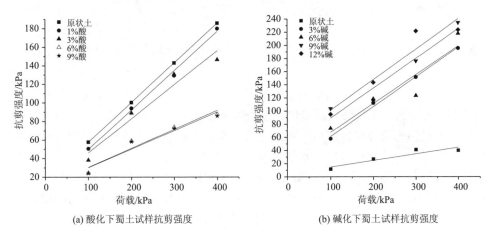

(a) 酸化下蜀土试样抗剪强度　　　　　(b) 碱化下蜀土试样抗剪强度

图 5-18　下蜀土试样抗剪试验强度线

表 5-11　下蜀土试样力学指标参数表

参数	O1	S1	S3	S6	S9	N3	N6	N9	N12
c/kPa	14.90	7.60	9.52	10.01	10.17	15.96	23.74	44.04	54.90
φ/(°)	22.13	21.94	20.13	11.57	11.30	24.36	23.66	24.37	24.87

由表 5-11 中可以看出，原状样的黏聚力为 14.90 kPa，碱化下蜀土试样的黏聚力相对原状样升高，当碱液浓度为 12%时，黏聚力高达 54.90 kPa，这一方面是因为含水率降低，土体强度升高；另一方面，经过氢氧化钠的复合型腐蚀，土体原有的胶结物被新生成的化合物替代，由分析可知，土体孔隙比有所降低，说明新型胶结物在数量上甚至超过原有的被腐蚀分解的胶结物，土体更加密实，使得黏聚力有所上升。经过硫酸腐蚀的下蜀土试样黏聚力则相对原状样最多下降了48.99%，这是土颗粒间起粒间联结作用的各类氧化物、无机盐都被溶蚀所致。而当硫酸浓度升高到 9%时，黏聚力变化较小，这是因为，大部分可被酸液溶蚀的土体固相已经充分反应，此时下蜀土试样的孔隙比变大，在受到外部荷载后，土体压缩性变强，更多的自由水被排出孔隙，结合水膜厚度减小，土颗粒的间距相较原状样变小，土颗粒之间的共用结合水膜联结力增强，粒间作用力增大，最终导致黏聚力又有略微回升，但上升空间有限，当硫酸溶液浓度为 9%时，黏聚力变化较小。

下蜀土试样的内摩擦角经过不同浓度的硫酸与氢氧化钠溶液处理也有了明显的变化。原状样内摩擦角为 22.13°，酸化下蜀土试样的内摩擦角相对原状样是减小的，当硫酸浓度为 9%时，内摩擦角降至 11.30°。这是因为随着硫酸溶液对土体固相的溶蚀，孔隙变大，导致含水率上升，进而造成内摩擦角降低的现象。下蜀土试样经过氢氧化钠的处理，内摩擦角比原状样有上升趋势，主要原因为碱化下蜀土试样的孔隙被新生物质填充，孔隙比变小，密实度增加；另一个原因则是随着孔隙比的降低，土体含水率降低。

5.3　酸碱腐蚀下蜀土试样微细观性质研究

本节试验研究主要从微细观层面入手，通过对土体组分含量以及微细观结构的观测，解释土体工程性质的变化。在土体组分方面，通过 XRD、EDS 以及水样简分析分别测定土体腐蚀前后矿物成分的含量，土体中元素及氧化物的成分与含量以及经腐蚀后土体中析出的水溶盐等，以此推测腐蚀过程中发生的化学反应类型。在微细观结构方面，通过 SEM 观察土体结构特征，包括土颗粒的形态、土颗粒间的相互关系、孔隙形态、孔隙间的相互关系以及土颗粒与孔隙间的相互关系，再通过 ArcGIS 与 MATLAB 两种图形分析系统对微结构图像进行分析，获得土体微结构参数。

微细观试验研究采用的试样或溶液均为原状样组、3%硫酸组、6%硫酸组、3%氢氧化钠组和 6%氢氧化钠组。

5.3.1　酸碱腐蚀下蜀土试样组分及含量观测

能与酸碱溶液发生化学反应，对酸碱腐蚀下蜀土试样各项性质产生影响的主要是土体矿物、氧化物以及水溶盐。因此,本次对于下蜀土试样微细观组分的研究将从这三个方面开展。

5.3.1.1 土体矿物

本次对矿物成分及含量的研究采用 X 射线衍射分析法(XRD)。这是一种应用非常广泛的对于矿物成分进行检测的技术手段,本次采用江苏省地质调查研究院的 X′Pert-Pro 型 X 射线衍射仪(型号 HX041)进行检测。图 5-19 为原状样 XRD 衍射图谱,记录此时 X 射线的入射角以及波长,即可计算得出晶面间距,据此可以判断土体中矿物的种类。

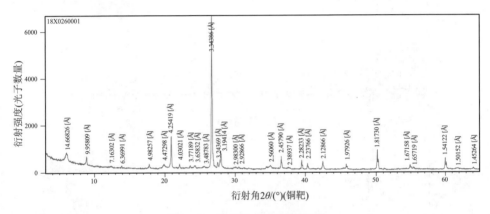

图 5-19 原状样 XRD 衍射图谱

表 5-12 为不同浓度溶液处理后下蜀土试样矿物成分的含量。在表中可以看出,下蜀土试样的主要矿物为石英、长石及伊利石,其中,石英在酸碱腐蚀下有规律性的变化,在硫酸的作用下,石英含量有了略微升高,在氢氧化钠腐蚀后,则是略微降低;而长石和伊利石的含量均始终保持在 10%左右。

表 5-12 下蜀土试样矿物成分含量表 （单位：%）

矿物	O1	S1	S3	S6	S9	N3	N6	N9	N12
石英	70±	65～70	70～75	70～75	70～75	65～70	65～70	60～65	65～70
长石	<10	5～10	<10	<10	10±	10～15	15±	10±	10±
伊利石	10±	10～15	10±	10±	<10	10～15	10±	10～15	10～15

5.3.1.2 氧化物及元素含量

土体中氧化物包括倍半氧化物以及次生二氧化硅,大多与结合水共同赋存在土体中。与土体矿物的成因略有差异，氧化物大多是硅酸盐矿物分解后，不可溶于水的矿物成分，粒径小，多呈凝胶状。在土体中多以胶结物的形式存在，经酸碱腐蚀后，氧化物的成分及含量改变，对土体工程性质影响很大。再通过对元素成分及含量的检测，佐证各类矿物成分的变化。本次研究采用电子能谱分析法检测土体中氧化物及元素的成分及含量，通常与扫描电子显微镜配合使用，图5-20为下蜀土试样EDS能谱图。

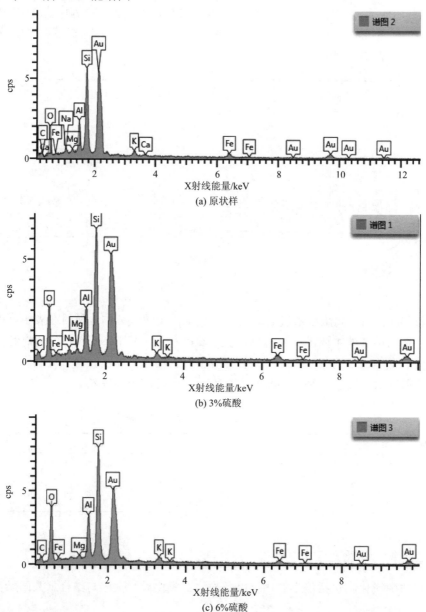

(a) 原状样

(b) 3%硫酸

(c) 6%硫酸

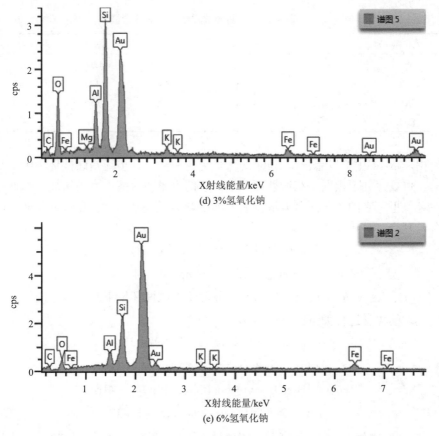

(d) 3%氢氧化钠

(e) 6%氢氧化钠

图 5-20   下蜀土试样 EDS 能谱图

由图 5-20 可以看出，各试样 Au 的峰值较高，这是由于试样制备过程中，表面涂有薄层金粉，导致 Au 的含量急剧增加，故本次试验不考虑该元素。除了 Au 以外，下蜀土试样中 Si 元素峰值最为突出，而且其峰值随着硫酸溶液的加入升高，随着氢氧化钠溶液的加入降低，这与土体中石英的变化规律也是一致的。

表 5-13 为不同溶液处理后的下蜀土试样中，主要元素种类与含量的变化，表 5-14 为本次试验的下蜀土试样中，主要的氧化物种类及含量，可见其变化规律是一致的。

表 5-13   下蜀土试样元素成分含量表   （单位：%）

元素	O1	S3	S6	N3	N6
Mg	0.83	0.66	0.58	0.53	0.77
Al	7.68	6.09	5.11	6.73	6.42
Si	14.34	16.39	16.65	13.76	13.42
Fe	3.03	2.70	1.91	2.65	2.33

表 5-14　下蜀土试样氧化物成分含量表　　　（单位：%）

氧化物	O1	S3	S6	N3	N6
MgO	1.68	1.33	1.21	1.07	1.53
Al_2O_3	19.51	16.63	15.10	17.12	16.12
SiO_2	45.19	49.60	51.69	43.23	41.55
FeO	11.41	10.56	7.10	9.51	9.35

由表 5-14 中可以看出，MgO 的含量无论在酸性环境还是碱性环境中都是减少的，但规律并不相同，在酸性环境里，它的含量随着酸浓度的增加而降低；在碱性环境里，它的含量随着碱浓度的增加而升高，这是因为，高浓度碱液中，水的含量减少，具体反应式如下：

$$MgO + H_2SO_4 == MgSO_4 + H_2O \tag{5-13}$$

$$MgO + H_2O == Mg(OH)_2 \downarrow \tag{5-14}$$

Al_2O_3 和 FeO 的含量无论是在酸性环境还是碱性环境下都是减少的，其与高浓度酸碱的化学过程如下：

$$Al_2O_3 + 3H_2SO_4 == Al_2(SO_4)_3 + 3H_2O \tag{5-15}$$

$$Al_2O_3 + 2NaOH == 2NaAlO_2 + H_2O \tag{5-16}$$

$$2FeO + 4H_2SO_4 == Fe_2(SO_4)_3 + SO_2 \uparrow + 4H_2O \tag{5-17}$$

$$FeO + 2NaOH == Na_2FeO_2 + H_2O \tag{5-18}$$

二氧化硅的含量则在酸性环境中增加，碱性环境中降低，化学反应式见式 (5-19) 和式 (5-20)。可见，当硫酸浓度增大，反应是按照逆向进行的，也因此 SiO_2 含量增多。

$$SiO_2 + H_2O \rightleftharpoons SiO_3^{2-} + 2H^+ \tag{5-19}$$

$$SiO_2 + 2NaOH == Na_2SiO_3 + H_2O \tag{5-20}$$

土体中的氧化物主要分为晶质、非晶质、氢氧化物和偏氢氧化物四种类型，本次研究中下蜀土试样所含的氧化物主要为非晶质铁（FeO）和游离氧化铝（Al_2O_3）。由于铁、铝氧化物本身的絮凝胶结作用，可以降低临界凝聚浓度，当它附着在下蜀土试样中的黏土矿物表面后，会使其吸附能力增强，使黏粒的分散性降低，土粒间的联结力增强，而且因为铁、铝氧化物本身带正电荷，会吸附有机、无机阴离子，改变双电层厚度，进而影响土体的界限含水率。

综上所述，在下蜀土与酸反应的过程中，土体中起胶结作用的氧化物绝大部分是被溶蚀减少的，这会使得土体疏松，黏土颗粒分散性增强，而在与碱液的反应过程中，会生成 $Mg(OH)_2$、$Fe(OH)_2$ 沉淀以及 Na_2SiO_3。这种流塑状物质在一定程度上又提高了土体的孔隙比以及胶结程度。而且，随着铁、铝氧化物含量的减少，土粒表面正电荷减少，双电层变薄，可塑性也随之降低。这与 5.2 节中研究的各项性质变化规律是一致的。

5.3.1.3　水溶盐

土体中的水溶盐分为三大类：一种是以钾盐、钠盐为主的易溶盐，包括钠盐（NaCl）、钾盐（KCl）、苏打（$Na_2CO_3 \cdot 10H_2O$）、芒硝（$Na_2SO_4 \cdot 10H_2O$）等；一种是诸如石膏（$CaSO_4 \cdot 2H_2O$）等溶解度较小的中溶盐；最后一种是方解石（$CaCO_3$）、白云石（$MgCO_3$）这种溶解度极小的难溶盐。虽然纯水中的溶解度不同，但它们都会被酸碱溶蚀，从而改变土体的性质。鉴于水溶盐对土体工程性质的影响，本节研究将对酸碱腐蚀前后的酸碱废液进行水样简分析，探究土体经不同类型、不同浓度溶液腐蚀后，析出水溶盐的类型和含量，从而进行微观机理的探究工作。

结合土体中水溶盐的成分以及不同离子对土体强度的影响程度，本次研究检测的主要阳离子为 Fe^{2+}、Ca^{2+}、Mg^{2+}；阴离子为 CO_3^{2-}、HCO_3^-，检测结果见表 5-15。

表 5-15　溶液离子成分含量表　　　（单位：mg/L）

试样	Ca^{2+}	Fe^{2+}	Mg^{2+}	CO_3^{2-}	HCO_3^-
O1	30.60	0.20	1.98	—	97.6
S3	203	237	175	—	—
S6	250	322	174	—	—
N3	8.57	0.17	0.05	3000	—
N6	7.72	0.19	0.07	3000	—

由表 5-15 中可以看出，经酸碱腐蚀过的下蜀土试样，土体内部可溶盐的种类、含量发生了很大的变化。在阴离子方面，HCO_3^- 只在原状样溶液中可以检测到含量，CO_3^{2-} 只在氢氧化钠组可以检测到含量；阳离子方面，在硫酸的作用下，Fe^{2+}、Ca^{2+}、Mg^{2+} 三种离子在溶液中的含量是较原状样升高的，而且基本上是随着溶液浓度升高而升高的；而氢氧化钠溶液中 Fe^{2+}、Ca^{2+}、Mg^{2+} 三种离子的含量却大幅降低。这主要是因为不同的溶液中发生了不同的化学反应，反应式如下：

$$CaCO_3 + H_2SO_4 = CaSO_4 + H_2O + CO_2 \uparrow \tag{5-21}$$

$$Ca^{2+} + 2NaOH = Ca(OH)_2 + 2Na^+ \tag{5-22}$$

$$Fe^{2+} + 2NaOH = Fe(OH)_2 \downarrow + 2Na^+ \tag{5-23}$$

$$MgCO_3 + H_2SO_4 \rightleftharpoons MgSO_4 + H_2O + CO_2 \uparrow \tag{5-24}$$

$$Mg^{2+} + 2NaOH \rightleftharpoons Mg(OH)_2 \downarrow + 2Na^+ \tag{5-25}$$

$$CO_3^{2-} + H_2SO_4 \rightleftharpoons SO_4^{2-} + H_2O + CO_2 \uparrow \tag{5-26}$$

$$2HCO_3^- + H_2SO_4 \rightleftharpoons SO_4^{2-} + 2H_2O + 2CO_2 \uparrow \tag{5-27}$$

$$HCO_3^- + NaOH \rightleftharpoons CO_3^{2-} + H_2O + Na^+ \tag{5-28}$$

由于石膏、方解石、白云石都属于中溶盐、难溶盐，因此，经去离子水处理过的下蜀土试样中仅能析出诸如 $CaCl_2$、$MgCl_2$ 这种易溶钙盐，所以原状样溶液中 Ca^{2+}、Mg^{2+} 含量较低；而经过硫酸处理，方解石、白云石被分解，生成大量 Ca^{2+}、Mg^{2+} 溶于溶液，所以其含量急剧上升，见式(5-21)、式(5-24)；而当下蜀土试样处于氢氧化钠溶液中时，原本易溶盐中的 Ca^{2+}、Mg^{2+} 和 NaOH 反应生成了微溶物质 $Ca(OH)_2$、沉淀 $Mg(OH)_2$，这使得其在碱液中的含量较原状样溶液降低很多，见式(5-22)、式(5-25)。Fe^{2+} 在原状样中如 $FeCl_2$ 的易溶盐原本含量不多，所以原状样溶液中 Fe^{2+} 含量较少；再加入氢氧化钠溶液后，又与 NaOH 反应生成沉淀 $Fe(OH)_2$，导致含量进一步减少，见式(5-23)；而经硫酸溶液处理的下蜀土试样中 Fe^{2+} 含量较多则是由上一节所述 FeO_2 反应生成的。CO_3^{2-} 因为本身在水中不稳定，易与 H^+ 结合生成 CO_2 逸出，因此，在原状样溶液与硫酸溶液处理的试样中并未检测到含量，见式(5-26)；而在氢氧化钠溶液处理的试样中，H^+ 含量极低，所以大量 CO_3^{2-} 得以保留。HCO_3^- 则不同，仅在原状样溶液中检测到含量，这是因为 HCO_3^- 遇到 H^+ 或 OH^- 分别生成 CO_2 气体与 CO_3^{2-} 离子，无法以 HCO_3^- 的形式保留，见式(5-27)、式(5-28)。在表 5-15 中可以看到，随溶液浓度的变化，离子的含量常常不再发生改变，这是因为下蜀土试样中水溶盐含量有限，与酸碱的反应已经达到化学平衡，因此反应不再进行。

从各类离子的含量变化中我们可以得出，下蜀土试样的各类氧化物、水溶盐等胶结物质在酸碱溶液中发生了不同类型的化学反应，部分被溶蚀生成气体逸出，部分反应生成沉淀，这些与土体各项物理力学性质的变化规律是息息相关的。

5.3.2 酸碱腐蚀下蜀土试样微细观结构观测

土体的微细观结构性特征是影响土体强度的重要因素，土体微细观结构的改变，是其工程性质变化的内因。为了更加全面地探究下蜀土性质变化的微观机理，接下来将在土体结构性方面展开研究，通过运用 Photoshop、ArcGIS 以及 MATLAB 这三款图像处理系统对 SEM 图像进行分析，探究不同浓度酸碱溶液对下蜀土试样微细观结构的作用规律。

5.3.2.1 土体微结构图像

本次试验仪器选用中国科学院南京地质古生物研究所实验中心的 SU3500 型
扫描电子显微镜。试验采用原状样，经浓度为 3%、
6%硫酸处理下蜀土试样以及经浓度为 3%、6%氢氧
化钠处理的下蜀土试样。为了提高试验精度并保证
仪器不受损坏，试验用的下蜀土样必须经过一系列
特殊处理。首先，为避免结构被扰动，应先将下蜀
土样掰开。因为电镜设备样品室内是真空的，所以
应保证土样内完全不含水分，本次研究采用烘干
法，因为此法所需时间短，水分排出完全，且不会
对结构造成扰动。根据样品台的尺寸，将干燥土样
的尺寸小心地修整为长宽小于 15 mm，高度小于
10 mm，并用导电胶固定在样品台。为保证样品表
面没有碎土残渣，用吹管将其小心地清理干净。清
理过后，在样品表面镀上一层薄薄的金粉，如

图 5-21 试样镀金图

图 5-21 所示，可以减弱电荷对试验精度的干扰，另外因为下蜀土导电性差，镀上
导电材料可以使图像更加清晰。

本次电镜扫描采用的放大倍数分别为 500 倍、2500 倍、5000 倍以及 10000
倍。不同的放大倍数，可以观测到下蜀土不同的结构特征。500 倍可以观测土体
表面的整体形貌、粗糙程度以及孔隙特征等；2500 倍可以观测土颗粒之间的相互
关系、胶结状态等；5000 倍可以观测黏土矿物的排列、接触等相互关系；10000
倍可以观测黏粒的具体形态和胶结状态。

图 5-22 为五种不同试样在 500 倍放大倍数下的扫描电镜照片。从图中我们可
以看出，相比原状样，经过硫酸腐蚀的试样土体表面越来越粗糙，孔隙增多，孔

(a) 原状样

(b) 3%硫酸处理

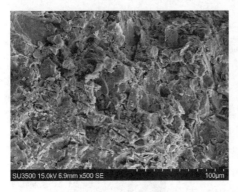 

(c) 6%硫酸处理　　　　　　　　　　　　　(d) 3%氢氧化钠处理

(e) 6%氢氧化钠处理

图 5-22　下蜀土试样 500 倍放大图

隙分布面积更广，说明土体整体处于被溶蚀的状态，随着酸溶液浓度升高，溶蚀度升高；经氢氧化钠腐蚀的土体，土体整体形貌趋于更平滑、完整，孔隙减少，说明碱性环境中，下蜀土内化学反应新生成的物质填充了孔隙，使土体更加密实，而且碱溶液浓度越高，土体越密实。这与 5.2 节中关于孔隙比等方面性质的研究结果是一致的。

　　图 5-23 为五种不同试样在 2500 倍放大倍数下的扫描电镜照片。可以看出，五种试样土颗粒的结构都是呈团块状的，但经不同溶液处理后，结构稍有不同。相比原状样，经硫酸腐蚀的下蜀土试样土颗粒之间的结构更为松散，各个土颗粒间的胶结情况变差，接触以面-面接触、边-面接触为主，随着硫酸浓度的升高，土粒表面更粗糙，还有溶蚀孔洞的出现，但同时表面有更多的附着物生成；而经氢氧化钠腐蚀的土体，团块结构更为紧密，胶结状况更好，土颗粒接触多以面-面接触为主，碱溶液浓度越高，团块结构越密实，完整性越好。这与 5.2 节研究中，密度、比重等性质的研究结果一致。

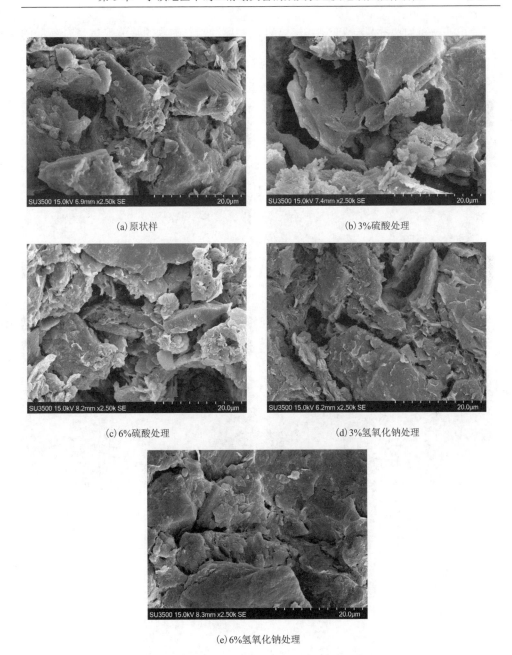

(a) 原状样　　　　　　　　　　　　(b) 3%硫酸处理

(c) 6%硫酸处理　　　　　　　　　　(d) 3%氢氧化钠处理

(e) 6%氢氧化钠处理

图 5-23　下蜀土试样 2500 倍放大图

图 5-24 为五种不同试样在 5000 倍放大倍数下的扫描电镜照片。可以看出，下蜀土试样的矿物主要为片状矿物，为叠片状结构。经硫酸溶液腐蚀后，下蜀土试样的片状矿物平整度降低，叠片结构在一定程度上遭到破坏，矿物之间的联结

变差，矿物间的边-面接触变多；经氢氧化钠腐蚀后，矿物的整体形态也有粗糙的趋势，但片状矿物的形态大多完好，接触仍以面-面接触为主，矿物间的部分孔隙被填充。

(a)原状样   (b)3%硫酸处理

(c)6%硫酸处理   (d)3%氢氧化钠处理

(e)6%氢氧化钠处理

图 5-24　下蜀土试样 5000 倍放大图

　　图 5-25 为五种试样在 10000 倍放大倍数下的扫描电镜照片。可以看出，相比原状样，经硫酸腐蚀的下蜀土试样矿物边角会卷曲、上翘，变成曲片状，形态更为破碎，相互之间的接触变差，这是胶结物被溶蚀的结果；而经过氢氧化钠腐蚀的下蜀土试样在矿物形态上基本没有变化，完整度高，且相互之间胶结状态随碱溶液浓度升高有变好的趋势。

(a) 原状样　　　　　　　　　　　　　(b) 3%硫酸处理

(c) 6%硫酸处理　　　　　　　　　　　(d) 3%氢氧化钠处理

(e) 6%氢氧化钠处理

图 5-25　下蜀土试样 10000 倍放大图

5.3.2.2　土体微结构图像定量分析

本次研究所提取的参数为颗粒及孔隙的等效面积、周长、分形维数、定向度及圆度。首先运用 Photoshop 对 tif 图像进行灰度调整，对图像进行二值化处理，之后调节阈值使图像贴合原图像孔隙与土颗粒的分布，由于 SEM 试验过程中的误差，每个试样的亮度会稍有不同，为了提高试验分析精度，本次阈值调节采用手动调节，经过人工测试，原状样、3%酸化下蜀土试样、6%酸化下蜀土试样、3%碱化下蜀土试样、6%碱化下蜀土试样选取阈值分别为 45、50、36、36、22（图 5-26）。将二值化图像（图 5-27）导入 ArcGIS 中，通过系统自带的 tif 转栅格、栅格转矢量的功能对图像进行处理，此时图像中颗粒及孔隙多边形的等效周长、等效面积等属性已记录在多边形属性文件中，将文件提取出后，便可根据颗粒及孔隙的周长及面积计算孔隙比、颗粒分形维数及圆度。再将二值化图像保存为 pdf 格式，通过 MATLAB 的提取纹理特征参数功能提取土颗粒的结构熵，也就是定向度。

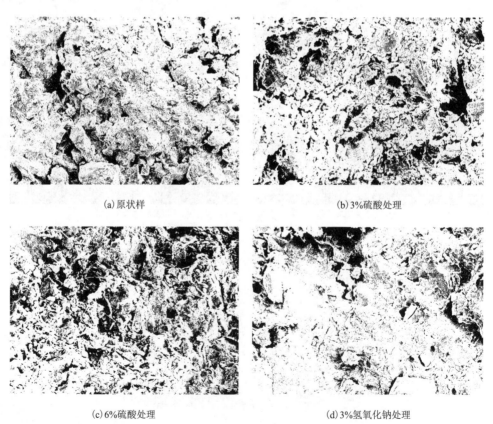

(a) 原状样　　　　　　　　　　　　　　　　　(b) 3%硫酸处理

(c) 6%硫酸处理　　　　　　　　　　　　　　　(d) 3%氢氧化钠处理

(e) 6%氢氧化钠处理

图 5-26　500 倍电镜图像二值化图像

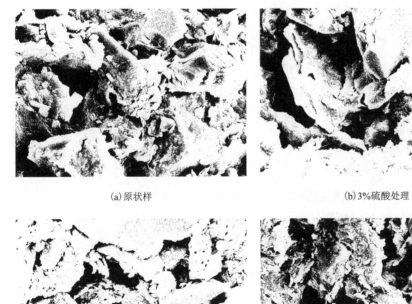

(a) 原状样　　　　　　　　　　　　　　　(b) 3%硫酸处理

(c) 6%硫酸处理　　　　　　　　　　　　　(d) 3%氢氧化钠处理

(e) 6%氢氧化钠处理

图 5-27　2500 倍电镜图像二值化图像

土体颗粒的分形维数 D 可以按照下式计算：

$$\log(\text{Perimeter}) = \frac{D}{2} \times \log(\text{Area}) + a \tag{5-29}$$

式中，Perimeter 为土颗粒的等效周长；Area 为土颗粒的等效面积；a 为修正系数。

土颗粒圆度 C 为与土颗粒等周长的圆的面积与该多边形面积的比值，由于在等周长前提下，圆的面积最大，所以圆度 C 始终大于 1，且越接近 1，其圆度越好，C 可以按照下式计算：

$$C = \frac{L^2}{4\pi S} \tag{5-30}$$

式中，L 为土颗粒多边形等效周长；S 为土颗粒多边形等效面积。

鉴于不同放大倍数展现的土体特征不同，本次关于土体颗粒及孔隙面积数据的提取使用的是放大 500 倍的电镜图像，分形维数、圆度及定向度采用的是放大 2500 倍的电镜图像。

表 5-16 为经过 ArcGIS 及 MATLAB 提取出的 SEM 图像结构参数。可以看出，经酸碱腐蚀的下蜀土试样，微结构参数的变化具有明显的规律性。

表 5-16　下蜀土试样微观定量参数表

参数	O1	S3	S6	N3	N6
等效孔隙面积	3.64	4.38	5.77	3.04	2.21
等效颗粒面积	13.86	13.12	11.73	14.46	15.29
孔隙比	0.26	0.33	0.49	0.21	0.14
分形维数	1.18	1.16	1.13	1.22	1.23
圆度	1.89	1.91	1.92	1.84	1.80
定向度	1.05	0.89	0.75	1.03	1.14

1. 土体颗粒及孔隙面积

根据 ArcGIS 提取出的定量参数，发现土体颗粒及孔隙的面积变化具有明显的规律，图 5-28 和图 5-29 为其变化趋势图。可以看出，在硫酸处理后，随着已被溶蚀的土体固相溶于酸溶液，下蜀土试样 SEM 图像等效颗粒面积越来越小，等效孔隙面积越来越大；经氢氧化钠处理的土体则恰恰相反。这与 5.3 节观察 SEM 图像所得结论一致。经过计算，其孔隙比的变化规律见图 5-30，孔隙比与酸溶液的浓度成正比，与碱溶液浓度成反比，这与 5.2 节的研究结果一致。

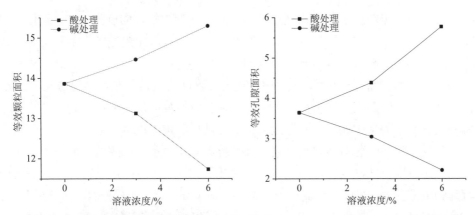

图 5-28　下蜀土试样等效颗粒面积变化趋势图　　图 5-29　下蜀土试样等效孔隙面积变化趋势图

2. 土颗粒分形维数

土颗粒的分形维数表征着其分布状态，原状样的分形维数为 1.18，从图 5-31 可以看出，在经硫酸溶液腐蚀后，土颗粒的分形维数随溶液浓度增加而减小，这说

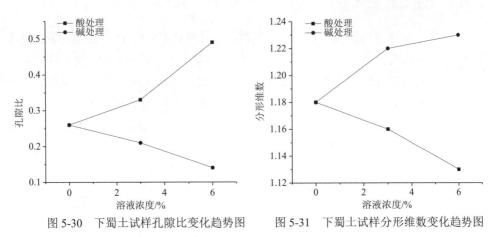

图 5-30　下蜀土试样孔隙比变化趋势图　　图 5-31　下蜀土试样分形维数变化趋势图

明土颗粒越来越松散。这是因为土颗粒间的胶结物被腐蚀，土体固相的集团化程度越来越低，在固定面积的区域内，土颗粒的分布面积越来越小。在经氢氧化钠溶液腐蚀后，原本土体中的孔隙被复合生成的物质填充，孔隙的连通性变差，这就导致土颗粒的集团化程度升高，土粒的分形维数增大。分形维数与黏聚力也有着直接的关系，随着分形维数的减小，黏聚力在一定范围内会有所升高，这也从另一个角度解释了酸化下蜀土试样黏聚力不降反升的现象。

3. 土颗粒定向度

土颗粒的定向度指标变化规律见图 5-32，原状样的定向度为 1.05，酸化下蜀土试样的定向度随着溶液浓度的升高不断降低，这说明土颗粒的混乱程度越来越大，也如 SEM 图像中观察到的，土颗粒的排列无序程度越来越高。造成这种现象的原因有两方面：一方面，土体中可被硫酸溶蚀的固相分布是不均匀的，因此，溶蚀变化在空间上随机发生；另一方面，所有溶蚀反应的时间都是相同的，但是每种化学反应的反应速率不同。碱化下蜀土试样的定向度变化规律与酸化下蜀土试样相反，说明随着碱液浓度升高，土颗粒向着排列更加有序的方向发展。这是因为碱化下蜀土试样内进行的化学反应主要是在原有土颗粒的基础上，生成附着沉淀物填充孔隙，部分孔径较小的孔隙几乎被填充完全，使得分散颗粒连成整体，排列更加有序，定向度变大。而且土体的压缩性质与土粒定向度也有着直接关系，随着定向度减小，颗粒排列混乱，土体骨架间的接触也逐渐由面-面接触过渡为边-面接触甚至点-面接触，抗压能力也随着减小，压缩系数增大；随着定向度增大，土体骨架排列有序，接触紧密且大部分为面-面接触，抗压能力提高，压缩系数减小。这与 5.2 节中的研究结论一致。

4. 土颗粒圆度

土颗粒的圆度也随酸碱的作用有明显的变化规律(图 5-33)，且与定向度机理相似，随着硫酸溶液浓度升高，硫酸溶液对土体的腐蚀在空间与时效上也更为随机，土颗粒的圆度越来越差，也就意味着其形状越来越呈棱角状，土粒表面越来越粗糙；而随碱液浓度的升高，原本孔隙存在使得土粒表面出现起伏，随着孔隙被填充，圆度指标变好，土颗粒形状磨圆度越来越好，土体表面也越发平滑，这与 5.3 节中 SEM 图像观测结果一致。

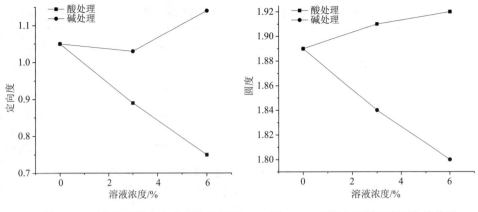

图 5-32　下蜀土试样定向度变化趋势图　　　图 5-33　下蜀土试样圆度变化趋势图

5.4　下蜀土边坡滑移变形破坏机理研究

下蜀土物理力学性质特殊，在雨水作用下，容易发生滑坡。以往针对下蜀土边坡破坏机理的研究多局限于单独的一个或几个典型滑坡进行分析，主要从下蜀土本身的性质出发，多考虑降雨因素，很少涉及边坡的高差、坡面角度、坡顶面形态等因素。同时，对于下蜀土滑坡的分类过于宽泛，没有进行细化。因此，对于下蜀土边坡的破坏机理研究既要考虑内因，也要注重边坡本身的差异。通过现场调查、室内试验等多种手段，对下蜀土边坡影响因素、特征进行总结，对其分类进行细化，同时针对不同类型下蜀土滑坡的机理进行深入研究。

5.4.1　下蜀土工程地质特征

下蜀土在天然状态下为褐色—黄褐色，以可塑—硬塑状态为主，结构紧密，具有较高的强度和地基承载力,根据南京市下蜀土边坡 24 个钻孔标准贯入试验资料统计，可塑—硬塑状态下蜀土地基承载力在 160～220 kPa；下蜀土主要化学成分为 SiO_2、Fe_2O_3、Al_2O_3、K_2O，其中 SiO_2、Al_2O_3 和 TFe_2O_3（$TFe_2O_3= Fe_2O_3+FeO$）三者的平均含量之和均达 85%左右[39]；对南京地区 4 组典型下蜀土试样进行颗粒分析,组成颗粒中粒径小于等于 0.005 mm 颗粒的占总颗粒的 70 %以上，见表 5-17；对 64 组下蜀土试样进行常规土工试验，获得下蜀土试样基本物理参数的平均值，见表 5-18。

根据《岩土工程勘察规范(2009 年版)》（GB 50021—2001）中土的分类方法，试验所用下蜀土试样为粉质黏土。下蜀土不仅具有粉质黏土的一般性质，也具有特殊的工程地质特征，主要包括以下几点。

表 5-17　南京地区 4 组下蜀土试样颗粒分析结果　　　　（单位：%）

编号	颗粒质量分数(粒径：mm)			
	≤0.002	(0.002, 0.005]	(0.005, 0.075]	>0.075
1	1.014	71.253	7.232	20.501
2	0.853	70.032	7.541	21.574
3	0.927	73.281	6.744	19.048
4	1.107	67.812	9.327	21.754

表 5-18　南京地区下蜀土试样基本物理参数统计表

指标	液限/%	塑限/%	塑性指数	相对密度	含水率/%
平均值	30.3	17.5	12.8	2.72	20～28

1. 垂直节理发育

下蜀土物理力学性质与黄土类似，垂直节理发育，当深厚的下蜀土边坡开挖后，土体易沿垂直节理劈开，形成陡立的临空面，自然状态下，可保持近直立的坡面，如图 5-34 所示，可见土体表面垂直节理发育，这是下蜀土具有的普遍而特殊的性质。

图 5-34　典型下蜀土边坡

2. 具有钙质结核

下蜀土中富含钙质结核，钙质结核对于土体的结构强度影响较大，也对边坡的稳定性具有一定影响。根据调查统计，近 10 年来，南京下蜀土滑坡逐年增多，其中原因之一为雨水中 SO_2 含量增加，形成酸雨，入渗到土体内，将土体中的钙质结核溶解，土体结构遭到破坏，土边坡稳定性也随之降低。

3. 具有弱膨胀性

下蜀土不是典型的黄土，但具有弱膨胀性，根据 32 组室内自由膨胀率试验可见，下蜀土的自由膨胀率在 25%～35%，属于弱膨胀性。下蜀土的弱膨胀性主要体现为遇水后体积膨胀，结构发生变化，抗剪切强度降低，在进行滑坡防治工程设计时，要进行充分考虑。

5.4.2　下蜀土滑坡发育特征

实地调查是滑坡研究中重要的手段之一，通过调查可以获得滑坡的第一手资料，对滑坡的特征和机理产生更直接、更客观的认识。为深入了解下蜀土滑坡的发育特征，对南京市 36 处下蜀土滑坡地质灾害点进行走访、调查和统计，调查内容主要包括：边坡的地理位置、高差、坡面角度、坡顶面形态、滑动类型、滑坡影响因素、物质组成、滑坡边界、滑带等特征和主要诱发因素。

5.4.2.1　下蜀土滑坡的一般特征

根据调查，南京市下蜀土滑坡主要集中在栖霞区燕子矶—老虎山一带，其他地区有零星分布；滑坡主要发育地貌单元为侵蚀堆积岗地地貌，地面高程一般在 +15～+40 m，地表波状起伏，广泛分布下蜀土，土层厚度一般大于 5 m。发生下蜀土滑坡的边坡一般具有以下特征。

1. 坡面陡立，具有典型的临空面，为滑坡的发生提供剪出口

根据统计，大多数滑坡具有典型临空面，其中一类为人工切坡开挖形成的陡立坡面，部分采用挡土墙加固，但挡土墙年久失修，基本失去支护作用，坡体发生滑动；另一类为天然的陡立坡面，在雨水的作用下，边坡发生变形和破坏，从而产生滑坡地质灾害。

2. 降雨为滑坡的主要诱发因素

根据调查，滑坡多发生在雨季，80%以上的下蜀土滑坡与降雨有直接或者间接关系，降雨为诱发下蜀土滑坡的主要因素。雨水在坡顶汇集后入渗到坡体内部，土体发生软化，重度增加，抗剪强度显著降低，坡脚剪切应力集中带和坡顶拉应力集中带首先发生破坏，从而导致坡体整体失稳，发生滑坡。除天然降雨外，还有部分滑坡为居民生活污水或管道漏水引起。

　3. 边坡坡顶平缓，普遍具有汇水条件

　发生下蜀土滑坡的坡顶一般比较平缓，具有良好的汇水和入渗条件，水由坡顶汇集，经由坡顶和坡面入渗到土体内部，从而引起边坡的滑动。

5.4.2.2　下蜀土滑坡类型与规模

　根据《滑坡防治工程勘查规范》(DZ/T 0218—2006)中对于滑坡分类的相关规定，下蜀土滑坡属于土质浅表层滑坡，滑体厚度一般不大于 10 m。根据滑坡的力学性质和运动规律，下蜀土滑坡又可分为后退式滑坡和前进式滑坡。结合下蜀土滑坡特征，将下蜀土滑坡分类进行细化，分为表层后退式滑坡和浅层前进式滑坡两类。两种类型的滑坡特征和滑动机理相似，但又各有不同。

　1. 表层后退式滑坡

　表层后退式滑坡滑带较浅，滑体平均厚度在 3 m 左右，力学性质上以牵引式为主，发育规律主要表现为表层土体首先发生剥落，而后逐层剥落、滑动，向坡体内逐渐后退。发生此类滑动的下蜀土边坡一般坡度较陡，70°～80°居多，多由人工切坡形成；坡高较大，一般大于 5 m，其中 10 m 左右居多；坡顶面平缓或者反倾，汇水和入渗条件一般；坡面土体主要受雨水冲刷和剥蚀；坡体破坏部位主要集中在中上部，剪出口位置位于坡体中下部；滑体滑动距离较近，垂直和水平方向运动距离相差不大，且多为分层多次滑动，在坡脚堆积，形成堆积体。

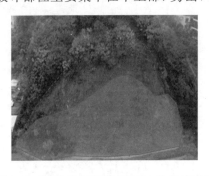

　根据调查，南京地区下蜀土滑坡中，表层滑动约 29 处，占 80.6%，力学性质上以牵引式滑坡为主，滑体体积一般较小。南京市鼓楼区宝燕南路江雁依山郡小区西侧山体滑坡为典型下蜀土表层后退式滑坡，滑坡全景照片见图 5-35，滑

图 5-35　江雁依山郡小区西侧山体滑坡照片

坡体典型剖面见图 5-36。

　该处滑坡平面为圈椅状地貌，边坡长度约 25 m，边坡高度在 10～12 m，边坡整体倾向南，坡度陡立，平均坡度约 75°。滑坡体物质组成为下蜀组粉质黏土，推测滑动面位于土层内部，呈圆弧形，滑动带深度为 1～3 m。经现场调查，该滑坡发生过多次滑动，滑坡堆积体呈扇形堆积于坡脚。

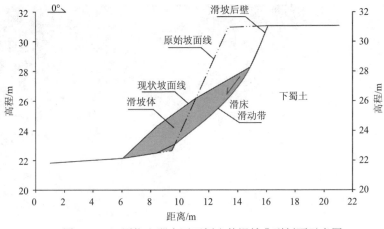

图 5-36　江雁依山郡小区西侧山体滑坡典型剖面示意图

2. 浅层前进式滑坡

浅层前进式滑坡滑带较深，滑体较厚，一般在 8 m 左右，根据《建筑边坡工程技术规范》（GB 50330—2013），此类滑坡仍然属于浅层滑坡。在力学性质上以推移为主，坡体后缘张拉裂隙明显，边坡发生整体性滑动。发生浅层前进式滑动的边坡一般比较缓，坡度 50° 左右居多；边坡前缘和后缘高差大，高度在 8～20 m不等，坡面延伸长；边坡顶面平缓或外倾，有较大的汇水面积，入渗条件良好；坡体破坏部位主要集中在坡体内部，滑体厚度 5～10 m；坡脚或者坡脚附近地面隆起，具有明显的剪出口。

根据调查，南京地区浅层滑动破坏有 7 处，占 19.4%，力学性质上以推移式滑坡为主，滑体体积一般较大。南京市栖霞区燕子矶街道 75-4 号滑坡为典型下蜀土深层滑坡，图 5-37 为滑坡全景照片；图 5-38 为滑坡后缘张拉裂隙照片；图 5-39为滑坡体典型剖面示意图。

图 5-37　南京市栖霞区燕子矶街道 75-4 号滑坡全景照片

图 5-38　燕子矶街道 75-4 号滑坡后缘张拉裂隙照片

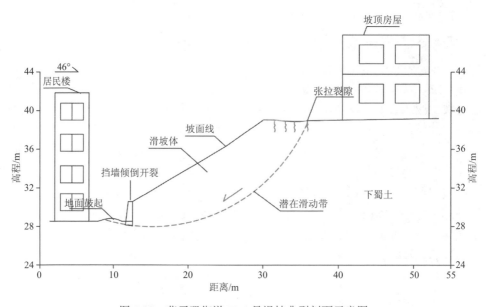

图 5-39　燕子矶街道 75-4 号滑坡典型剖面示意图

　　该滑坡所处地貌单元为岗地,为典型下蜀土边坡,前缘和后缘有近 20 m 高差,边坡自然坡度约 45°;坡脚切坡建房,形成高约 3 m 陡立坡面,初期采用干砌块石护坡,现在块石挡墙已经发生错动和开裂,基本失去支护作用;坡顶地势平缓,屋顶和水泥地坪汇水直接流入坡体。滑坡发生在降雨集中的时段,滑坡特征明显,后缘张拉裂隙延伸超过 10 m,宽度大于 5 cm,坡顶水泥地面开裂,围墙倒塌;坡体前缘坡脚处地面隆起,旧挡墙开裂,倒塌。下蜀土垂直节理发育,当雨水入渗到土体内,土体遇水易膨胀并发生软化,抗剪强度降低。坡体前缘陡坎提供了剪出条件，坡体后缘的房屋荷载容易诱发滑坡，边坡在雨水的诱发下发生整体滑动。

5.4.2.3　下蜀土滑坡与降雨的关系

下蜀土滑坡为典型的降雨型滑坡[56]，受季节性降雨影响较大，根据统计，82.5%的下蜀土滑坡地质灾害发生在 6 月、7 月和 8 月，这与南京市的雨季时间相吻合。南京市属北亚热带季风气候区，降雨年内分布不均，主要集中在夏季，其中 6 月、7 月和 8 月的降雨较为集中，属于汛期，平均为 170.8 mm、187.2 mm 和 127.4 mm，分别占年降雨量的 13.8%、15.2%和 10.3%，汛期降雨形式多为暴雨、阵雨和连阴雨。降雨在时间上和强度上都表现出极强的集中特点，导致大量下蜀土边坡发生滑塌灾害。图 5-40 为月降雨量与滑坡发生数量关系直方图。

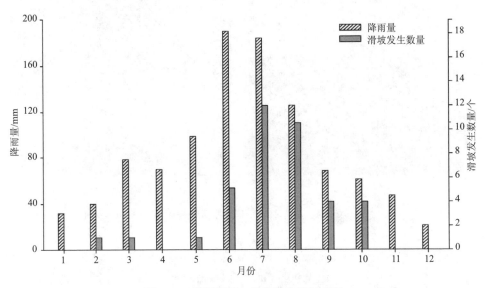

图 5-40　月降雨量与滑坡发生数量关系

5.4.3　下蜀土抗剪强度试验研究

工程实践中发现，在一定范围内，土的结构和密度一般变化较小，而含水率容易受降水等外界因素影响，含水率的变化容易导致抗剪强度的改变。许多学者对土体的抗剪强度做了大量研究，建立了多种非饱和土抗剪强度的理论公式和本构模型。为研究含水率对下蜀土抗剪强度的影响，选取长江中下游地区不同含水率的下蜀土作为对象，通过多组未扰动原状样的快剪试验、慢剪试验，分析比较不同剪切方式下含水率对下蜀土抗剪强度的影响。快剪试验和慢剪试验分别模拟下蜀土滑坡中快速滑动和缓慢滑动，试验结论可为不同类型的下蜀土滑坡防治工程提供参考。

5.4.3.1　试验材料准备

虽然天然状态下下蜀土性质良好，但其具有明显的胀缩性，而且土体垂直裂隙发育，在降雨等不利条件下容易发生滑坡，南京燕子矶附近便为典型的下蜀土滑坡多发地区。

本次试验材料取自燕子矶一处下蜀土滑坡现场。采用 XY-1 型油压工程钻机钻进，利用薄壁取土器取原状土样，尽量避免扰动，共制取试样 44 组，其中快剪试验 22 组，慢剪试验 22 组。图 5-41 为下蜀土剪切试样照片。

(a) 原状土样　　　　　　　　　　　　　　　(b) 制成试样

图 5-41　原状土样及制成试样照片

通过颗粒分析试验和常规土工试验获得土的基本物理性质参数。下蜀土试样的主要指标如下：粒径小于 0.005 mm 的颗粒占总颗粒的 70% 以上；液限含水率为 30.3%；塑限含水率为 17.5%；塑性指数 I_P=12.8；相对密度为 G=2.72；天然含水率在 20%～28%。

5.4.3.2　试验设备与方法

本次试验采用南京生产的 PSJ-3 型电动四联等应变直剪仪。试验原理是根据库仑定律，土体的内摩擦力和剪切面上的法向应力成正比，采用 4 个相同试样为一组，分别在 50 kPa、100 kPa、150 kPa、200 kPa 法向应力下以一定的速度进行剪切。采用等应变控制式，数据为自动采集。图 5-42 为试验仪器和数据采集系统界面。

目前，含水率对土体抗剪强度影响的相关试验主要是采用重塑试样进行，没有考虑土体原有结构强度和剪切方式对抗剪强度的影响。本试验试样为原状样，取自同一地区，在降雨前和降雨后多次取样，确保土体含水率在一定区间内连续变化，剪切方式采用快剪试验和慢剪试验。具体试验方法按照规范进行，详情如下。

快剪试验：将制备好的试样放入剪切仪，施加不同的法向应力，将剪切速度设定为 0.8 mm/min，试验的终止条件为土样出现明显破坏或者错动位移 4 mm。

慢剪试验：将制备好的试样放入剪切仪，施加不同的法向应力，将剪切速度设定为 0.02 mm/min，试验的终止条件为土样出现明显破坏或者错动位移 4 mm。

快剪试验和慢剪试验分别模拟下蜀土滑坡中快速滑动和缓慢滑动两种滑动类型。

 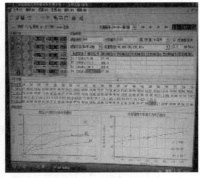

(a)直剪仪　　　　　　　　(b)数据采集系统界面

图 5-42　直剪仪及数据采集系统界面图

5.4.3.3　试验数据分析

试验结束后，对试验数据进行分析和整理，找出含水率不同、其他物理指标基本相同的试验数据。其中快剪试验有 9 组，天然状态下含水率在 19.0%～28.2%；慢剪试验有 11 组，天然状态下含水率在 21.4%～27.9%。

1. 快剪试验数据分析

采用快剪试验得到的下蜀土试样抗剪强度-法向应力关系曲线、黏聚力和内摩擦角分别与含水率的关系曲线如图 5-43～图 5-45 所示。

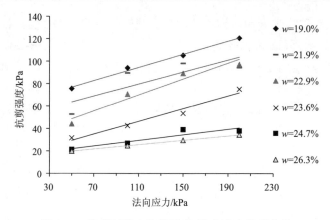

图 5-43　快剪试验中抗剪强度-法向应力关系曲线

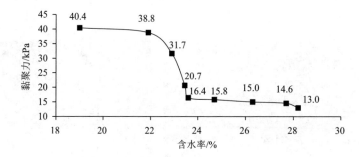

图 5-44　快剪试验中黏聚力-含水率关系曲线

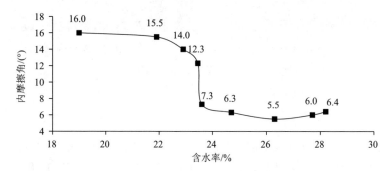

图 5-45　快剪试验中内摩擦角-含水率关系曲线

从图 5-43 可以发现，土体抗剪强度随着含水率的增加而减小，当含水率在 22.9%～24.7%变化时，抗剪强度发生明显变化。从图 5-44 和图 5-45 中可以发现：含水率对黏聚力和内摩擦角的影响规律相似，含水率与黏聚力和内摩擦角的关系曲线均分为 3 段，当含水率在 19%～21.5%时，随着含水率的增加黏聚力和内摩擦角平稳下降；当含水率在 21.5%～23.5%变化时，黏聚力和内摩擦角急剧下降；当含水率在 23.5%到接近饱和之间时，黏聚力和内摩擦角趋于平稳。

快剪试验中，土体强度下降的主要原因是剪切速度快，孔隙中的水消散较慢，还未来得及消散的水产生孔隙水压力。根据有效应力原理，在总应力大小不变的情况下，随着含水率的增加，未来得及消散的孔隙水增多，孔隙水压力增大，相应的有效应力减小，则土的抗剪强度降低，其中黏聚力为土体抗剪强度的主控因素。黏聚力和内摩擦角在一定含水率范围(21.5%～23.5%)时出现突变现象，表明土的抗剪强度也急剧下降。

2. 慢剪试验数据分析

采用慢剪试验得到的下蜀土试样抗剪强度-法向应力关系曲线、黏聚力和内摩擦角分别与含水率的关系曲线，如图 5-46～图 5-48 所示。

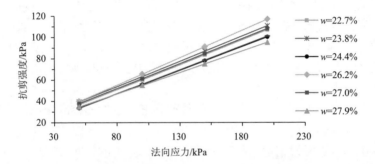

图 5-46　慢剪试验中抗剪强度-法向应力关系

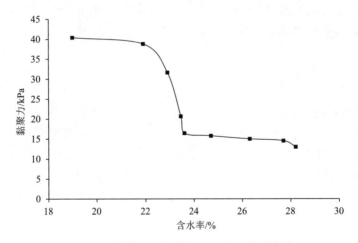

图 5-47　慢剪试验中黏聚力-含水率关系曲线

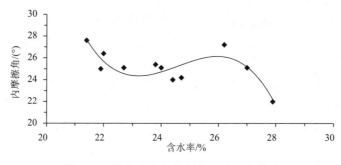

图 5-48　慢剪试验中内摩擦角-含水率关系

从图 5-46 中可以发现，慢剪试验中，土的抗剪强度随着含水率的增加呈现出小幅度波动变化但整体下降的趋势。对比图 5-43 和图 5-46 可以发现，慢剪试验中含水率变化范围与快剪试验相近，但曲线位置变化幅度明显小于快剪试验。从图 5-47 和图 5-48 中可以发现，黏聚力随着含水率的增加呈现出波动变化，变化平稳，整体为增大趋势；内摩擦角随着含水率的增大也呈现出波动变化，整体为减小趋势。

慢剪试验中，土的内摩擦角对土的抗剪强度起主要的控制作用，而黏聚力作用较小。主要是因为慢剪试验持续时间较长，一般为 3 h 左右，在缓慢剪切过程中，土体中的水会慢慢消散，孔隙水压力对土体强度的影响被削弱，不会出现类似快剪试验中抗剪强度大幅变化的情况。土体中自由水的慢慢消散会引起基质吸力的增大，使得黏聚力增大，但随着含水率的增加，水可以在土颗粒之间充当润滑剂，发挥润滑作用，使得摩擦角逐渐减小，从而呈现抗剪强度波动变化但整体下降的趋势。

5.4.3.4　对比分析与应用

对比试验结果可以发现，随着含水率的增加，土体的抗剪强度整体上呈下降趋势，但不同剪切方式的变化规律不同。快剪试验中，抗剪强度随含水率增加先缓慢下降之后急剧下降最后又缓慢下降，趋于平稳，含水率在 21.5%～23.5%范围内时，土体的抗剪强度迅速下降，含水率对土体抗剪强度的影响较大；慢剪试验中，土的抗剪强度随着含水率呈波动变化，整体趋势为减小，内摩擦角对土体的强度起主要控制作用，含水率对土体抗剪强度的影响较小。

在工程应用中，快剪试验用来模拟下蜀土边坡在降雨工况下的快速滑动破坏；慢剪试验用来模拟下蜀土边坡在降雨工况下的缓慢滑动破坏。针对试验数据分析结果，对燕子矶中学滑坡、69-3 号滑坡等 8 个典型的下蜀土边坡破坏模式和诱发因素进行统计，发现其中 6 处发生在降雨后，且均为新形成的快速滑动型滑坡。通过室内试验和滑坡灾害统计分析可见，试验结论与统计数据基本吻合，降雨容易引起下蜀土边坡的快速滑动破坏，对于可能发生破坏的边坡做好排水措施极为重要，在确定滑带土参数时应重点考虑土体含水率的变化情况。

5.4.4　下蜀土边坡破坏模式和机理分析

下蜀土具有特殊的物理力学性质，下蜀土边坡易发生滑坡与土体的特殊性质密切相关。根据下蜀土滑坡地质灾害的调查、统计和总结，可将下蜀土滑坡细化为表层后退式滑坡和浅层前进式滑坡。两种类型滑坡的破坏机理具有相似之处，又有所区别。

1. 表层后退式滑坡

表层后退式滑坡破坏以表层土体在降雨和重力作用下剥落为主，层层后退，最终达到稳定状态。图 5-49 为表层后退式滑坡演化示意图。此类滑坡多发生在因修路、建房等工程活动形成的无支护陡立坡面上，坡体开挖后，应力重新分布，在坡脚附近形成剪切应力集中带，在坡肩附近形成拉应力集中带。下蜀土垂直节理发育，在拉应力作用下，坡肩裂隙易沿着土体内部垂直节理发育并连通，形成张拉裂缝；降雨作用下，雨水沿着垂直节理和张拉裂缝渗入土体，使得雨水渗入部分的土体重度增加，土体抗剪强度降低，在坡体中上部形成局部贯通滑动带，发生表层小规模滑动。从力学性质上分析，此类滑坡以受拉力为主，多发生在应力相对集中的坡体中上部。

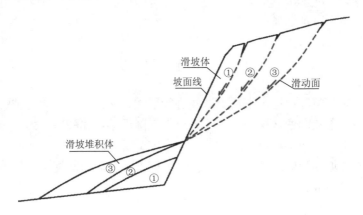

图 5-49　表层后退式滑坡演化示意图

如图 5-49 所示，在雨水和自重作用下，①号滑体首先形成并发生滑动，滑动后堆积在坡脚并形成陡立滑动面；第一次滑动后，坡体应力重新分布，在雨水和自重作用下，②号滑体开始逐渐形成并开始滑动。以此类推，一层一层发生滑动，坡面逐渐向坡体内后退，最终趋于稳定，完成滑坡由孕育到形成的演化过程。

2. 浅层前进式滑坡

浅层前进式滑坡以整体圆弧状滑动为主,具有明显的滑坡后壁、滑坡陡坎、滑坡裂隙和剪出口,滑坡前缘有明显的鼓胀隆起,局部出现裂隙。图 5-50 为浅层前进式滑坡演化示意图。

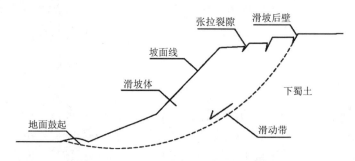

图 5-50　浅层前进式滑坡演化示意图

发生浅层前进式滑动的坡体一般坡度较缓,自然状态下处于稳定或临界状态,多由降雨、坡脚开挖和坡顶荷载等因素引起。降雨入渗到土体后,增加土体重度,下滑力增大;水对土体具有软化作用,使得土体抗剪强度降低,阻滑力减小;坡脚开挖,为滑动提供了剪出口;坡顶荷载增加了滑动力从而引起边坡失稳。从力学性质上分析,此类滑坡以水平推力为主,滑动带深度和滑动体积一般都大于牵引式滑坡,滑坡特征明显。

5.5　工　程　实　例

本章对南京笆斗山地区下蜀土试样进行了酸碱化处理,并通过试验获得了其各项物理力学参数的变化规律。随着近年大气降雨逐年偏酸性,为了探究不同水化学环境对下蜀土边坡稳定性的影响,结合前文研究成果,运用 Slide 软件对笆斗山下蜀土边坡经酸碱腐蚀后的稳定性进行模拟研究,借此阐明宁镇地区下蜀土边坡滑塌灾害的成灾机理。

5.5.1　工程概况

笆斗山古墓葬群保护区滑坡地质灾害点位于南京市栖霞区燕子矶街道太新路北侧、蓝燕宾馆西侧,坡下即为太新路,周边交通十分便利,交通区位图见图 5-51。笆斗山所处位置为侵蚀堆积岗地区,笆斗山山体整体呈北东-南西向展布,山体主要由上更新统下蜀组粉质黏土组成。修路建房等人类工程对笆斗山进行了不同程度的切坡，切坡后边坡平均坡度大于 45°，局部可达 70°，加上近年来受酸雨的影响，其边坡的稳定性逐年降低，对太新路过往行人以及车辆、蓝燕宾馆及周边居民的安全构成严重威胁，同时也影响到笆斗山古墓葬群遗址保护工作以及坡下燕子矶街道高压 1 万伏双回路输电线路太平 1 号线、2 号线正常运行的安全。经过统计，笆斗山古墓葬群保护区滑坡灾害潜在威胁人口约 120 人，潜在经济损失约 7500 万元。

图 5-51　笆斗山交通区位图

5.5.2　工程地质条件

5.5.2.1　地形地貌

研究区所处地貌单元属侵蚀堆积岗地，岗地整体呈北东-南西向展布，坡顶标高+42.8 m；坡底标高+12.6～+19.8 m，边坡高差 23.0～30.2 m，边坡自然坡度 20°～45°。受建房、修路等工程活动影响，岗地多处形成了高陡的不稳定土质边坡，地形变化比较大，边坡平均坡度大于 45°，局部坡度大于 70°，雨季经常发生滑坡。笆斗山平面图如图 5-52 所示。

5.5.2.2　地层岩性

笆斗山边坡坡体主要由上更新统粉质黏土(Q_p^3)组成，下部基岩为上白垩统浦口组(K_2p)石英砂岩。根据勘探深度范围内揭露的岩土层特征，按其成因、类型、物理力学性质指标的差异划分为 7 个工程地质层，各岩土层工程地质特征分层描述如下。

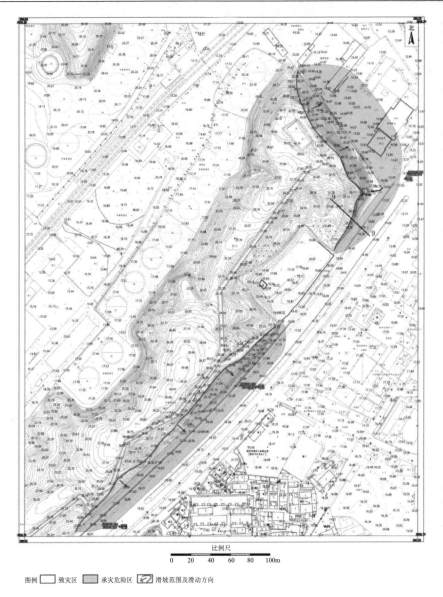

比例尺

0　20　40　60　80　100m

图例 □致灾区 ▨承灾危险区 ◢滑坡范围及滑动方向

图 5-52　笆斗山平面图

①层下蜀组粉质黏土(Q_p^3x)：灰黑、灰褐色，硬塑，刀切面光滑，干强度中等，韧性中等，表层含植物根茎、砖瓦碎块等杂物。土层厚度 2.0～8.4 m，平均厚度 6.0 m。

②层下蜀组粉质黏土(Q_p^3x)：黄褐色，可塑，局部硬塑，切面较光滑，含少量铁锰质浸染，干强度中等，韧性中等。土层厚度 0.9～8.1 m，平均厚度 4.5 m。

③层下蜀组粉质黏土(Q_p^3x)：黄褐色，硬塑，局部可塑，切面较光滑，含少量铁锰质浸染，干强度中等，韧性中等。土层厚度 1.4～9.0 m，平均厚度 4.1 m。

④层下蜀组粉质黏土(Q_p^3x)：灰褐、黄褐色，可塑，局部硬塑，刀切面较光滑，含少量铁锰质浸染，干强度中等，韧性中等。土层厚度 1.0～13.0 m，平均厚度 5.2 m。

⑤层下蜀组粉质黏土(Q_p^3x)：灰褐、黄褐色，硬塑，局部可塑，刀切面较光滑，含少量铁锰质浸染，干强度中等，韧性中等。揭露土层厚度 2.0～11.6 m，平均厚度 7.0 m。

⑥层下蜀组黏土(Q_p^3x)：灰褐、黄褐色，硬塑—可塑，局部坚硬，刀切面光滑，含少量铁锰质浸染，干强度中等，韧性中等。揭露土层厚度 2.3～9.9 m，平均厚度 4.3 m。

⑦层浦口组石英砂岩(K_2p)：灰褐、黄褐色，强风化—中等风化，厚层状，属较软岩—较硬岩，岩体破碎—较破碎，岩体基本质量分级为Ⅳ～Ⅴ级。基岩埋置深度 2.2～25.8 m，埋置深度变化较大。

5.5.2.3　地质构造

工作区大地构造单元处于扬子准地台下扬子断陷带中的次级构造宁芜断陷盆地内，区内褶皱构造不甚发育，以断裂构造为主(图 5-53)。工作区及附近断裂构造以北西向和北东向为主，主要构造有江浦—湖熟断裂和沿江断裂。其性质分别如下。

江浦—湖熟断裂：为北西向断裂，走向 300°～320°，倾向南西，倾角较陡，主要展布于南京市上坊至湖熟一带，延伸长度大于 120 km，其性质为正断层，该断裂为宁芜断陷的北东界。

沿江断裂：该断裂带自幕府山起沿长江呈北东东向延伸，断面总体向北陡倾，断裂带北侧为上白垩统和下第三系构成的断陷式向斜盆地，南侧为龙仓复背斜南翼，南北盘落差达数千米，该断裂为宁芜断陷的北西界。

5.5.2.4　水文地质条件

1. 松散岩类孔隙水

区内松散岩类孔隙水含水层由上更新统(Q_p^3x)粉质黏土组成，不同地貌区的岩性、富水性及补径排条件等表现出较大的差异。该含水层透水性和富水性差，单井出水量一般小于 50 m³/d。地下水水位埋深 1.0～1.5 m，水位变化主要受大气降水和长江水位的影响，年水位变幅一般在 0.5～1.0 m。孔隙潜水多属矿化度小于 1 g/L 的 $HCO_3 \cdot SO_4$(或 $HCO_3 \cdot Cl$)-Ca(或 $Ca \cdot Mg$)型水。其主要补给来源是大气降水及地表水体的入渗补给，排泄方式以蒸发及向地表水体排泄为主。

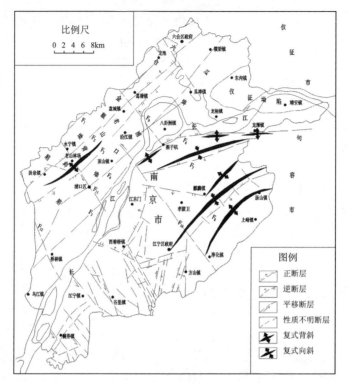

图 5-53　南京市地质构造图

2. 基岩裂隙水

含水层主要由白垩系浦口组（K_2p）碎屑岩类组成，浅部以风化裂隙水为主，基岩出露地区风化现象较为严重；深部风化作用逐渐减弱，以构造裂隙水为主，岩层构造裂隙的发育程度总体较差，多为闭合状或被充填，富水性较差，单井涌水量一般小于 100 m^3/d；但在构造有利部位，特别是在断裂交会部位，构造裂隙发育程度较高，连通性较好，可能形成相对富水块段，单井涌水量可超过 100 m^3/d。含水层主要接受孔隙潜水的垂向补给，以泉或侧向径流的方式排泄。

5.5.3　酸碱腐蚀下蜀土边坡稳定性分析

为探究下蜀土边坡在经过不同酸碱性的大气降雨以及地下水侵蚀后的稳定性，选取适用于本次研究的边坡剖面，综合前文总结所得酸碱化下蜀土试样参数变化规律，采用二维极限平衡分析软件 Slide 对笆斗山边坡在不同水化学环境下的稳定性进行分析，以此阐明下蜀土边坡失稳的水化学机理。

5.5.3.1　边坡模型及参数选取

由于室内试验所用下蜀土试样均选取自笆斗山②层下蜀组粉质黏土，因此本次模拟选用的剖面顶层土体应为②层下蜀土；且边坡由于酸雨入渗深度有限，当土层深度大于 8 m 时，黏土的性质几乎不受酸雨的影响，本次边坡土体性质也为黏土，因此边坡顶层厚度应不小于 8 m。结合以上两个条件，经对比分析，选取剖面 9-9′进行模拟研究，剖面 9-9′，地质剖面图见图 5-54。

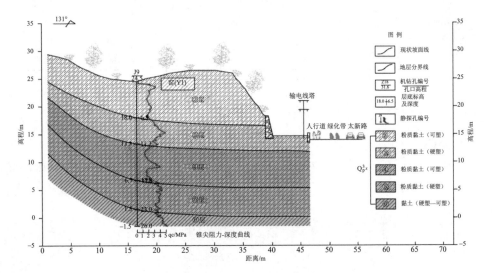

图 5-54　笆斗山 9-9′地质剖面图

qc 指锥尖阻力

为了研究不同水化学环境对边坡稳定性的影响，结合研究内容，建立以下三类边坡模型：a 原状下蜀土边坡；b 酸化下蜀土边坡；c 碱化下蜀土边坡，其中 b、c 模型根据本次室内试验设置的溶液浓度各分为四组，考虑到酸雨的影响深度，边坡剖面中③、④、⑤、⑥层下蜀土的参数不发生变化，②层下蜀土经硫酸与氢氧化钠溶液腐蚀后的物理力学性质已经由试验得出，具体物理力学参数见表 5-19。

表 5-19　下蜀土试样物理力学参数表

岩土层		重度/(kN/m³)	c/kPa	φ/(°)
②	原状土	19.9	14.90	22.13
	1%酸化	17.9	7.60	21.94
	3%酸化	18.5	9.52	20.13
	6%酸化	18.6	10.01	11.57

续表

岩土层		重度/(kN/m³)	c/kPa	φ/(°)
②	9%酸化	19	10.17	11.30
	3%碱化	19.8	15.96	24.36
	6%碱化	20.4	23.74	23.66
	9%碱化	20.6	44.04	24.37
	12%碱化	20.9	54.90	24.87
③		20.7	27.50	20.10
④		20.4	15	14.50
⑤		20.4	24.50	19.80
⑥		20.5	16.80	15.10

5.5.3.2　边坡稳定性分析

针对不同水化学环境影响的下蜀土边坡，结合 Slide 软件的自动搜索功能展开计算。经计算，剖面在天然环境、酸化环境、碱化环境下得到的最危险滑动面如图 5-55 所示。

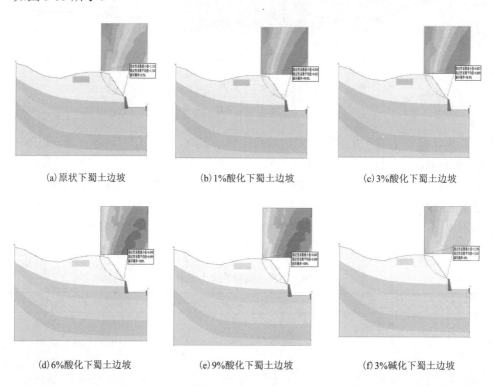

(a) 原状下蜀土边坡　　　　(b) 1%酸化下蜀土边坡　　　　(c) 3%酸化下蜀土边坡

(d) 6%酸化下蜀土边坡　　　　(e) 9%酸化下蜀土边坡　　　　(f) 3%碱化下蜀土边坡

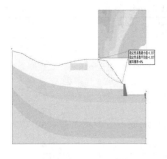
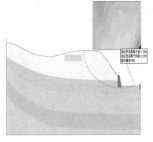
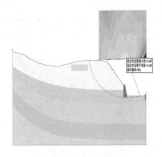

(g) 6%碱化下蜀土边坡　　　　　(h) 9%碱化下蜀土边坡　　　　　(i) 12%碱化下蜀土边坡

图 5-55　最危险滑动面示意图

由图 5-55 可以看出，酸化边坡的最危险滑动面范围比原状土边坡有了部分延展，接近挡土墙的上缘，始终没有超过挡土墙。这是因为下蜀土经过酸性环境的腐蚀，孔隙比升高，土体集团化程度降低，黏聚力降低，土颗粒间联结变差，导致土坡内的更多节理裂隙相互连通，边坡滑动面范围增大。碱化下蜀土边坡的最危险滑动面较原状土边坡有了更广泛的延展，囊括了挡土墙。这是因为碱化下蜀土的孔隙比降低，力学性质增强，边坡的稳定性也逐渐增强，当边坡的稳定性达到或超过挡土墙的稳定性时，最危险滑动面的范围就会将挡土墙囊括在内。

表 5-20 为边坡稳定性系数及破坏概率表。由表中可以看出，当下蜀土边坡未经酸碱腐蚀时，最小稳定性系数为 1.133，破坏概率为 0.5%，处于基本稳定的状态。而当边坡经过酸性环境的影响，边坡的稳定性系数均小于 1，当硫酸浓度为 1%和 3%时，最小稳定性系数分别为 0.850 和 0.887，破坏概率最小为 98.8%。虽然随着硫酸浓度的增加，黏聚力有所回升，但内摩擦角却降低了 50%以上，由于土质边坡稳定性计算参数时，内摩擦角的敏感性大于黏聚力，因此硫酸浓度为 6%、9%时，稳定性系数分别降至 0.698、0.689，破坏概率高达 100%。而造成酸化边坡失稳的原因是酸性溶液溶解了土体内大量的氧化物、可溶盐等，造成了下蜀土孔隙比增大，黏聚力减小，内摩擦角增大，致使边坡失稳。当边坡经过碱性溶液的处理，边坡的稳定性系数均大于 1，随着溶液浓度的增加，稳定性系数自 1.239 升高至 1.645，破坏概率为 0，说明碱化边坡不会产生滑动，这是由于下蜀土在碱液的作用下发生了复合型化学反应，新生成的化合物填充了土体孔隙，增强了土粒间的联结力，使得土体强度升高，边坡稳定性提高。

表 5-20　边坡稳定性系数及破坏概率表

工况	计算方法	稳定性系数最小值	稳定性系数平均值	破坏概率/%
原状下蜀土	Bishop 法	1.133	1.134	0.5
	Janbu 法	1.096	1.097	0.2
	Spencer 法	1.129	1.132	0.6
1%酸化	Bishop 法	0.850	0.852	99.8
	Janbu 法	0.828	0.831	100
	Spencer 法	0.848	0.851	99.9
3%酸化	Bishop 法	0.887	0.889	98.8
	Janbu 法	0.875	0.877	99.4
	Spencer 法	0.89	0.888	98.8
6%酸化	Bishop 法	0.698	0.699	100
	Janbu 法	0.697	0.698	100
	Spencer 法	0.698	0.702	100
9%酸化	Bishop 法	0.689	0.690	100
	Janbu 法	0.688	0.689	100
	Spencer 法	0.688	0.689	100
3%碱化	Bishop 法	1.239	1.241	0
	Janbu 法	1.167	1.169	0
	Spencer 法	1.238	1.238	0
6%碱化	Bishop 法	1.337	1.337	0
	Janbu 法	1.284	1.285	0
	Spencer 法	1.364	1.370	0
9%碱化	Bishop 法	1.558	1.559	0
	Janbu 法	1.620	1.621	0
	Spencer 法	1.657	1.656	0
12%碱化	Bishop 法	1.645	1.645	0
	Janbu 法	1.755	1.755	0
	Spencer 法	1.770	1.772	0

5.6　宁镇地区下蜀土滑坡地质灾害防控技术

(1)通过室内物理性质试验和力学试验测得土体的密度、含水率、比重、孔隙比、界限含水率、压缩系数、压缩模量、回弹指数、黏聚力及内摩擦角等物理力学参数。试验结果表明,这些参数均随酸碱浓度的增减呈现出明显的规律性变化,而且酸碱溶液对下蜀土参数的影响绝大部分是朝不同方向发展的。这主要是因为在硫酸和氢氧化钠溶液中，土体固相发生的腐蚀化学反应分别为分解型腐蚀以及复合型腐蚀，通过不同反应生成物的影响，致使土体的工程性质发生不同变化。

(2)通过 XRD 试验检测了土体的矿物成分及含量，发现土体矿物在酸碱溶液中基本保持稳定，基本不随水化学环境变化而变化；而土体中的氧化物和溶液中水溶盐含量变化较明显，说明酸碱溶液对土体固相的影响主要集中在此，它们在不同水化学环境中会有不同表现，大部分氧化物在氢氧化钠溶液中会生成难溶、微溶物质，而在硫酸中则会被分解溶于腐蚀液，基于此，通过对土体胶结物以及土颗粒双电层等方面的影响来改变土体性质。

(3)选取原状土样、3%酸化下蜀土试样、6%酸化下蜀土试样、3%碱化下蜀土试样及 6%碱化下蜀土试样进行了微结构观测。微结构的改变直接控制着土体的宏观性质，通过对比分析 SEM 图像，发现经硫酸和氢氧化钠处理的土样比原状土样在土体表面粗糙度、颗粒及孔隙分布面积、土颗粒间的接触关系、胶结状态，土体矿物间的接触关系、胶结状态和土体矿物的表面形态等方面均有了明显的变化，而且基于酸碱不同的腐蚀机理，两类下蜀土试样的微结构改变朝着相反的方向进行，这也可以直观地看出土体性质改变的微观表现。

(4)通过 ArcGIS、MATLAB 等图像处理系统提取 SEM 图像中的定量参数，包括土颗粒面积、孔隙面积、颗粒周长、分形维数、定向度及圆度。土体的微观定量参数与土体的孔隙比、压缩系数、黏聚力等物理力学性质都有很高的相关性。分析结果表明，上述土体微观参数(土颗粒面积、分形维数等)的变化趋势，与宏观工程性质(孔隙比、黏聚力等)的变化趋势保持一致，这阐明了下蜀土试样在酸碱环境中宏观性质改变的微观机理。

(5)以笆斗山边坡为例,运用极限平衡法分析了在不同酸碱度影响下边坡的稳定性。不同水化学环境对边坡的稳定性有很大的影响，原状下蜀土边坡处于基本稳定状态；而经过酸性环境侵蚀的下蜀土边坡稳定性系数迅速降低，边坡处于失稳的状态；经碱性环境侵蚀边坡的稳定性系数则会升高，边坡处于稳定状态。酸化下蜀土边坡更易发生滑坡的机理同酸化软弱夹层边坡相似，即孔隙增多使土体更迅速地达到饱和状态，粒间连接的削弱和土粒的磨圆提高了滑坡发生的概率。

(6)下蜀土滑坡根据规范可归为表层土质滑坡,根据力学性质和滑动带深度又可细化为表层后退式滑坡和浅层前进式滑坡。其中前者具有坡度陡、滑带浅、体积小、分层滑动的特征；后者具有坡度较缓、滑带较深、体积较大等特征，滑坡的发生与坡脚开挖、坡顶荷载、降雨密切相关。表层后退式滑坡和浅层前进式滑坡破坏机理具有相似之处，又有所区别。表层后退式滑坡以牵引式为主，分层滑动，逐渐向坡体内后退；浅层前进式滑坡以推移式为主，坡体后侧土体推动前段土体，一般发生整体滑动，体积较大。

(7)含水率对下蜀土抗剪强度的影响较大,随着含水率的增加,土体的抗剪强度均呈现出降低的趋势。同为饱和条件下的下蜀土试样,碱化下蜀土强度>未经污染下蜀土强度>酸化下蜀土强度。在快剪试验中,土的强度主要受黏聚力控制;在慢剪试验中,土的强度主要受内摩擦角控制。含水率对于土体不同剪切方式的抗剪强度影响规律不同,对于快剪试验抗剪强度的影响较大,而对慢剪试验抗剪强度的影响较小。

(8)下蜀土滑坡为典型的降雨型滑坡,降雨为其滑动的主要诱发因素,南京地区下蜀土滑坡多发生在汛期。降雨入渗后,通过溶蚀破坏土体结构,软化土体,增加土体重度,因此,下蜀土滑坡治理工程中截排水系统需要特别重视。

第6章 连云港变质岩地区绿片岩夹层力学特性及对工程时效变形机理影响研究

6.1 试 验 方 案

6.1.1 试验设计

为研究绿片岩的物理力学性质，需进行试验方案的整体设计。针对绿片岩的特点，设计以下试验项目，试验类别及试验目的见表 6-1。

表 6-1　绿片岩微观结构及力学性质试验设计

试验类别	试验内容	试验目的
原状样的微观结构试验	X 衍射矿物分析试验	获取绿片岩的矿物成分组成
	扫描电镜	获取绿片岩的微观结构特征及矿物颗粒排列情况
重塑样直剪试验	不同含水率	探讨含水率对绿片岩抗剪强度的影响
	干湿循环	探讨干湿循环次数对绿片岩抗剪强度的影响
重塑样的微观结构试验	扫描电镜	研究抗剪强度变化的微观机理
PFC^{2D} 模拟试验	模拟室内直剪试验	探究直剪试验过程中的微观变化机理

西山滑坡治理区岩性主要为云台组浅粒岩、变粒岩。宕口底部分布有破碎状绿片岩。采样时，天阴小雨，岩体遇水软化，岩体破碎，完整性较差，如图 6-1 所示。

由于岩体破碎化程度高，强度较差，现场无法取出较为完整的岩体，故用铁锹与地质锤将绿片岩从表面敲下，放入塑料袋中，如图 6-2 所示。

图 6-1　宕口底部绿片岩

图 6-2　破碎状绿片岩试样

6.1.2 试样制备

6.1.2.1 不同含水率试样的制备

（1）测量原状样的自然含水率，将现场试样用保鲜膜包裹，带回试验室，将试样称重后放入烘箱，烘烤 24 h 后取出称重，得出其含水率为 13%。

（2）将从连云港西山现场所取破碎状岩样放入托盘中置于烘箱，烘箱温度 110°，烘烤 24 h 后取出。

（3）烘干后过筛去除杂物和大颗粒土。

（4）本试验土样制备方法利用干法制备，即将风干的土样通过加水来制备不同含水率的试样，所需水量采用以下公式：

$$m_{\mathrm{w}} = \frac{m}{1+w} \tag{6-1}$$

式中，m_{w} 为所需加水的质量；m 为风干质量的土样；w 为制备所需含水率。首先将烘干后的粉末加水制备含水率为 15% 的土样，然后将所需质量的水加入后搅拌均匀，用保鲜膜进行封装静置 24 h 以使土体吸水均匀。

（5）将静置后的土体加入压样机中（图 6-3），其工作原理是将托盘放在千斤顶上，环刀置于托盘上，将一定质量的疏松土体放入环刀中，上置直径与环刀内径相同的铁块。手动加压使千斤顶上移至铁块完全压入环刀内，压出高度 20 cm 的圆饼状土样，如图 6-4 所示。

（6）将压好的土样置于烘箱中烘烤 24 h。

（7）取出干燥土样，称重后按式（6-1）用喷壶均匀地喷洒所需水量，分阶段喷洒，待其表面水完全吸收后再进行下一阶段的喷洒。制备含水率 0%、10%、15%、20%、25% 的土样各 4 个，如图 6-5 所示。用保鲜膜封装后静置 24 h，不同含水率的土样制备完成。

图 6-3　压样机　　　　　图 6-4　烘干前试样　　　　图 6-5　不同含水率试样

6.1.2.2　干湿循环试样的制备

（1）将用压样机压出的试样烘干后按照 15%的含水率喷洒均匀，用保鲜膜静置 24 h。

（2）将静置后的试样放入烘箱烘烤 24 h。

（3）循环步骤(1)、(2)，制取干湿循环次数分别为 1、3、5、7、9 的试样。

（4）试样制备完成及时进行直剪试验。

6.1.3　试验步骤

本次试验采取 ZJ 型应变控制式直剪仪(图 6-6)，试样为绿片岩重塑样，试样在施加垂直压力后进行快剪试验，剪切过程中不允许有排水现象产生。

图 6-6　ZJ 型应变控制式直剪仪

试验步骤如下。

（1）制取高度为 20 mm、直径为 61.8 mm 的标准直剪试样。

（2）安装试样：将上下剪切盒表面涂上一层凡士林，然后将剪切盒用销钉固定住，下盒依次放入透水石和滤纸，将试样从环刀中推入剪切盒中，再依次放入滤纸和透水石。

（3）施加垂直压力：调整平衡杠杆和加压架，安装水平测力计，并推动测力仪与剪切盒接触，调整测力计中的量表读数至零。试验过程中作用于土样的垂直应力分别为 100 kPa、200 kPa、300 kPa、400 kPa。垂直荷载施加后可准备进行直剪试验。

（4）剪切过程：施加垂直荷载后，拔出固定所用销钉。打开直剪仪，设置剪切速率为 0.8 mm/min，每隔 0.4 mm 剪切位移记录一次量表读数。

（5）剪切终止：钢环测力计指针读数不增大并开始减小，说明试样已剪坏，可终止剪切。如一直增大则剪切至 6 mm 时停止剪切。

（6）重复以上步骤，使相同试样在 4 种垂直荷载下完成剪切。所有试样用相同步骤试验，直至试样完成剪切。

6.2　试　验　结　果

6.2.1　绿片岩矿物成分分析

矿物成分分析采用多功能 X 射线衍射仪（XRD）进行矿物成分及能谱分析。测试试样编号 LPY-1，LPY-2，LPY-3，LPY-4。试样表面略微反光，片理微张，层间结合较差，层间错开面光滑，手搓具有滑腻感。4 组试样 X 射线衍射的矿物分析结果见表 6-2，能谱特征见图 6-7。

表 6-2　X 射线衍射的矿物分析结果　　　　　　（单位：%）

试样编号	矿物成分及其含量						
	角闪石	锂云母	阳起石	蒙脱石（含蒙脱石与绿泥石互层）	海泡石	水白云母	累托石
LPY-1	33	17	—	13	20	17	—
LPY-2	30	15	—	20	20	8	7
LPY-3	35	18	17	15	—	10	5
LPY-4	27	18	10	25	10	10	—

X 射线衍射矿物成分分析显示（图 6-8），绿片岩的主要矿物为角闪石、锂云母、阳起石、蒙脱石与绿泥石互层、海泡石及伊利石。角闪石为暗色矿物，是片岩呈暗绿色的主要原因，其在火成岩及变质岩中普遍存在，多由富含铁镁矿物的岩石变质而成，多具有片理构造。蒙脱石、绿泥石以及海泡石具有极强的吸水性，并且吸水后易膨胀及软化，这与绿片岩逢阴雨天力学性质急剧下降有直接关系。锂云母及伊利石呈鳞片状，具有玻璃光泽，力学性质较差。通过对其矿物成分的了解可使室内力学试验更具针对性。

6.2.2　绿片岩微观结构分析

本次采用 LEO1530VP 型扫描电子显微镜对绿片岩进行观察与分析。

6.2.2.1　原状样微观结构分析

对绿片岩薄片进行 SEM 试验后取其具代表性图片进行分析，试验结果如图 6-9 所示。

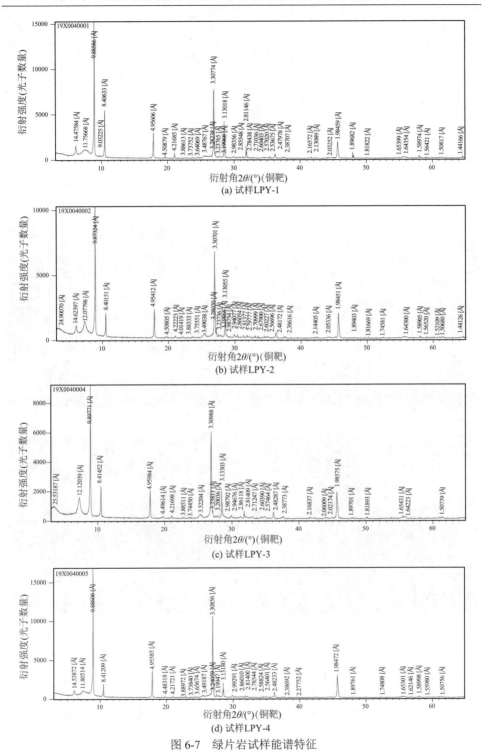

图 6-7　绿片岩试样能谱特征

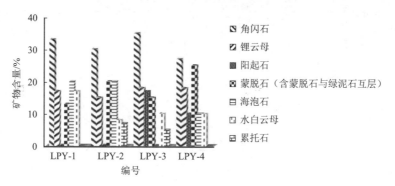

图 6-8　绿片岩矿物成分及其含量

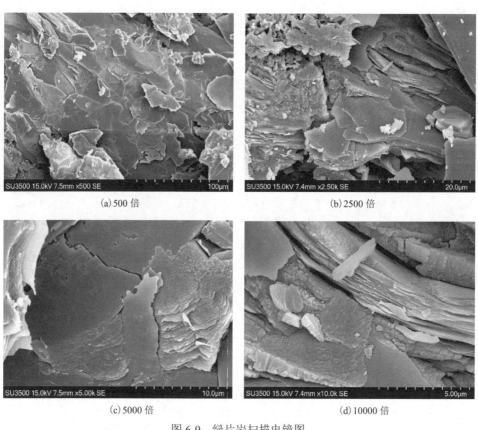

图 6-9　绿片岩扫描电镜图

通过电镜扫描结果可观察到，绿片岩表面光滑，主要呈片理状构造，导致其结晶程度较差。部分充填蒙脱石与绿泥石互层以及海泡石等矿物，结构疏松，孔隙明显。层理发育，层理间微张，孔隙大，连续性较差，破坏面呈不规则的阶梯状。表面呈现部分初始裂缝，多为剪切、拉断形式。

经分析，绿片岩云母含量较高岩体多呈鳞片状，片理面发育，定向构造特征明显，故可揭示其各向异性。根据其断口的断裂形式，可获得其岩体的宏观力学性质降低的微观解释，因节理面光滑，孔隙较大，易产生追踪片理面的剪切破坏。从电镜扫描可以观察到绿片岩所含蒙脱石、绿泥石、海泡石，其结构疏松，极易吸水，且吸水膨胀软化，因此，力学性质极不稳定，且易受外界影响而发生改变，其中含水率与干湿循环次数极其明显。

6.2.2.2　重塑样微观结构分析

本次电镜扫描采用的放大倍数为 200 倍。鉴于土样微观结构有明显的各向异性，选择两种选区，即片状矿物基本水平排列和片状矿物与水平面呈大角度相交的两种选区。

图 6-10 为 4 种含水率、放大 200 倍(片状矿物基本水平排列)经过处理后的 SEM 图像，通过图像可以看出，其矿物呈片状，随着含水率的增高，土体结构从紧密逐渐变得疏松，矿物颗粒接触从镶嵌排列到分散排列。采用 ArcGIS 计算 4 种含水率的试样孔隙比，结果如表 6-3 所示。可以看出，含水率的增加，使得试样的孔隙比增加。

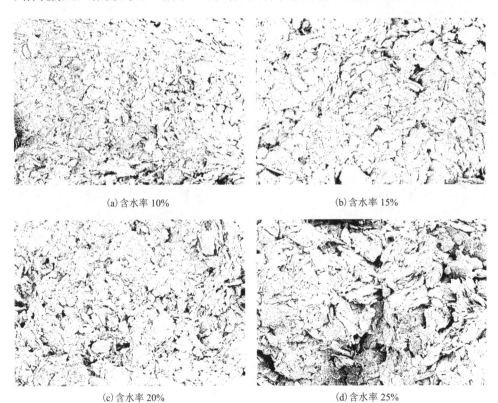

(a) 含水率 10%　　(b) 含水率 15%

(c) 含水率 20%　　(d) 含水率 25%

图 6-10　不同含水率片状矿物基本水平排列二值化 SEM 图像

表 6-3　不同含水率片状矿物基本水平排列的孔隙比

参数	含水率			
	10%	15%	20%	25%
颗粒面积	15.92	15.64	15.24	14.65
孔隙面积	1.57	1.82	2.08	2.79
孔隙比	0.08	0.10	0.12	0.16

图 6-11 为 4 种含水率、放大 200 倍的片状矿物与水平面呈大角度相交时经过处理后的 SEM 图像，通过图像可以看出，其黑色部分(表示孔隙)对比呈平行状的矿物所占比例明显提高，排列紊乱。其孔隙比定量计算数据如表 6-4 所示。

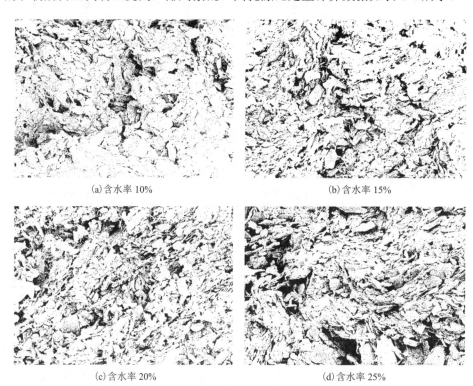

(a)含水率 10%　　　　　　　　　　　　(b)含水率 15%

(c)含水率 20%　　　　　　　　　　　　(d)含水率 25%

图 6-11　不同含水率片状矿物与水平面呈大角度相交排列的二值化 SEM 图像

表 6-4　不同含水率片状矿物与水平面呈大角度相交排列的孔隙比

参数	含水率			
	10%	15%	20%	25%
颗粒面积	2.48	3.22	3.59	4.62
孔隙面积	14.97	14.23	13.88	12.84
孔隙比	0.14	0.18	0.20	0.26

由表 6-4 可知，试样的孔隙比随着含水率的增高而增高，且片状矿物与水平面呈大角度相交的情况孔隙比明显大于片状矿物与水平面基本平行的情况。可以分析得出，随着含水率的增加，试样吸水膨胀，片状矿物与片状矿物之间孔隙越来越大，矿物胶结程度变小，黏聚力下降，导致其抗剪强度下降。

图 6-12 为 5 种干湿循环次数、放大 200 倍(片状矿物基本水平排列)经过处理的 SEM 图像。由图可观察到颗粒的粒径减小和团粒间孔隙的增大。矿物的排列随着干湿循环次数的增加变得更加无序。其孔隙比定量计算数据如表 6-5 所示。

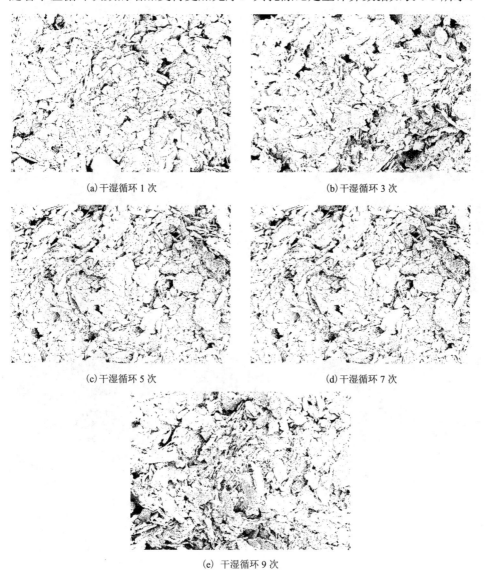

(a)干湿循环 1 次

(b)干湿循环 3 次

(c)干湿循环 5 次

(d)干湿循环 7 次

(e)　干湿循环 9 次

图 6-12　不同干湿循环次数片状矿物基本水平排列二值化 SEM 图像

表 6-5　　不同干湿循环次数片状矿物基本水平排列的孔隙比

参数	干湿循环次数				
	1 次	3 次	5 次	7 次	9 次
颗粒面积	15.64	15.03	14.50	13.80	13.45
孔隙面积	1.82	2.44	2.97	3.67	4.02
孔隙比	0.10	0.14	0.17	0.21	0.23

　　图 6-13 为 5 种干湿循环次数、放大 200 倍的片状矿物与水平面呈大角度相交时经过处理后的 SEM 图像,由图可以看出,矿物经过重塑后,矿物颗粒无明显定向排列,矿物颗粒间胶结程度随着干湿循环次数的增加而变差,其孔隙比定量计算数据如表 6-6 所示。

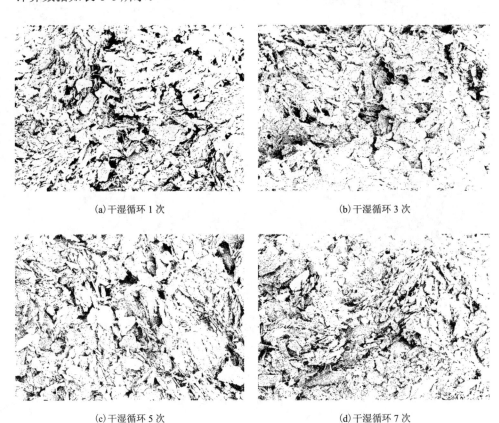

(a)干湿循环 1 次　　　　　　　　　　　　　　(b)干湿循环 3 次

(c)干湿循环 5 次　　　　　　　　　　　　　　(d)干湿循环 7 次

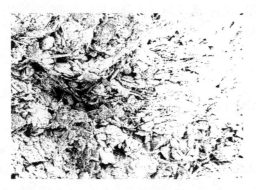

(e) 干湿循环 9 次

图 6-13　不同干湿循环次数片状矿物与水平面呈大角度相交排列的二值化 SEM 图像

表 6-6　不同干湿循环次数片状矿物与水平面呈大角度相交的孔隙比

参数	干湿循环次数				
	1 次	3 次	5 次	7 次	9 次
颗粒面积	3.22	13.63	13.28	13.1	12.75
孔隙面积	14.23	3.84	4.19	4.37	4.72
孔隙比	0.18	0.22	0.24	0.25	0.27

　　图 6-14 为孔隙比与含水率的关系曲线，从图中可以看出，片状矿物与水平面呈大角度相交的试样孔隙比明显大于片状矿物基本水平排列的试样，说明试样具有明显的各向异性。试样孔隙比随着含水率的增加而明显增加。含水率增加，黏土矿物吸水膨胀导致试样结构变化，且孔隙被水充填，试样结构愈加松散，胶结程度降低，导致黏聚力和内摩擦角降低。图 6-15 为孔隙比与干湿循环次数的关系

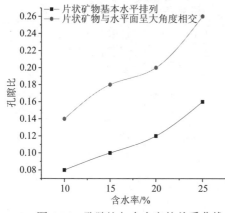

图 6-14　孔隙比与含水率的关系曲线

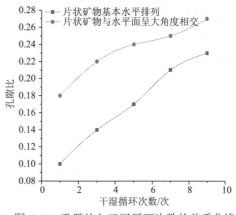

图 6-15　孔隙比与干湿循环次数的关系曲线

曲线，由图可知，试样的孔隙比随着干湿循环次数的增加而增加，试样中的黏土矿物经历了频繁的吸水、失水交替，可引起矿物的多次膨胀，导致了颗粒间胶结物质破坏、颗粒破碎等微观结构变化，因此，干湿循环造成的颗粒间胶结弱化和土粒结构改变是黏聚力减小的主要原因。

6.2.3　绿片岩力学性质研究

6.2.3.1　不同含水率绿片岩剪切试验

将 5 组不同含水率的试样分别在 100 kPa、200 kPa、300 kPa、400 kPa 的法向压力下进行直剪试验。将试验所得数据进行整理，结果如图 6-16 所示。

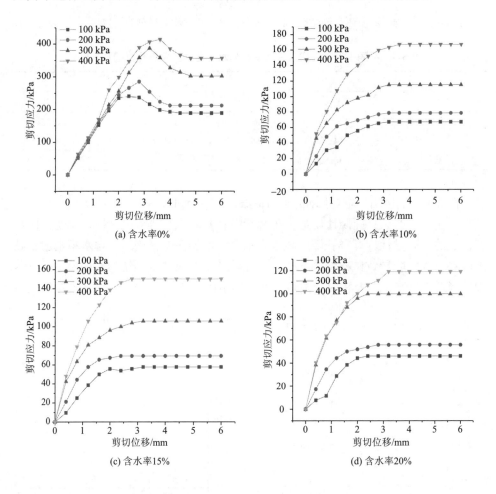

(a) 含水率0%

(b) 含水率10%

(c) 含水率15%

(d) 含水率20%

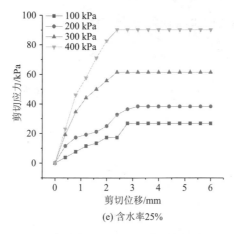

(e) 含水率25%

图 6-16　不同含水率试样剪切应力-剪切位移关系曲线

由图 6-16 可以看出，干燥试样在剪切至 3 mm 左右时剪切应力达到峰值，达到峰值之后剪切应力降低至残余强度，而含水试样在剪切应力达到峰值后数值持续不变直至直剪试验结束。这与其破裂形式有关，干燥试样在剪切应力达到峰值后，试样沿预制剪切面发生断裂，断裂后试样继续沿着断裂面剪切，剪切强度为残余强度。而含水试样在整个剪切过程中未发生断裂，试样在预制剪切面上发生的位移是颗粒的旋转迁移以及孔隙率变化所形成的。干燥试样以及含水试样的剪切破坏形式如图 6-17 和图 6-18 所示。

图 6-17　干燥试样剪切破坏图　　　　图 6-18　含水试样剪切破坏图

观察几组曲线，在试样剪切弹性阶段，剪切应力-剪切位移曲线随着法向应力的增大而变陡，这说明在弹性阶段，试样的弹性模量与法向应力呈正相关。且随着法向应力的增加，试样的抗剪强度增大。

为了更直观地显示出含水率对抗剪强度的影响，不同含水率的试样在 4 种法向应力下的抗剪强度关系曲线见图 6-19。由图 6-19 可知，随着法向应力的增大，试样逐渐压密，抗剪强度随之增大。干燥试样的抗剪能力在吸水后有明显的陡降现象，且随着含水率的增加抗剪强度缓慢降低。

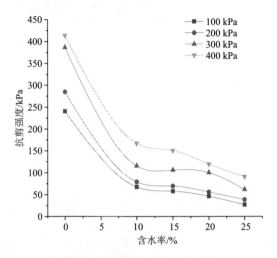

图 6-19　抗剪强度-含水率关系曲线

黏聚力与内摩擦角是衡量土体抗剪强度的重要指标。根据不同法向应力下的抗剪强度关系曲线，以抗剪强度与法向应力为坐标轴，绘制出 5 组含水率抗剪强度-法向应力关系曲线，如图 6-20 所示，根据曲线斜率和在纵坐标轴上的截距可拟合出不同含水率试样黏聚力和内摩擦角值，如表 6-7 所示。

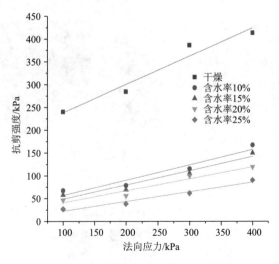

图 6-20　抗剪强度-法向应力关系曲线

表 6-7　不同含水率的试样的黏聚力与内摩擦角值

参数	含水率				
	0%	10%	15%	20%	25%
c/kPa	175.95	23.08	17.31	14.55	0.96
φ/(°)	31.80	18.60	17.40	14.70	12.05

　　由图 6-21 和图 6-22 可知，干燥试样的 c 和 φ 值较高，但试样吸水后，其抗剪强度指标(c 和 φ 值)大幅降低，且随着含水率的增加，黏聚力和内摩擦角也随之减小。说明水对试样抗剪强度的影响极大，以此可以解释，边坡在暴雨工况中，该夹层出现遇水软化而导致整体边坡失稳的情况。

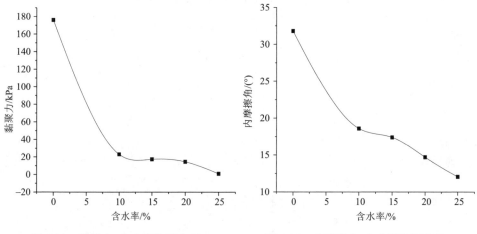

图 6-21　黏聚力-含水率关系曲线　　　　图 6-22　内摩擦角-含水率关系曲线

　　黏聚力即土颗粒间的黏结力，是土体产生抗拉强度和法向应力为零时抗剪强度的原因，可分为原始黏聚力和固化黏聚力。原始黏聚力受颗粒成分、密度和吸着水综合控制，固化黏聚力则受控于岩体成岩过程中的胶结作用。由黏聚力-含水率关系曲线可以看出，干燥试样吸水后黏聚力明显降低，由矿物分析可知，试样中含有蒙脱石-绿泥石互层以及海泡石等黏土矿物，其在岩土体胶结物中影响重大，而且由于其具有遇水膨胀软化的特点，当试样吸水，矿物之间的胶结物开始软化溶蚀，颗粒胶结作用丧失，固化黏聚力明显降低。整体表现为试样从干燥到吸水，其黏聚力大幅降低，且随着含水率的增加，黏聚力逐步降低。

　　内摩擦角反映了土体颗粒的摩擦特征，即土体颗粒间表面摩擦力以及颗粒间嵌入和胶结作用产生的咬合摩擦。由内摩擦角-含水率关系曲线可知，在试样为干燥状态时，颗粒间的摩擦力及胶结作用产生的摩擦力很大，因此内摩擦角很大。

但随着试样的吸水，土颗粒间的摩擦力迅速降低，土体的孔隙被水浸湿与侵占，且由于水不能及时排出，产生孔隙水压力，致使有效应力减小。与此同时，试样中的绿泥石等黏土矿物被软化溶蚀，嵌入和胶结作用产生的咬合摩擦力随之逐渐丧失，从而导致试样在吸水后摩擦角陡降，且随着含水率的增加，内摩擦角逐步降低。

6.2.3.2　不同干湿循环次数绿片岩剪切试验

不同干湿循环次数试样的剪切应力-剪切位移关系曲线见图 6-23，不同循环次数的试样在进行剪切试验时，力学响应变化特征基本相同，即试样抗剪强度在剪切位移 3 mm 左右达到峰值。在初始阶段，表现为弹性变形，曲线随着法向应力的增大而变陡，这说明在弹性阶段试样的弹性模量与法向应力呈正相关。

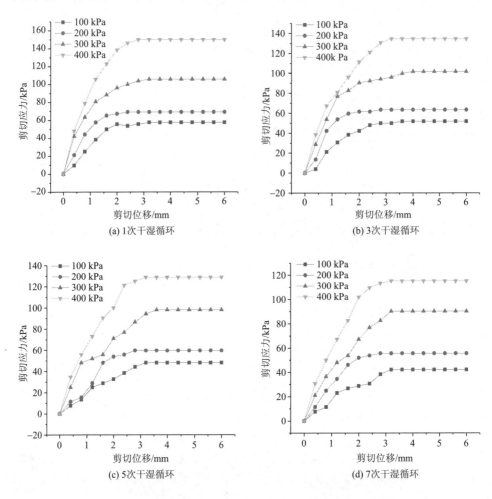

(a) 1次干湿循环　　　　　　　　　　　　　(b) 3次干湿循环

(c) 5次干湿循环　　　　　　　　　　　　　(d) 7次干湿循环

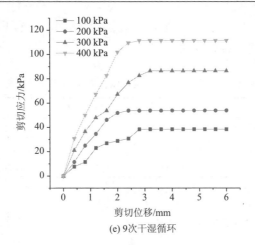

(e) 9次干湿循环

图 6-23　不同干湿循环试样的剪切应力-剪切位移关系曲线

　　不同干湿循环次数与抗剪强度关系曲线如图 6-24 所示，相同循环次数中，由于法向应力对试样的压密作用，抗剪强度随着法向应力的增大而增大。在四种法向应力下抗剪强度随着干湿循环次数的增加而减小，说明干湿循环次数对试样的黏聚力与内摩擦角具有较大的影响。为得出干湿循环次数与黏聚力、内摩擦角的关系，绘制了 5 种干湿循环情况的抗剪强度包络线，如图 6-25 所示。

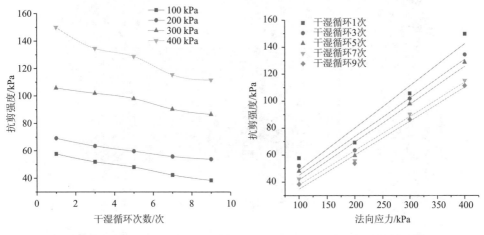

图 6-24　抗剪强度-干湿循环次数关系曲线　　图 6-25　干湿循环试样的抗剪强度-法向应力关系曲线

　　根据曲线斜率和截距得出黏聚力和内摩擦角值，如表 6-8 所示。由表 6-8 可知，随着干湿循环次数的增加，黏聚力逐渐降低，但在经历过 7 次干湿循环后变化放缓。干湿循环前试样颗粒间结构紧密，镶嵌接触，随着干湿循环次数的增加，颗粒间胶结物破坏，颗粒发生碎裂化，颗粒数目增加，但当干湿循环达到一定次数后，其黏聚力与内摩擦角变化放缓。

表 6-8　不同干湿循环次数试样黏聚力与内摩擦角

参数	干湿循环次数				
	1 次	3 次	5 次	7 次	9 次
c/kPa	17.31	16.34	13.46	12..50	12.00
φ/(°)	17.40	15.99	15.68	14.24	14.14

6.2.4　基于 PFC^{2D} 的微观机理研究

6.2.4.1　数值模型的构建

根据室内直接剪切试验，建立直接剪切试验数值模型（图 6-26），并对室内剪切试验曲线进行匹配拟合，以获取微观参数、裂隙扩展机理和试样剪切破坏过程中的力学特征。生成的数值试样颗粒总数为 16789，最小颗粒半径为 0.001 m，最大半径与最小半径的比值为 1.66，为了研究含水率对颗粒剪切特性的影响，法向应力取 100 kPa、200 kPa、300 kPa、400 kPa 分别对不同含水率下的试样进行数值模拟剪切试验。

图 6-26　离散元试验模型图

为了确定合适的颗粒接触刚度以及上下压力板的加载速率，根据室内直剪试验的抗剪强度和位移曲线，标定出不同含水率下的微观参数。通过试探性试验确定最佳的颗粒接触刚度和剪切速率，确定剪切速率为 0.1 mm/s，其中通过参数匹配得到不同含水率下的细观参数，选取用于模拟土样的线性接触黏结模型，以研究试样在不同含水率下的剪切特性，细观参数见表 6-9。

表 6-9　颗粒细观参数

参数	含水率				
	0%	10%	15%	20%	25%
线性弹性模量 E/Pa	1.8×10^8	5.0×10^7	4.0×10^7	4.0×10^7	1.0×10^7
线性刚度比 k	1.5	1.5	1.5	1.5	1.5
法向黏结强度	5.4×10^5	5.0×10^4	3.0×10^4	1.5×10^4	3.0×10^3
切向黏结强度	6.0×10^4	3.0×10^5	2.8×10^5	2.0×10^5	6.0×10^5
摩擦系数	0.6	0.4	0.3	0.2	0.1
比重	2.0	2.0	2.0	2.0	2.0
孔隙率 n	0.13	0.13	0.13	0.13	0.13

6.2.4.2　数值试验模拟

将五组不同含水率的试样在不同法向应力下进行直接剪切试验，以研究含水率和法向应力对试样剪切特性的影响，在剪切过程中对试样破坏的裂隙和孔隙率进行实时监测，以研究绿片岩夹层的力学性质和微观变形机理。

图 6-27 为不同法向应力下含水率为 0% 的试样剪切应力-剪切位移关系曲线。由数值分析结果可知，随着法向应力的增加，剪切应力呈线性增加，在低法向应力状态下，分支裂隙的发育相对弱，裂隙发育主要集中在主干剪裂隙周围，随

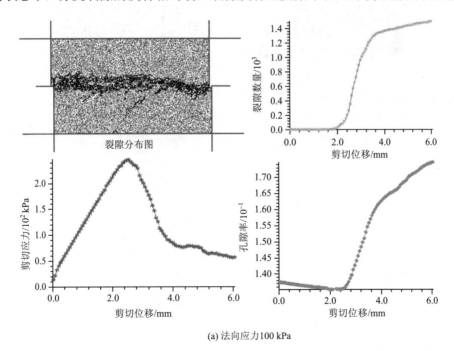

(a) 法向应力100 kPa

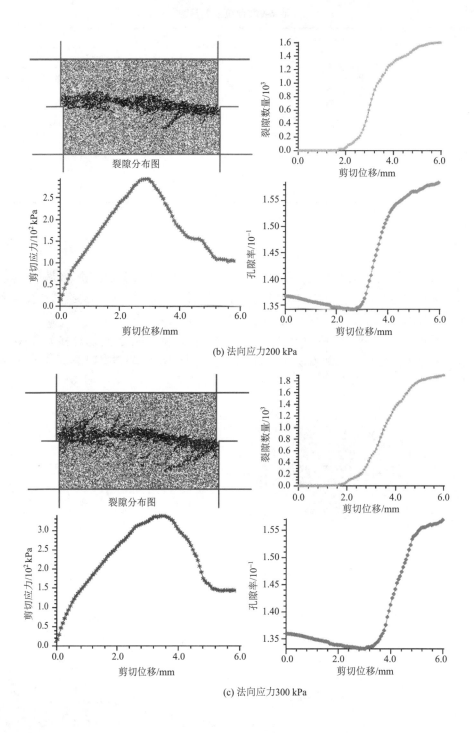

(b) 法向应力200 kPa

(c) 法向应力300 kPa

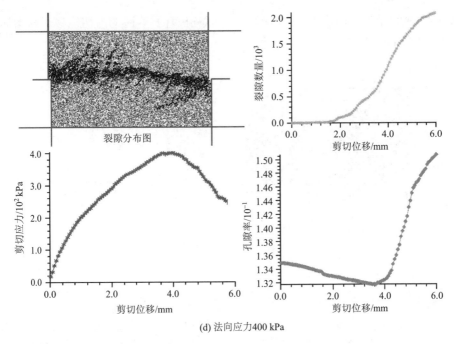

裂隙分布图

(d) 法向应力400 kPa

图 6-27　不同法向应力下含水率为 0%的试样剪切应力-剪切位移关系曲线

着法向应力的增高，裂隙的数量呈线性增加，且分支裂隙发育，除了主干裂隙之外，分支裂隙的数量与规模都逐渐增加，在高法向应力的状态下，压应力作用下，主应力方向角度改变，在试样的主干裂隙周围形成多组旁支裂隙；由图 6-27 可知，试样在剪切至 2 mm 时，裂隙数量开始增加，且随着法向应力的增加，裂隙数量呈线性增加。试样开始发生破坏时，剪切应力分别为 235 kPa、286 kPa、367 kPa和 410 kPa；试样发生剪切位移后，细微裂隙开始贯通，试样继续受到剪切作用，孔隙率变小，试样破坏扩容时的剪切位移逐渐增加，分别为 2.5 mm、3 mm、3.4 mm和 4 mm。

图 6-28 为不同法向应力下含水率为 10%的试样剪切应力-剪切位移关系曲线，由数值分析结果可知，在试样含水率为 10%的状态下，随着法向应力的增加，剪切应力呈线性增加，与含水率为 0%的试样相比，除了剪切面周围的裂隙发育外，试样内部的破坏也增多，即裂隙刚开始发育时主要集中在应力集中部位，但最终沿着剪切面贯通，裂隙发育主要集中在主干剪裂隙周围，随着法向应力的增高，裂隙发育数量没有明显的规律。随着法向应力升高，土体内部水分部分被排出，裂隙发育反而更集中于剪切面周围；由图可知，试样发生破坏时的剪切位移有增加的趋势，说明法向应力越大，试样的延性越明显，破坏时的剪切应力分别为 67 kPa、85 kPa、116 kPa 和 168 kPa；试样发生剪切位移后，细微裂隙开始贯

通，试样继续受到剪切作用，孔隙率变小，试样破坏扩容时的剪切位移逐渐增加，分别为 2.0 mm、3.6 mm、3.7 mm 和 3.8 mm。

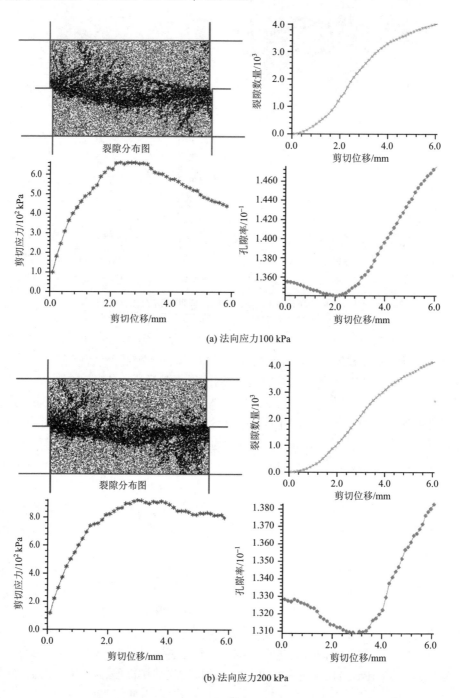

(a) 法向应力 100 kPa

(b) 法向应力 200 kPa

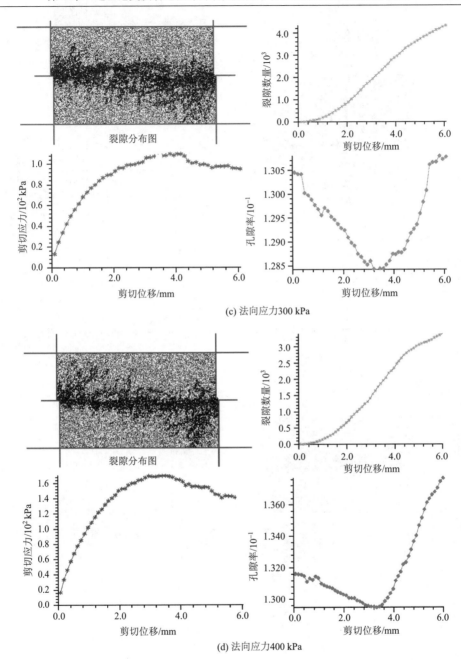

(c) 法向应力300 kPa

(d) 法向应力400 kPa

图 6-28　不同法向应力下含水率 10%的试样剪切应力-剪切位移关系曲线

图 6-29 为不同法向应力下含水率 15%的试样剪切应力-剪切位移关系曲线，由数值分析结果可知，在试样含水率为 15%的状态下，随着法向应力的增加，剪

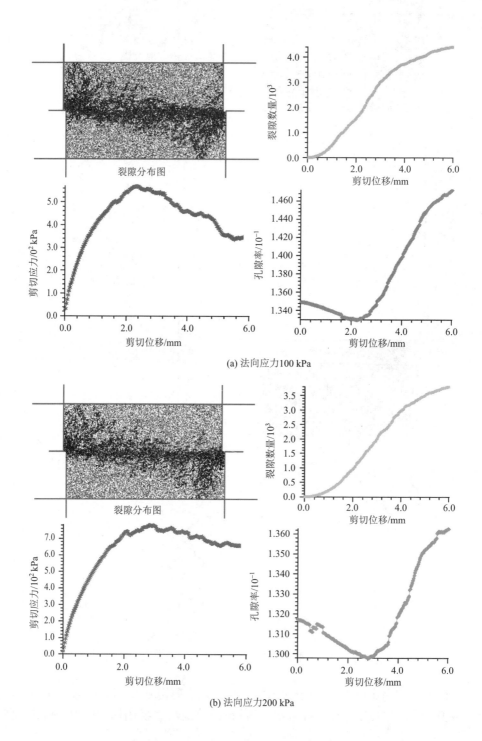

(a) 法向应力100 kPa

(b) 法向应力200 kPa

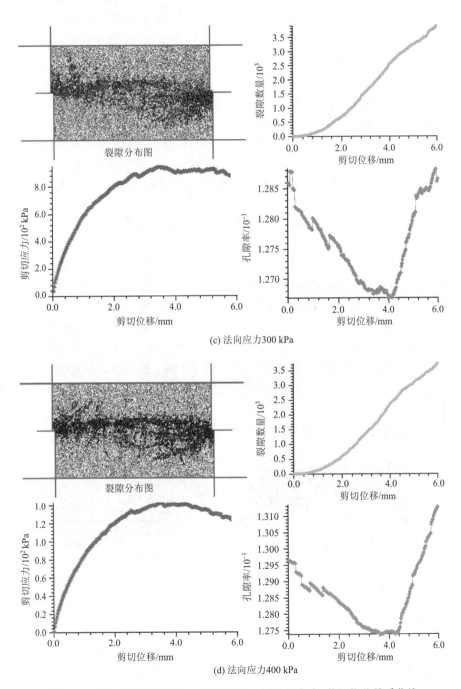

图 6-29　不同法向应力下含水率 15% 的试样剪切应力-剪切位移关系曲线

切应力呈线性增加，与含水率为 0% 的试样相比，除了剪切面周围的裂隙发育外，试样内部的破坏也增多，即裂隙刚开始发育时主要集中在应力集中部位，最终沿着多条剪切面贯通，裂隙发育主要集中在主干剪裂隙周围，随着法向应力的增高，裂隙发育数量没有明显的规律。随着法向应力升高，土体内部部分水体被排出，裂隙发育反而更集中于剪切面周围；由图可知，试样开始发生破坏时的剪切位移有增加的趋势，说明法向应力越大，试样的延性越明显，破坏时的剪切应力分别为 57 kPa、72 kPa、93 kPa 和 142 kPa；试样发生剪切位移后，细微裂隙开始贯通，试样继续受到剪切作用，试样孔隙率变小，试样破坏扩容时的剪切位移逐渐增加，分别为 2.0 mm、3.0 mm、4.0 mm 和 4.2 mm。

　　图 6-30 为不同法向应力下含水率 20% 的试样剪切应力-剪切位移关系曲线，由数值分析结果可知，在试样含水率为 20% 的状态下，随着法向应力的增加，剪切应力呈线性增加，与含水率为 0% 的试样相比，除了剪切面周围的裂隙发育外，试样内部的破坏明显，裂隙发育较分散，且法向应力越高，分散越明显；随着法向应力的增高，裂隙发育数量没有明显的规律。由于含水率较高，且在剪切过程中排出水的含量有限，在水的润滑作用下，剪切应力-剪切位移曲线越发趋于平滑；由图可知，试样开始发生破坏时的剪切位移有增加的趋势，说明法向应力越大，试样的延性越明显，破坏时的剪切应力分别为 47 kPa、61 kPa、83 kPa 和 110 kPa；试样发生剪切位移后，细微裂隙开始贯通，试样继续受到剪切作用，孔隙率变小，试样破坏扩容时的剪切位移逐渐增加，分别为 2.0 mm、3.2 mm、4.4 mm 和 5.0 mm；且在该含水率状态下，随着法向应力的增加，试样扩容现象存在，但扩容不明显。

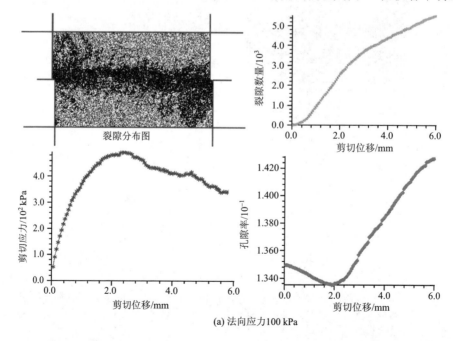

(a) 法向应力 100 kPa

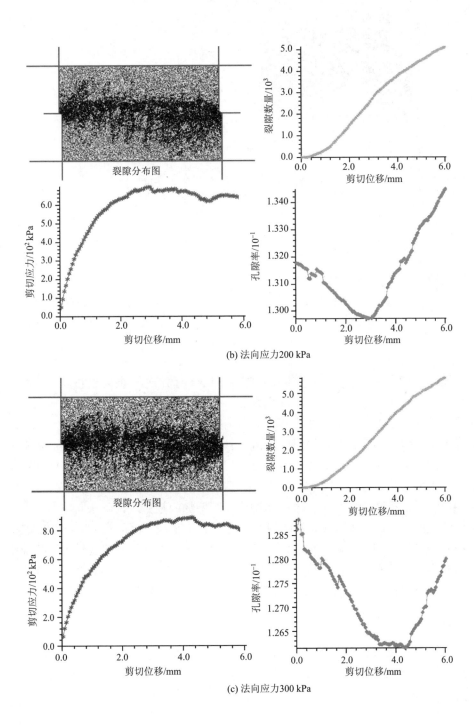

(b) 法向应力200 kPa

(c) 法向应力300 kPa

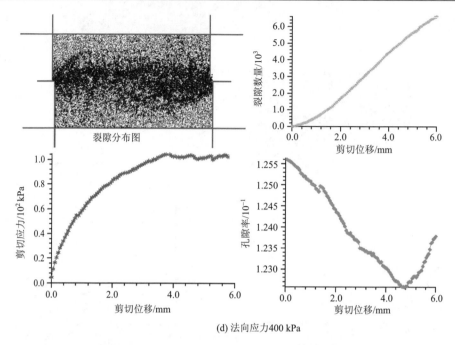

图 6-30　不同法向应力下含水率 20%的试样剪切应力-剪切位移关系曲线

　　图 6-31 为不同法向应力下含水率 25%的试样剪切应力-剪切位移关系曲线，由数值分析结果可知，在试样含水率为 25%的状态下，随着法向应力的增加，剪切应力呈线性增加，与含水率为 0%的试样相比，除了剪切面周围的裂隙发育外，试样内部的破坏明显，裂隙发育较分散，且法向应力越高，分散越明显；随着法向应力的增高，裂隙发育数量没有明显的规律。由于含水率较高，且在剪切过程中排出水的含量有限，在水的润滑作用下，剪切应力-剪切位移关系曲线趋于平滑；由图可知，试样开始发生破坏时的剪切位移有增加的趋势，说明法向应力越大，试样的延性越明显，破坏时的剪切应力分别为 26 kPa、40 kPa、53 kPa 和 100 kPa；试样开始发生剪切位移后，细微裂隙开始贯通，试样继续受到剪切作用，孔隙率逐渐减小，试样破坏扩容时的剪切位移逐渐增加，法向应力为 300 kPa 和 400 kPa 的试样不存在扩容现象，但试样内部已发生了大面积的破坏。

6.2.4.3　试验结果

　　对于单组试样而言，随着法向应力增加，试样被压缩，颗粒之间接触紧密程度增加，从而使得试样内部的有效应力也相应提高，宏观表现为剪切应力逐渐升高。

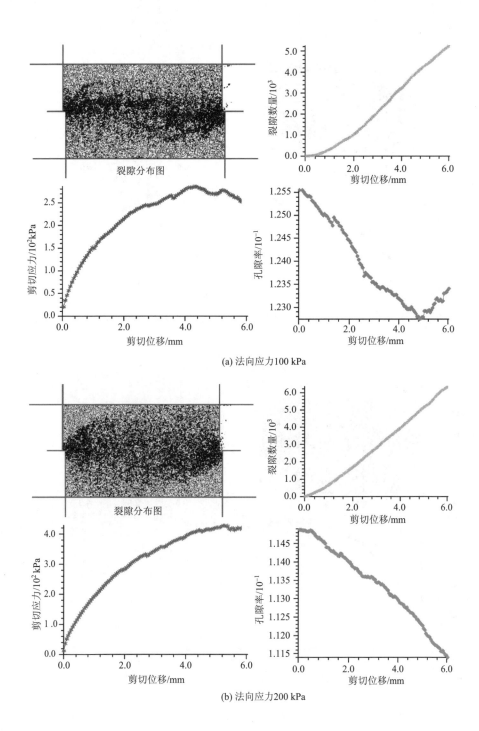

(a) 法向应力100 kPa

(b) 法向应力200 kPa

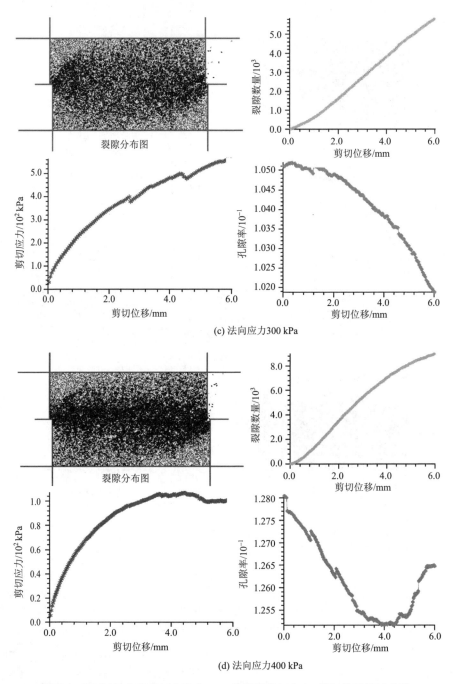

(c) 法向应力300 kPa

(d) 法向应力400 kPa

图 6-31　不同法向应力下含水率 25%的试样剪切应力-剪切位移关系曲线

随着含水率增加，水的存在降低了试样内摩擦角和黏聚力，且在剪切过程中，试样内部的水无法快速排出，将形成超孔隙水压力，从而降低试样内部的有效应力，对剪切应力的削弱，随着含水率的增加越来越明显，从而导致剪切应力减小。

随着含水率增加，试样内部有效应力减小，水对试样的润滑作用使得剪切破坏的发生突变不明显，表现为剪切应力曲线的驼峰区域平滑，说明水的作用导致了动、静摩擦整体被削弱，且之间的界限已不明显。

在剪切过程中试样的孔隙率整体表现为先减小后增加，且两者的斜率是后者大于前者，说明试样在未发生破坏前，整体被压缩，但试样发生破坏后，孔隙率的增加速度快，扩容明显，且随着法向应力的增加，孔隙率变化曲线扩容段的斜率减小。

在同一组试样中，随着法向应力的增加，试样的压剪切应力组合角度逐渐发生变化，使得试样的旁支裂纹增加，整体表现为裂纹数量增加，且随着含水率的增加，破坏后的裂纹数量呈指数增加，在高含水率状态下，试样内部破坏明显，裂纹发育比较随机。

6.3　工 程 实 例

西山滑坡位于连云港市花果山国家地质公园前云台山北部山体的东坡，山体滑坡裂缝最早发现于 2005 年，裂缝每年都有增多及裂缝扩展，汛期暴雨期间裂缝发展变化加剧。2012 年 9 月，在暴雨等因素的影响下，山体前缘发生局部崩塌、滑坡。根据调查发现，西山滑坡共发育两个滑坡点，均为岩质滑坡，其中北侧滑坡点为一发育多层滑动面的中—深层滑坡，将其定为Ⅰ区，南侧滑坡点为浅层岩质滑坡，将其定为Ⅱ区，整个滑坡区面积约 14000 m²。西山滑坡分区如图 6-32 所示，Ⅰ区为研究区。

6.3.1　滑坡基本特征

滑坡体地势西高东低，自然坡度 15°～22°，底部宕口采石切坡，坡度超过70°，主滑方向为 112°。滑坡体前缘高程约为+22 m，后缘高程+100 m 左右，高差约 78 m，滑坡体呈不规则长条状分布，滑坡体长约为 200 m，宽约 60 m，总面积 12000 m²，滑坡体最大厚度超过 20 m，平均厚度按 15 m 计算，滑坡体积约为18 万 m³，滑坡纵向剖面如图 6-33 和图 6-34 所示。

图 6-32　西山滑坡地质灾害全景

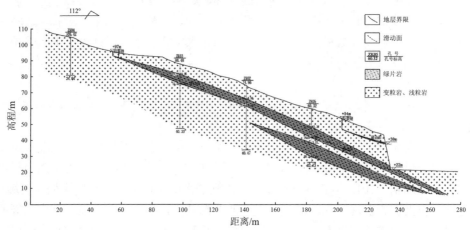

图 6-33　滑坡 A-A′纵向剖面图

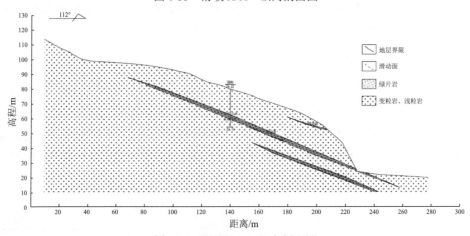

图 6-34　滑坡 B-B′纵向剖面图

　　滑坡及周边山体组成岩性主要为元古代云台组($Pt_{2-3}y$)变粒岩、浅粒岩，根据现场调查结合钻探、物探及滑坡位移监测成果，本区发育有多层绿片岩夹层，均呈层状分布，产状为92°～117°∠16°～26°，倾向与坡体倾向均基本一致，中部绿片岩夹层延展性较好，通过物探和钻探成果，绿片岩在坡体前缘埋深较大，在宕口坡脚处有所出露，一直延伸到地面以下，坡体前缘埋深15～20 m，底界标高约+20 m，在坡体后缘埋深较小，为6～12 m，底界标高约+94 m，绿片岩夹层整体长度约200 m，宽度平均约60 m，厚度整体变化不大，为5～8 m；深层绿片岩夹层在坡体前缘底界埋深约30 m，标高为+12 m，后缘埋深约20 m，标高+50 m，在坡体中长约80 m，宽约50 m，基本发育于地面以下，厚度约10 m。

　　滑坡体主要为变粒岩、浅粒岩，具变余斑状结构、变余晶屑结构，块状构造，风化带厚度一般小于2 m，岩石中主要矿物有长石、石英、云母等。滑坡体厚度在2.6～22.0 m不等，一般厚度12.0～20.0 m，平均厚度15.0 m。

　　根据钻探、物探成果结合现场调查，滑坡滑动面为底界埋深在12.0～20.0 m的绿片岩夹层，此软弱夹层延伸与连续性好，形态上主要表现为折线形(近直线形)，南侧边界滑动面埋深较大，北侧边界埋深较浅，它是控制整个滑坡的主要滑动面。

　　滑床为变粒岩、浅粒岩，受构造作用等影响，岩体结构较为破碎，特别在坡体前缘，破碎变粒岩下伏仍有绿片岩，且厚度较大。

　　滑坡体分布有大量拉张裂缝(图6-35和图6-36)，拉张裂缝走向一般210°～230°，裂缝宽度0.1～1 m，上下错动距离最大约1 m，最大可见深度超过15 m。滑坡体两侧发育有大量剪切裂缝(图6-37)，走向一般120°左右，近于直立，宽度0.1～1 m，多被表层残坡积物填充，可见深度一般为0.5～3 m。滑坡体拉张裂缝及侧壁剪切裂缝的延伸性均较好，很多裂缝已经贯通。

　　通过连续观测，滑坡体新增多条裂缝，并且裂缝有明显扩展现象。据在ZK05钻孔埋设的测斜管持续位移监测，目前滑坡在自然状态下仍在不断发生变形、滑动。

图6-35　滑坡体后缘拉张裂缝1　　　　　图6-36　滑坡体后缘拉张裂缝2

图 6-37　坡体剪切裂缝

6.3.2　数值模型建立及参数选取

　　采用 Rhinoceros 软件建立三维模型并划分网格，边坡模型图如图 6-38 所示。将模型导入 FLAC^{3D} 中进行计算，计算采用摩尔-库仑本构模型，参数由室内试验结果和现场勘查资料综合所得，见表 6-10。

图 6-38　边坡模型图

表 6-10　西山滑坡物理力学参数

岩体	体积模量 K/GPa	剪切模量 G/GPa	天然重度 /(kN/m³)	饱和重度 /(kN/m³)	天然黏聚力/kPa	天然内摩擦角/(°)	饱和黏聚力/kPa	饱和内摩擦角/(°)	泊松比
变粒岩	9.2	6.4	26	26.5	22.00	10.00	12.32	8.00	0.22
绿片岩	0.2	0.1	20	22	0.017	17.4	0.014	14.7	0.35

6.3.3　数值结果分析

6.3.3.1　滑坡位移分析

图 6-39 为自重工况和暴雨工况下的总位移图。图 6-40 为自重工况与暴雨工况 X 轴方向上的位移云图，图 6-41 为 Z 轴方向位移云图。

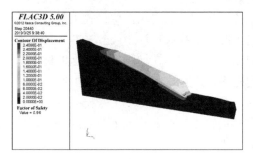 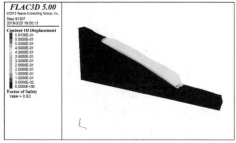

(a) 自重工况　　　　　　　　　　　　　　(b) 暴雨工况

图 6-39　自重工况和暴雨工况下的总位移图(单位：m)

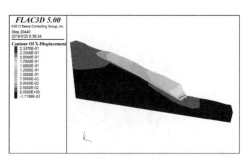 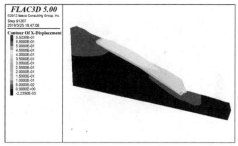

(a) 自重工况　　　　　　　　　　　　　　(b) 暴雨工况

图 6-40　X 轴方向位移云图(单位：m)

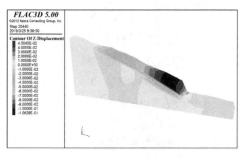 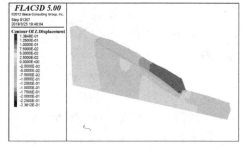

(a) 自重工况　　　　　　　　　　　　　　(b) 暴雨工况

图 6-41　Z 轴方向位移云图(单位：m)

由稳定性系数的计算得知：边坡在自重工况下的稳定性系数为 0.96，在暴雨工况下为 0.92。由此可知，含有贯通性较好的绿片岩的顺层坡极可能出现边坡失稳问题。在自重工况下，总位移最大为 25 cm 左右，暴雨工况最大位移为 59 cm 左右，位移主要发生在绿片岩以上的滑坡体。在 X 轴方向，自重工况最大位移达到 23 cm 左右，暴雨工况最大位移达到 55 cm，且都位于绿片岩在宕口的露头处。绿片岩倾向与边坡倾向相同，贯通条件较好，在坡面上缘埋深较浅，切割坡体，使绿片岩上覆岩体整体位移较大。从 Z 轴位移云图可以看出，位移较大部分仍然是绿片岩上覆坡体，尤其下缘部分。自重工况产生最大位移 10 cm 左右，暴雨工况产生最大位移为 23 cm。除此之外可观测到，滑坡体在坡脚处有向上的位移，可知坡体在整体下移时受到坡脚处岩体的阻碍，产生堆积，故产生向上的位移。

由位移分析可知，坡体出现很大位移，会导致坡体上缘产生张拉裂缝，稳定性在自重工况下较差，若遇暴雨，绿片岩吸水软化，加上孔隙水的润滑作用，坡体更易发生失稳破坏。

6.3.3.2 滑坡应力分析

图 6-42 是自重工况与暴雨工况下的最大主应力云图。

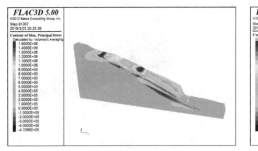
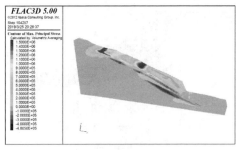

(a) 自重工况　　　　　　　　　　　　　(b) 暴雨工况

图 6-42　最大主应力云图(单位：Pa)

由图 6-42 可知，在自重与暴雨工况下滑动面以上主要分布拉应力，最大拉应力达到 1.5 MPa，处于绿片岩上缘埋深与坡面最近的地方，此处出现了应力集中现象，最易产生张拉裂缝。随着深度的增大，拉应力逐渐减小至 0。滑动面以下主要分布压应力，岩土体的抗压强度远大于抗拉强度，且边坡的最大压应力要比最大拉应力小一个数量级，因此，边坡的破坏主要是拉应力所引起的。

图 6-43 是自重工况与暴雨工况下的剪应变增量和速率矢量图。

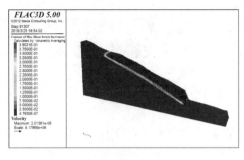
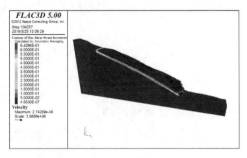

(a)自重工况　　　　　　　　　　　　　　　(b)暴雨工况

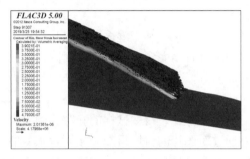

(c)自重工况局部放大图　　　　　　　　(d)暴雨工况局部放大图

图 6-43　剪应变增量和速率矢量图

　　失稳滑动带的判断可以根据剪应变增量的大小和速度矢量来判断。由图 6-43 可知，剪应变增量和速率较大的部位为绿片岩夹层以及绿片岩与变粒岩的接触面，其剪应变增量比周围岩体大了一个数量级，由此可以判断该部位为潜在滑动面，失稳破坏多沿此发生。这也验证了该边坡失稳主要是由于绿片岩较差的力学性质和遇水软化的水理性质。

6.3.3.3　结论

　　通过 FLAC^{3D} 对西山边坡进行稳定性评价，并对位移场和应力场进行分析，得出以下结论：

　　(1)发育贯通性较好的绿片岩夹层的顺层边坡，在自重工况、暴雨工况下的稳定性系数分别为 0.96、0.92。无论哪种工况下，其都存在边坡失稳破坏的安全隐患，且暴雨加剧了边坡失稳的可能性。

　　(2)通过对位移场的分析，较大位移主要发生于绿片岩上覆滑坡体，且最大位移为 20～60 cm，与工程实际相符合，说明了模拟的可信度。

　　(3)通过对剪应变增量和速度矢量的分析，判断出坡体的潜在滑动面即为绿片岩以及绿片岩与变粒岩的接触部位。

6.4　连云港含绿片岩夹层滑坡地质灾害防控技术

(1)通过现场踏勘和材料整理分析得知西山滑坡地区的工程地质条件、地质灾害发育特征及形成机理。

(2)通过 X 射线衍射试验得知绿片岩的主要矿物成分为角闪石、锂云母、阳起石、蒙脱石与绿泥石互层、海泡石及伊利石。通过电镜扫描试验得知绿片岩层理发育，层理间微张，孔隙大，连续性较差，破坏面呈现不规则的阶梯状。表面呈现部分初始裂缝，以剪切、拉断形式为主。

(3)通过室内重塑样的直剪试验，探究了不同含水率和干湿循环对绿片岩夹层力学性质的影响。试样吸水后抗剪强度出现陡降且随着含水率的降低而降低。此外，试样的抗剪强度随着干湿循环次数升高而降低，但干湿循环达到 7 次后，力学性质变化出现缓和。

(4)通过对重塑样的 SEM 图像处理后计算孔隙比，得知试样的孔隙比随着含水率和干湿循环次数的升高而升高，同时通过对图片的对比得知，相同含水率的试样其孔隙比也具有各向异性，片状矿物基本水平排列所得孔隙比明显低于矿物与水平面呈大角度相交排列的孔隙比。

(5)采用 PFC^{2D} 对不同含水率的直剪曲线进行拟合可知，单组试样随着法向应力的增加，颗粒被压密，有效应力增加，宏观表现为剪切应力的增加。在剪切过程中试样的孔隙率整体表现为先减小后增加，且两者的斜率是后者大于前者，说明试样在未发生破坏前，整体被压缩，但试样发生破坏后，孔隙率的增加速度快，扩容明显，且随着法向应力的增加，孔隙率变化曲线扩容段的斜率减小。随着含水率增加，内摩擦角和黏聚力减小，且在剪切过程中，试样内部的水无法快速排出，形成超孔隙水压力，从而降低试样内部的有效应力，剪切应力被削弱，且随着含水率的增加越来越明显。

(6)结合 FLAC^{3D} 对西山滑坡进行的稳定性评价发现，连云港临海地区的绿片岩夹层，因多风多雨的环境会遭受数十次的干湿循环，这将大大加深其结构的损伤并导致强度劣化，从而诱发边坡失稳滑动。对临海区域的边坡，必要时可采用水泥砂浆护壁的方式减少绿片岩夹层直接暴露在空气中的面积，最大限度地降低干湿循环带来的力学强度劣化，同时应加强坡体截排水系统的设置，重点监测坡体内含水量的变化。

第7章 碎石土边坡力学强度参数识别及破坏机理研究

7.1 试 验 方 案

7.1.1 试验设计

本次试验主要研究粒径大小、含石量、颗粒磨圆度等对碎石土力学强度参数的影响因素，同时分析碎石土在剪切过程中的剪胀/剪缩效应。试验中砾石材料为取自同一场地的圆砾石和角砾石，砾石的岩性、质地基本一致，而土颗粒试样主要为粉质黏土。设计试验方案如表 7-1~表 7-3 所示。

表 7-1   不同含石率下碎石土试验方案

含石率/%	法向应力/kPa	备注
0	100、200、300、400	作为对比试验
10	100、200、300、400	
20	100、200、300、400	剪切速率控制在 0.2 mm/min，每次记录水平位移和切向位移
30	100、200、300、400	
50	100、200、300、400	

表 7-2   不同粒径的碎石土试验方案

粒径/cm	法向应力/kPa	备注
0.5~1	100、200、300、400	
1~2	100、200、300、400	剪切速率控制在 0.2 mm/min，每次记录水平位移和切向位移
2~3	100、200、300、400	

表 7-3   不同磨圆度的碎石土试验方案

磨圆度	法向应力/kPa	备注
圆砾状	100、200、300、400	剪切速率控制在 0.2 mm/min
角砾状	100、200、300、400	

7.1.2 试验仪器

试验采用室内直剪试验，使用 YDS-2 型直剪仪进行试验，如图 7-1 所示。该仪器的主要技术指标参数如下：法向最大出力 500 kN，最大行程 60 mm，分辨率 600 N（60 kg）；横向最大出力 300 kN，最大行程 60 mm，分辨率 500 N。本仪器设计合理，结果紧凑，加工精细，可全部拆卸装箱，体积相对小，总量轻。简单地改造后可进行碎石土的直剪试验，仪器精度等各项指标均满足要求。

图 7-1　YDS-2 型直剪仪

　　YDS-2 型直剪仪主要由以下六套系统组成：垂直加载系统、水平加载系统、剪切系统（剪切盒）、点荷载强度测试系统、加压系统、量测系统。其中垂直加载系统通过滚珠轴承、盖板将力传给试样，对试样施加法向应力；水平加载系统通过对上剪切盒施加力传给试样，同时固定下剪切盒，从而使试样发生剪切破坏；量测系统由三个百分表加磁性表座组成，一个表测量水平位移，两个表测量竖向位移。

7.1.3　试样制备

　　综合考虑粒径的大小、粒径的磨圆度、含石量等多种因素，将试样分成 6 组，如表 7-4 所示。每组根据含石量不同，制作 10%、20%、30%、50%四种不同含石率试样，每一种含石率制作 4 个试样，因此每一组 16 个试样，一共制作 96 个试样。试样制作步骤如下。

　　(1)称取试样：称取一定量事先准备好的土，根据每组含石率不同称取一定量的砾石，与土均匀拌和，使砾石均匀分布于土体中，然后加入一定量的水（加入水的质量为土质量的 25%，这种含水率拌和的碎石土既可以充分黏结又不会过于稀释无法制样）拌和均匀，分成四份，放置 30 min。

　　(2)制样：取四个 150 mm×150 mm×150 mm 的方形模具，内部刷一层脱模剂，方便试样取出。将拌和好的碎石土试样分层捣实放入模具中，装样过程中尽量做到密实不留空隙。

(3)脱模：将制好的试样取出，放置于干燥通风的室内 3~5 d，使土体表面及内部的自由水分缓慢蒸发，然后置于阳光下晾晒 7~10 d。

表 7-4　试样分组

磨圆度	粒径		
	5~10 mm	10~20 mm	20~30 mm
角砾状	A 组	B 组	C 组
圆砾状	D 组	E 组	F 组

7.2　碎石土直剪试验结果分析

每一组四个试样分别在 100 kPa、200 kPa、300 kPa、400 kPa 四个不同法向应力下剪切破坏，破坏过程中记录其剪切位移随剪切应力变化值，绘出相应的曲线，找出在不同法向应力下的剪切强度，绘制剪切应力与水平应力线性拟合关系图，建立摩尔-库仑方程式，求得抗剪强度参数值如表 7-5 所示。

表 7-5　碎石土试验强度参数

磨圆度	含石率/%	5~10 mm		10~20 mm		20~30 mm	
		c/kPa	φ/(°)	c/kPa	φ/(°)	c/kPa	φ/(°)
角砾状	10	49.3	40.19	51.8	41.99	45.5	44.42
	20	64.5	43.68	58	44.71	56.6	49.24
	30	61.2	44.76	52.1	42.55	54.7	42.33
	50	47.7	49.60	45.7	43.68	35.2	49.48
圆砾状	10	48.8	43.68	55.4	41.35	51.6	45.57
	20	61.5	42.56	55.1	43.68	51.8	44.71
	30	45.5	44.71	51.2	47.72	47.9	48.49
	50	42.5	43.48	45.8	42.55	35.5	47.72

7.2.1　含石率对碎石土强度的影响

为了研究碎石土中砾石含量对碎石土剪切破坏的影响，试验中只考虑含石率单因素的影响，需要剔除砾石粒径、砾石形状等因素的影响。在同一粒径、相同砾石形状等情况下制备含石率分别为 10%、20%、30%、50%四种试样。试样在同一法向应力下的剪切应力-水平位移关系曲线如图 7-2 所示。

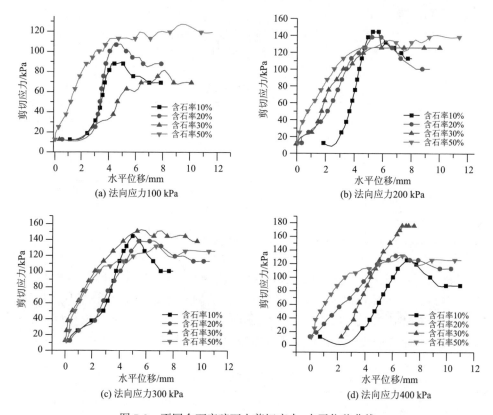

(a) 法向应力100 kPa

(b) 法向应力200 kPa

(c) 法向应力300 kPa

(d) 法向应力400 kPa

图 7-2 不同含石率碎石土剪切应力-水平位移曲线

从图 7-2 中可以得到如下结论。

(1) 随着含石率的增加，试样剪切强度也随之增加，破坏需要的剪切应力也不断增大。碎石土强度由土体间黏聚力、土体与砾石之间黏聚力和砾石之间的摩擦力共同决定；随着含石量的增加，土体与砾石之间的黏聚力和砾石之间的摩擦力逐渐变大，粗颗粒在碎石土中起到"骨架"作用，因此破坏时的剪切应力也变大。

(2) 在剪切初期，剪切应力-水平位移曲线比较缓，水平位移急剧增大，随着剪切应力的不断增大，位移曲线的斜率变大，含石率越高，曲线斜率越大，最后趋于稳定，在一定范围持续波动。原因是碎石土是由粗细颗粒相互充填成粒状结构的散粒体，粗颗粒自身的强度较细颗粒高，破坏时主要影响因素为粗颗粒间的摩阻力和咬合力以及粗细颗粒间的黏结力。在受到法向应力作用后，碎石土试样处于压密阶段，水平位移不断增大；随后，碎石土颗粒间摩阻力和咬合力以及粗细颗粒间的黏结力开始发挥作用，使碎石土强度增大，土石共同承担剪切应力作用，在曲线上表现为斜率变大；随着剪切应力的进一步增大，粗细颗粒间的黏结力以及部分较小摩阻力与咬合力开始失效，粗颗粒出现剪切滑移或者滚动，试样局部发生破坏，在较高含石率的剪切面上粗颗粒重新组合恢复强度，表现为曲线在一个较高应力水平波动。试样的破坏过程其实是结构的局部破坏、重组、新结构形成到最终破坏的一个连续过程。

(3) 随着含石率的增加，试样破坏时达到极限剪切强度需要的位移逐渐变小，剪切位移应力−水平位移曲线变得比较陡。这是因为碎石土强度受到土体强度和砾石强度共同作用，含石率较低时(低于 20%)，砾石在碎石土中处于"悬浮"状态，碎石土强度主要受土体间的黏聚力以及土颗粒间的摩擦力控制；随着含石率的增加(高于 30%)，砾石的含量增大，砾石在碎石土中排列紧密，逐渐起到"骨架"的作用，此时碎石土强度不仅受土体的黏聚力和土颗粒摩阻力影响，更多地受到砾石之间的摩阻力和土体与砾石间的黏聚力控制，而砾石间的摩阻力反应要比土体之间的黏聚力灵敏很多，即在很小的位移下应力迅速增大，表现为剪切曲线突然变陡，含石率越高，变化越明显。

(4) 随着含石率不断增大，碎石土的残余强度也逐渐变大，表 7-6 列出了两组试样残余强度的对比值。

表 7-6　不同含石率残余强度

含石率/%	A 组				B 组			
	最大剪切应力 τ_{max}/kPa	残余应力 τ/kPa	应力差 $\Delta\tau$/kPa	百分比 $\Delta\tau/\tau_{max}$ /%	最大剪切应力 τ_{max}/kPa	残余应力 τ/kPa	应力差 $\Delta\tau$/kPa	百分比 $\Delta\tau/\tau_{max}$ /%
10	0.7	0.55	0.15	21.4	0.7	0.45	0.25	35.7
20	0.85	0.7	0.15	17.6	0.55	0.45	0.1	18.1
30	0.6	0.55	0.05	8.3	0.6	0.55	0.05	8.3
50	1.0	0.95	0.05	5	1.05	1.0	0.05	4.8

从表 7-6 中可以看出，随着含石率的增大，破坏时的强度也不断增大，只是含石率较低时强度达到峰值后很快下降，而随着含石率增大强度达到峰值后变化不大，并且会在一个高应力区间跳跃。其原因主要是当土体处于非常密实的状态时，大小颗粒间相互填充排列紧密，在剪切过程中颗粒间的摩擦力比较大，在剪切破坏过程中，颗粒在剪切面或者剪切带上发生移动或者滚动，甚至会翻越邻近的颗粒，必然发生剪胀变形，克服剪胀变形做功的咬合力增大，含石率越高，砾石越大，这种咬合力越大，峰值就越高，至峰点达到最大值；但在峰值后因为剪

胀变形增大，含石率较低的碎石土结构变松，剪胀变形引起的咬合力逐渐降低，形成应力减小的现象；而含石率较高的碎石土粗颗粒多，在剪切带上排列紧密，颗粒间形成一定的骨架架构，砾石在剪切带上相互作用，绕过一个粗颗粒之后立即会有下一个粗颗粒补充进来，因此，剪切应力在一个高位震荡。

（5）表 7-5 是不同组别、不同含石率试样直剪试验得到的强度参数。图 7-3 为这一组别剪切强度参数与含石率的关系图。

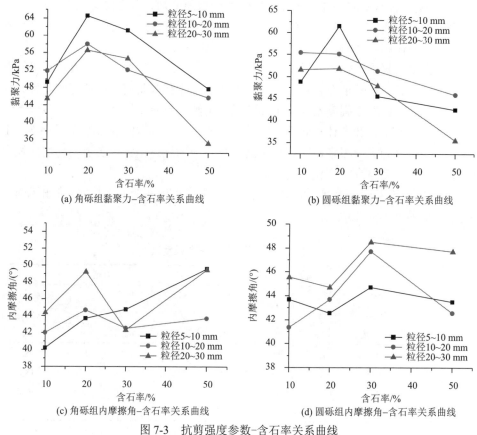

图 7-3　抗剪强度参数–含石率关系曲线

由图 7-3 可知含石率对碎石土强度参数影响极为显著，含石率对碎石土黏聚力的影响大于对内摩擦角的影响。随着含石率的提高，碎石土的强度参数指标及其破坏时的抗剪强度等，呈现出逐渐增大的趋势，但是当砾石含量高于某一值时，碎石土的黏聚力反而呈现出减小趋势。碎石土在含石率较低（10%左右）时，强度参数和不含石时差别不大，这是因为含石率较低时，砾石在土体中零散分布，不能起到骨架作用，整体强度主要受细颗粒之间黏聚力作用，而细粒土之间的黏聚力归根于细颗粒之间的滑动摩擦力；随着含石率的增大，砾石含量增多，强度不仅受到细粒土之间的黏结作用，同时还有土颗粒与砾石之间的黏聚力以及砾石之间的咬合力作用。咬合力是由于上下剪切面之间的砾石在剪切应力作用下相对滑动起约束力作用而形成的，因为颗粒之间相互咬合，阻碍相对移动，颗粒必须首先竖起，跨过相邻颗粒才能移动，所以，含石率越高，剪切带上的砾石相互作用的咬合力越大，整体强度提高，黏聚力变大。假设细粒土之间产生相对滑动时的内摩擦角为 φ_μ，咬合摩擦产生的内摩擦角为 φ_i，高含石率试样剪切作用下必然同时产生这两种摩擦。因此，随着含石率增大，碎石土的内摩擦角也变大。当含石率超过 30% 时，内摩擦角和黏聚力并没有增大反而变得更小，这是由于含石率很高时，细粒土较少，土颗粒之间的黏结强度急剧降低，当剪切发生时，粗颗粒之间相互咬合，体积剪胀，土颗粒之间黏结强度不足以抵抗试样膨胀，试样整体发生破坏。图 7-4(d) 是含石率在 50% 时破坏时的剪切面，试样整体发生破坏。因此，含石率在 50% 左右时，内摩擦角和黏聚力都会降低。

(a) 含石率 10%　　　　　　　　　　　　(b) 含石率 20%

(c) 含石率 30%　　　　　　　　　　　　(d) 含石率 50%

图 7-4　不同含石率剪切破坏面

7.2.2　砾石粒径对碎石土强度参数的影响

　　为了研究碎石土中砾石粒径对碎石土剪切破坏的影响，试验中只考虑砾石粒径单因素的影响，需要剔除含石率、砾石形状等因素的影响。在同一含石率、同砾石形状等情况下制备砾石粒径分别为 5~10 mm、10~20 mm、20~30 mm 三种不同粒径试样。试样在同一法向应力下的剪切应力-水平位移关系曲线如图 7-5 所示。

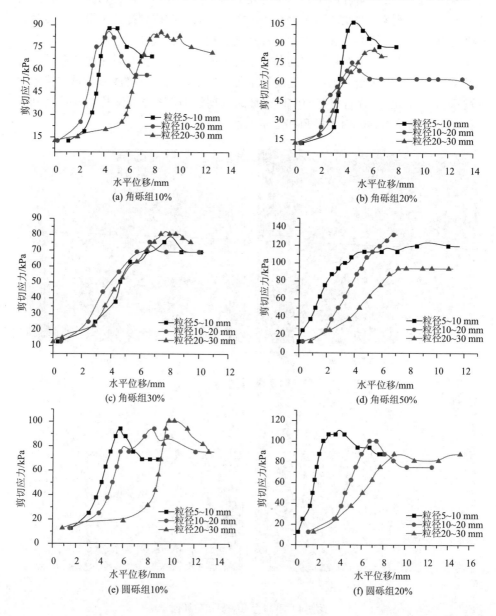

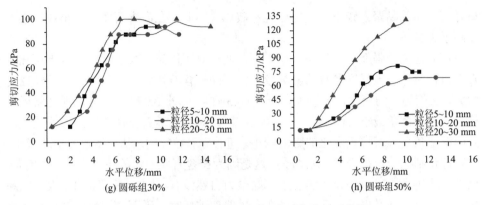

(g) 圆砾组30%　　　　　　　　　(h) 圆砾组50%

图 7-5　不同粒径下剪切应力-水平位移关系曲线

由图 7-5 可以得到如下结论。

(1)无论是大粒径还是小粒径的砾石，在含石率较低时会有明显的屈服强度，达到最大剪切强度后，应力会突然降低。含石率较低时，不同粒径的试样剪切破坏的强度变化不大，但是达到剪切破坏屈服点时小粒径试样的剪切位移明显要比大粒径试样位移小。这是因为含石率低时，砾石空间分布上难以形成整体以承担荷载，砾石对碎石土试样的整体强度贡献较小，强度主要由细土颗粒之间的黏聚力决定。而当砾石粒径较大时，砾石的颗粒数量较少，在试样中处于悬空状态，密实度相对于小颗粒试样要小，因此前期强度较低。

(2)随着含石率的提高，在含石率为 30%左右时，圆砾组和角砾组剪切应力-水平位移曲线都表现出应力交织现象,不同组别试样的剪切应力-水平位移曲线之间的间隔显得非常小，即达到相同水平位移时的剪切应力之间相差较小。而角砾组的试样对砾石粒径的敏感性大，不同组别的试样在相同法向应力下破坏时对应的剪切应力以及水平位移差别较大,小粒径剪切应力-水平位移曲线的硬化程度要大于大粒径试样的硬化程度。因为在含石率 30%左右时，砾石颗粒数量较多，相互接触紧密，形成一定的骨架。同时，在法向应力的作用下，砾石之间的咬合力和细土颗粒之间黏聚力随着试验过程水平位移的产生不断发挥作用，砾石之间发生重排和滚动，在法向应力和剪切应力的共同作用下靠着新的咬合和摩阻力形成了新的结构。因此，无论粒径的大小，砾石颗粒之间都相互紧密咬合和接触，发生破坏的状态也类似。

(3)含石率在 50%左右时，无论角砾组还是圆砾组试样，小粒径的强度要明显高于大粒径强度。因为在高含石率时，砾石含量增多，土颗粒含量减少，土颗粒与砾石之间的黏力也相应地减弱。在剪切应力作用下，剪切带上的砾石会随着试样的错动而滚动，砾石需要翻过邻近颗粒形成新的平衡，大粒径砾石在剪切带上翻越邻近颗粒时需要的力增大，容易造成剪切带局部的应力集中，而土颗粒与砾石之间的黏聚力较小，试样更容易破坏。因此，在高含石率下，小粒径强度要高于大粒径。

　　不同粒径的强度参数如图 7-6 所示。通过对不同砾石粒径试样的分析可知，砾石粒径对碎石土强度参数的影响较大：在同一含石率条件下，随着砾石粒径的增大，黏聚力 c 的变化范围较大，最大 64.5 kPa，最小 35.2 kPa，变化浮动将近一倍；而内摩擦角最小 41.35°，最大 49.24°，黏聚力受砾石粒径变化的影响较大，而内摩擦角受砾石粒径变化的影响较小。随着砾石粒径的增大，黏聚力不断减小，内摩擦角则在一定范围内不断增大。这是因为在含石率一定的情况下，粒径越大，颗粒数就越少，比小颗粒密实度小，黏聚力自然没有小颗粒高，特别是大粒径高含石率情况下强度更低；而大粒径在发生剪切破坏时，砾石之间的相互接触面积要比小粒径大，内摩擦角较大。

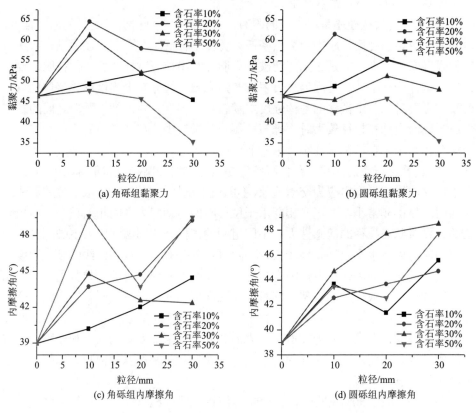

图 7-6　不同粒径组强度参数-粒径关系曲线

7.2.3　砾石形状对强度参数的影响

为了研究碎石土中砾石形状对碎石土剪切破坏的影响，试验中只考虑砾石形状单因素的影响，需要剔除含石率、砾石粒径等因素的影响。在同一含石率、同一粒径制备圆形砾石和角粒状砾石两种不同磨圆度试样。试样在同一法向应力下的剪切应力-水平位移关系曲线如图 7-7 所示。

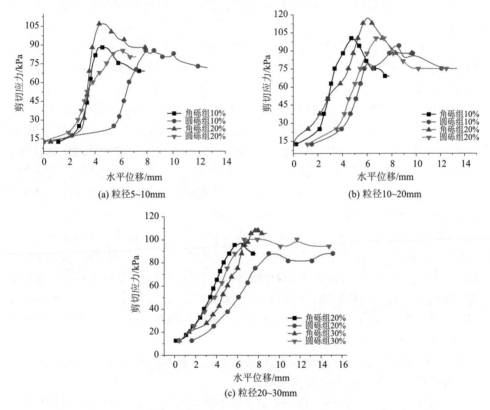

(a) 粒径5~10mm

(b) 粒径10~20mm

(c) 粒径20~30mm

图 7-7　不同磨圆度组剪切应力-水平位移曲线

从图 7-7 中可以得出以下结论。

(1)相同含石率的圆砾组试样的剪切应力-水平位移曲线要比角砾组试样剪切应力-水平位移平缓，并且圆砾组在达到峰值时的剪切位移要比同粒径角砾组峰值位移大。相同粒径、相同含石率下，角砾组强度要明显高于圆砾组。碎石土强度主要是由细粒土之间黏聚力、粗颗粒之间咬合力以及粗细颗粒之间的黏聚力共同决定，不同形状砾石和细粒土之间的黏聚力以及砾石之间的接触均不相同。角砾组比表面积大，与细粒土之间的黏聚力要优于圆砾组，由于角砾石颗粒的棱角较多，在相互接触时更容易形成咬合和摩阻力，有时甚至会出现砾石颗粒之间相互镶嵌的现象，当碎石土试样受到剪切应力破坏时，这种特殊接触形式能够更好地抵御剪切应力影响，只有当剪切应力达到可以使砾石颗粒间的棱角破碎，发生颗粒重排，碎石土试样才会发生破坏。相反，圆砾状砾石的棱角较少且磨圆度好，其咬合力明显弱于角砾状砾石，因此，在相同条件下，角砾组强度要明显高于圆砾组。总之，颗粒表面的光滑程度不同，结果造成接触点的咬合力差异很大，角砾状砾石要比圆砾状砾石接触点更多，咬合力更大，破坏时需要的剪切应力也就随之增大。

(2)通过对比圆砾组和角砾组试样看出，两组试样的剪切应力-水平位移曲线表现出不同特性。角砾组试样前期剪切强度高于圆砾组试样，要达到相同的剪切位移，角砾组需要更大的剪切应力。角砾组最终的破坏位移在 6～8 mm，圆砾组的剪切位移则大得多，有的破坏时位移甚至达到 15 mm。角砾组试样在达到峰值后维持在一定范围，圆砾组达到峰值后在一定水平上出现"应力跳跃"现象。试样在剪切过程中，在剪切带上的砾石相互滚动，砾石需要继续移动而翻越邻近的砾石导致因咬合储存的应力释放，剪切应力变小，曲线上表现为峰值之后的曲线突降，然后重新回到原来的应力水平。由于圆砾组试样形状比较规则，被挤压的砾石在某个瞬间突然发生滑动，剪切应变能突然释放，砾石向两边偏移，挤压力瞬间消失，应力突然减低。相互错开的圆形砾石仍会和邻近的砾石发生接触和挤压，应力逐渐恢复，并在一定水平波动直至破坏。角砾组的剪切应力-水平位移曲线相对于圆砾组波动较小，因为角砾组砾石棱角分明，形状各不相同，在砾石发生挤压时，接触面积较大，砾石之间的摩擦力比圆砾组要大，砾石之间不会像圆砾石那样突然滑动，引起试样应力骤变。角砾状砾石之间会相互咬合，不断发生旋转和移动，调整其排列状态。

(3)不同磨圆度的砾石，剪切强度参数也必然不同。图 7-8 为不同磨圆度下黏聚力和内摩擦角随含石率变化曲线图。

A组和D组粒径均为 5～10 mm，B组和E组粒径均为 10～20 mm。从图 7-8(a)黏聚力与含石率关系图上可以看出，在含石率相同条件下，角砾组黏聚力要大于圆砾组，随着含石率的提高，黏聚力都是先增大后减小，在 50%含石率下黏聚力最小。除了圆砾组 50%含石率外，其他组别在含石率增大时内摩擦角均增大，并且相同含石率下，角砾组的内摩擦角要高于圆砾组。角砾组砾石表面粗糙，与土颗粒之间的黏结性要优于圆砾组砾石，试样的黏聚力主要受土颗粒之间的黏结强度和土颗粒与砾石之间的黏结强度影响，因此，在相同条件下，角砾组黏聚力要比圆砾组大；试样在发生剪切破坏时，剪切带上的砾石相互错动咬合，角砾组砾石之间的咬合接触面积和摩擦比圆砾组砾石大，咬合力更大，因此内摩擦角要比圆砾组大。在一定程度上，砾石形状对碎石土黏聚力的影响要大于对内摩擦角的影响。角砾状砾石试样的抗剪强度要大于圆砾状试样，说明碎石土的抗剪强度与砾石的形状有较大关系，和砾石的棱角程度呈正相关的关系。

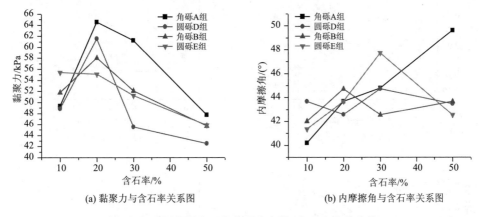

(a) 黏聚力与含石率关系图　　　　　　　(b) 内摩擦角与含石率关系图

图 7-8　不同磨圆度下抗剪强度参数-含石率关系曲线

7.2.4　碎石土的剪胀/剪缩效应分析

碎石土在密实度较大条件下受剪切时，在剪切带上的颗粒会以某种方式滑移、转动或者绕过其他颗粒以克服颗粒之间、颗粒和土体之间的黏聚力和咬合力，寻求剪切空间，使剪切面上颗粒之间重新分布，从而引起体积的变化。而体积变化过程中，试样必然要克服法向应力做功，这些功消耗的能量无疑是由外力施加补偿的。

为研究碎石土在剪切破坏时体积变化规律，图 7-9 给出了 A 组和 B 组体积变化量-剪切位移曲线，规定压缩为负值，剪胀为正值。

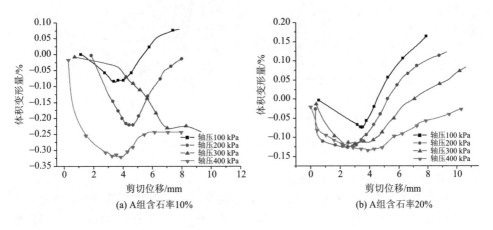

(a) A组含石率10%　　　　　　　　(b) A组含石率20%

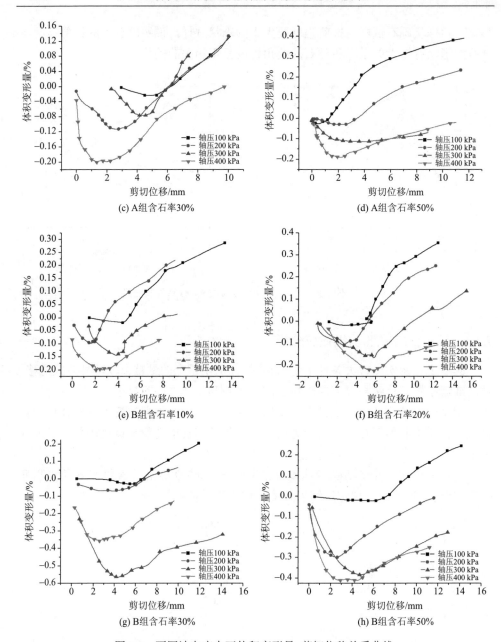

图 7-9　不同法向应力下体积变形量-剪切位移关系曲线

由图 7-9 可以得到如下结论。

(1) 在剪切初期，首先发生剪缩变形，达到一定值后发生剪胀变形。这是由于在剪切初期，土体不断压密，粗细颗粒之间在一定法向应力下不断挤密。当颗粒密实度达到一定程度时，剪切带上的颗粒在剪切应力作用下不断移动，有的甚至要翻越邻近的颗粒，必然发生较大的体积膨胀。

(2)密度不变的条件下，法向应力越小，发生剪胀变形越明显，随着法向应力的增大，剪胀变形量越来越小，剪缩变形越来越大。法向应力较小时，对剪切带上颗粒移动的阻力较小，更容易引起颗粒间的不规则排布，因而剪胀非常明显。随着应力水平的提高，促使颗粒充填的外力也越大，必然形成大应力下的剪缩变形。

(3)含石率越高的试样，发生剪胀和剪缩的变形量越大。在列举的八组试验中，剪胀变形最大的一组为 A 组含石率 50%，体积变形量接近 0.4%，剪缩变形量最大的一组为 B 组含石率 30%，体积变形量将近 5.5%。因为随着含石率的提高，在剪切带上粗颗粒概率增大，较低法向应力作用下，剪切带上粗颗粒错动、移动，甚至翻越邻近颗粒时的阻力较小，引起颗粒的无序排列，体积变形量就大；随着法向应力的增大，颗粒翻越邻近颗粒时受阻，此时在高法向应力的作用下，细小的土颗粒就会填充大颗粒之间的空隙，试样不断被挤密，呈现剪缩变形。

(4)剪切位移与剪胀的发生没有定量的关系，剪切应力达到峰值时的剪切位移总是要比发生剪胀或剪缩时的位移大。这是因为碎石土抵抗剪切破坏的内在因素是颗粒间的摩擦力和颗粒间的咬合力，在剪胀尚未发生之前，粗颗粒之间的咬合力尚未出现，此时土体抗剪强度主要受土体颗粒间的摩擦力作用，在剪胀变形产生后，克服剪胀变形做功的咬合力起作用，这时抵抗剪切破坏的力有摩擦力和咬合力，强度必然较之前高。

7.3 碎石土力学特性数值试验研究

7.3.1 数值试验方案设计

由于碎石土结构复杂、工程应用普遍及现有资料的匮乏，对这种特殊地质材料的研究显得尤为重要。本节采用离散元软件 PFC^{2D} 进行数值模拟，深入分析含石率、砾石粒径等因素对碎石土变形破坏规律及强度的影响。数值试验的主要内容如下。

1. 不同含石率的碎石土力学强度及破坏机理

碎石土中不同含石率对其强度的影响非常显著，从室内试验中可以看出，随着含石率的提高，强度变化很大。建立含石率 10%、20%、30%、50%下碎石土模型试样，开展与室内试验相同条件下的数值剪切试验，分析不同含石率下碎石土强度变化规律，以及含石率对其强度参数(黏聚力和内摩擦角)的影响，并与相同条件下室内试验进行对比分析，找出中间的联系和差异之处。

2. 不同粒径的碎石土力学强度及破坏机理

碎石土作为一种典型的非连续、非均质地质材料，砾石粒径的大小对其自身的性质也会产生较大影响。借助离散元软件，规定大于 5 mm 为砾石，试验中砾石粒径在 5～30 mm，小于 2 mm 为土颗粒，试样中设定土颗粒粒径在 0.05～2 mm，建立不同粒径的碎石土试样，分析不同粒径下试样的破坏规律，并与室内试验对比分析，确定不同粒径下强度参数(黏聚力和内摩擦角)的变化规律。

7.3.2　模型构建

由于碎石土具有高度离散性和非均质等特点，运用 PFC^{2D} 离散元软件可以模拟不同材质的特性。软件中不同颗粒可以单独作为一个整体进行独立赋予参数，分配单独的 ID，这样很容易追踪单个颗粒的运动和受力情况，从而对整个结构进行整体分析。模型中设置六面具有一定刚度的墙体，模拟室内试验的剪切盒，墙体内随机生成一定数目的球，通过给球赋予一定参数，分别充当土颗粒和砾石。

对于碎石土结构，其主要组分土颗粒和砾石可看作是不同颗粒的集合体，作为碎石土细观力学分析的基础，首先必须模拟产生出在概率统计意义上与原型结构类似的细观结构模型。砾石在碎石土中的几何位置服从高斯分布规律，根据该分布规律，将一定粒径的砾石投放到模型中，砾石之间可以相互接触但不能重合，然后投放一定粒径和数目的土颗粒，利用计算机来模拟碎石土的细观结构，建立碎石土随机结构模型。具体步骤如下。

(1)确定颗粒投放区域，建立六面具有一定刚度的墙体，模拟试样中的剪切盒，颗粒投放于墙体内部。

(2)根据室内试验试样质量，计算试样密度、土颗粒密度、砾石密度，确定数值试验试样孔隙率(本试样孔隙率为11%)，确保模型与试样孔隙率一样。

(3)根据不同含石率以及砾石粒径，测算需要投放砾石和土颗粒所占的面积，根据孔隙率限制和不同粒径，最终确定投放土颗粒数目和砾石颗粒数目。确保颗粒之间都相互接触但不能相互重叠，清除悬浮颗粒。土颗粒之间采用黏结模型定义其接触，若颗粒之间不接触表明颗粒之间没有黏结强度，与实际情况不符，因此，需要不断调整颗粒间排布，消除土颗粒集中悬浮颗粒。

(4)设置模型初始条件，为确保模型与试验条件以及应力水平相同，需要设置初始条件。消除颗粒之间应力过大情况，通过调整颗粒之间排列状态，不断循环直到达到要求的应力水平为止。

(5)生成颗粒集后，通过不断循环颗粒达到应力平衡状态，每个颗粒所有力代数和为零，本模型选用平均不平衡力小于 $1×10^{-7}$ N 和最大不平衡力小于 $1×10^{-5}$ N 时，模型停止循环。

(6) 所有颗粒初始位移和速度清零，保存模型。图 7-10 为部分不同粒径的模型示意图。

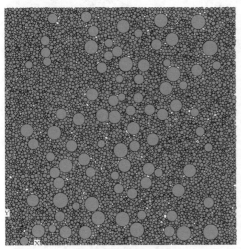
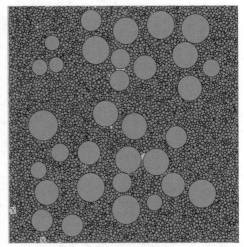

(a) 粒径 5～10 mm　　　　　　　　　　　　(b) 粒径 10～20 mm

图 7-10　部分不同粒径的模型示意图

7.3.3　含石率对碎石土力学特性的影响

为研究不同含石率下碎石土剪切破坏规律，模拟试样选用 10%、20%、30%、50% 四种含石率，每组试样在 30 kPa、45 kPa、60 kPa、75 kPa 法向应力下进行剪切试验。

7.3.3.1　不同含石率下碎石土变形特性

试验中检测在不同法向应力下墙体位移以及应力，根据导出数据绘制剪切应力-水平位移曲线。由于数据较多，为说明碎石土在不同含石率下强度变化规律，图 7-11 给出在法向应力 30 kPa、75 kPa 下剪切应力-水平位移曲线。

其中，图 7-11(a)、图 7-11(b) 和图 7-11(c) 为法向应力 30 kPa 作用下不同含石率的剪切应力-水平位移曲线，图 7-11(d)、图 7-11(e) 和图 7-11(f) 为在法向应力 75 kPa 作用下不同含石率的剪切应力-水平位移曲线。从图中可以看出：

(1) 从剪切应力-水平位移曲线上看，碎石土在发生剪切破坏时，经历弹性阶段、塑性阶段、破坏阶段。在弹性阶段，曲线比较陡峭，并且近似呈线性变化特征，位移的增量远小于应力增量，剪切应力急剧增大，达到峰值应力的 60%～80%，此阶段位移的变化量比较小，一般在 0～1.5 mm；在塑性变形阶段，位移增量变化较大，应力缓慢增加直到达到峰值应力，此阶段变形在 1～3 mm；破坏阶段，随着位移的不断增加，剪切应力不再增加，保持在一定应力水平或者震荡下行，胶结状碎石土残余强度都较高，残余强度为峰值强度的 80% 左右。

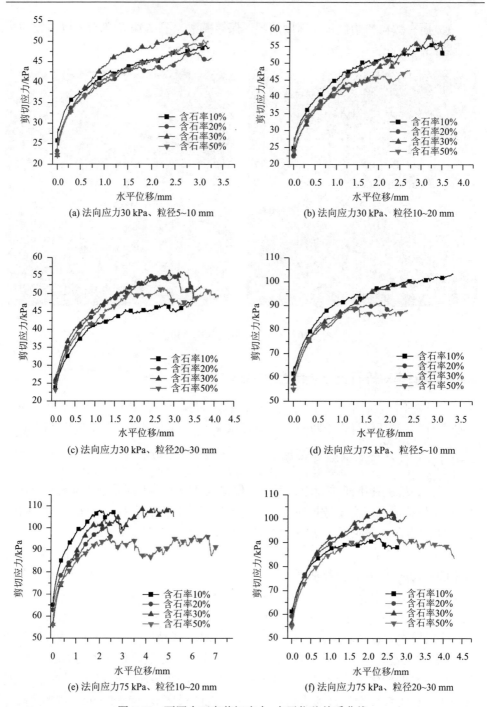

图 7-11　不同含石率剪切应力-水平位移关系曲线

（2）随着含石率的提高，碎石土的剪切强度逐渐增大，在含石率为 30%左右时，强度达到最大，之后逐渐减小，与室内试验结果基本吻合。随着含石率的升高，应力变化幅度也随之增大，图 7-11（c）和图 7-11（e）中表现尤其明显，在达到峰值后应力持续在某个水平震荡。这是因为在含石率较高时，在剪切面上的砾石不断调整角度以适应新的平衡，甚至要绕过大颗粒，必然会引起应力的波动。

7.3.3.2　不同含石率下碎石土强度特性

图 7-12 为不同粒径下抗剪强度随含石率的变化关系图。由图 7-12 可知，三组试验中，随着含石率的增大，抗剪强度逐渐增大，图 7-12（a）和图 7-12（b）在 30% 左右含石率时强度达到最大，图 7-12（c）在 20%左右含石率时强度达到最大，之后随含石率增大强度逐渐降低。在 50%含石率时强度明显低于 30%含石率时的强度。

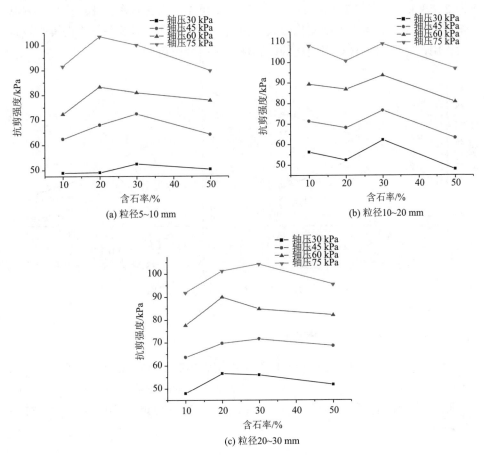

图 7-12　不同粒径下抗剪强度-含石率关系曲线

　　图 7-13 为抗剪强度参数随含石率变化的关系图，由图可知，相同含石率下不同粒径之间的参数离散性较大，但是曲线的走势大体上相同。在内摩擦角随含石率变化图中，粒径 10～20 mm 组随着含石率提高，内摩擦角变大，在 20%左右取得最大值，之后随含石率增大逐渐变小，粒径 5～10 mm 组和粒径 10～20 mm 组均随含石率提高，内摩擦角变大，在 30%左右含石率取得最大值，50%含石率时内摩擦角有所降低。从图 7-13(b)黏聚力随含石率变化中可看出，虽然不同粒径组别之间有所差别，但随着含石率的提高，黏聚力均呈先增大后减小的趋势，三组试样均在 30%左右含石率时黏聚力取得最大值，之后黏聚力随含石率增大而减小，可见 30%左右为胶结状碎石土的临界含石率，超过这个值，随着含石率提高，强度参数反而下降。

　　在图 7-13(a)中，内摩擦角变化范围为 41.9°～49.7°，均值为 45°，变化幅度为 0.2%～7.7%；从图 7-13(b)中可看出，黏聚力变化范围为 19.34～30.09 kPa，均值为 22.53 kPa，变化幅度为 13.3%～33.2%。可见，在含石率变化过程中，内摩擦角相差不大，而黏聚力则变化较大，说明碎石土中砾石对其黏聚力的提高发挥巨大作用，黏聚力对含石率变化的敏感性要比内摩擦角高。

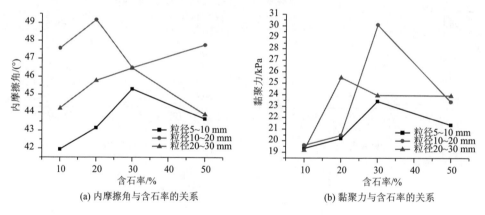

(a) 内摩擦角与含石率的关系　　　　　　(b) 黏聚力与含石率的关系

图 7-13　抗剪强度参数-含石率关系曲线

7.3.4　粒径对碎石土强度的影响

　　为了研究碎石土中砾石粒径对碎石土剪切破坏的影响，试验中只考虑砾石粒径单因素的影响，需要剔除含石率、砾石形状等因素的影响。在同一含石率、同砾石形状等情况制备砾石粒径分别为 5～10 mm、10～20 mm、20～30 mm 三种不同粒径试样。

7.3.4.1　不同粒径下碎石土变形特性

试验中监测在不同法向应力下墙体位移以及应力，根据导出数据绘制剪切应力-水平位移曲线。由于数据较多，为说明碎石土在不同含石率下强度变化规律，图 7-14 和图 7-15 给出了含石率为 20%、50%的模型试样在不同粒径时的剪切应力-水平位移曲线。

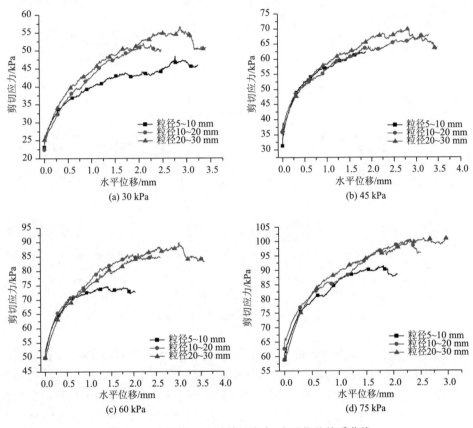

图 7-14　含石率 20%时剪切应力-水平位移关系曲线

图 7-14 为含石率 20%时碎石土在不同法向应力下剪切应力-水平位移曲线，由图可知，在相同法向应力下随着粒径的增大，剪切强度变化不大。在剪切初期，剪切应力较小，剪切位移小，内力主要来自土颗粒之间黏聚力，因此，剪切之初，曲线基本交织重合在一起；随着位移的不断增大，砾石之间相互咬合发生作用，粒径较大的砾石之间接触面积较大，作用力要明显高于小粒径砾石，因此，相同位移条件粒径较大的试样剪切强度明显偏高，峰值要高于小粒径试样剪切强度。

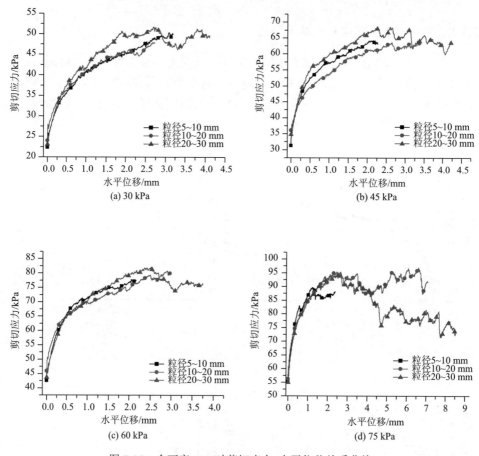

(a) 30 kPa　　　　　　　　　　　　　　(b) 45 kPa

(c) 60 kPa　　　　　　　　　　　　　　(d) 75 kPa

图 7-15　含石率 50%时剪切应力-水平位移关系曲线

　　图 7-15 为含石率 50%时碎石土在不同法向应力下剪切应力-水平位移曲线，曲线规律和含石率 20%的碎石土大体上相同，唯一区别在于含石率 50%左右的曲线达到峰值的波动性要明显比含石率 20%曲线波动大，特别是在大粒径、高含石率、低法向应力作用下表现更明显。因为随着含石率增大，颗粒间接触机会随之增大，上下剪切带相对移动时粗颗粒之间相互咬合，剪切力增大，此时法向应力较小，很容易绕过邻近颗粒导致剪切应力降低，剪切位移的发生伴随着剪切带上颗粒不断调整，因此剪切应力维持在一定水平不断震荡。而在法向应力较大、砾石含量较高，并且粒径较大时，如图 7-15(d)中所示，粒径 20～30 mm 时，剪切应力达到最大值后迅速降低，主要原因是高法向应力下，粗颗粒之间相互移动受阻，颗粒局部出现应力集中现象。在达到其剪切强度之后试样内部发生破坏，强度急剧降低，外在表现为应力水平很快下降。

7.3.4.2　不同粒径下碎石土强度特性

图 7-16 为不同含石率下抗剪强度-粒径关系曲线。

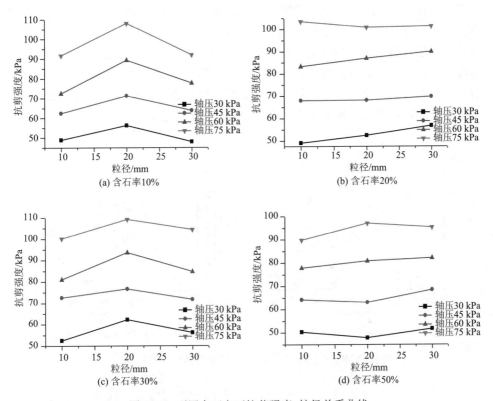

图 7-16　不同含石率下抗剪强度-粒径关系曲线

由图 7-16 可知，不同法向应力下抗剪强度变化比较大，法向应力和抗剪强度呈正相关关系，法向应力越大，抗剪强度越高；含石率降低时，不同粒径之间抗剪强度有差别，粒径 10~20 mm 的试样抗剪切强度要高于 5~10 mm 和 20~30 mm 粒径组，特别是含石率 30% 时表现尤为明显，抗剪强度平均高出 8% 左右，说明 10~20 mm 为此模型试样的最佳粒径，含石率在 50% 左右时，粒径大小对抗剪强度影响明显减弱，此时不同粒径抗剪强度差别不大。这是因为含石率较高时砾石颗粒填充了土颗粒间的空隙，强度更多地取决于粗细颗粒之间的黏聚力。

由图 7-17(a) 通过对不同砾石粒径试样的分析可知，砾石粒径对碎石土强度参数的影响较大：在含石率较低时，不同粒径的黏聚力差别不大，因为在较低含石率下强度主要来自土颗粒之间的黏结强度，砾石处于悬浮状态不能发挥很大作用；随着含石率的提高，不同粒径之间的黏聚力差别变大，5~10 mm 粒径组的黏聚力明显偏低，而 10～20 mm 粒径组和 20～30 mm 粒径组之间则出现交织状况，10～20 mm 粒径组黏聚力平均值则要高于 20～30 mm 粒径组。图 7-17(b) 为不同粒径下内摩擦角与含石率的关系曲线，由图可知，不同粒径之间内摩擦角差别较大，10～20 mm 粒径组内摩擦角要高于其他粒径组，5～10 mm 粒径组内摩擦角最小，可见并不是粒径越大，内摩擦角越大，在一定粒径范围内内摩擦角随着粒径的增大而增大，超过某个范围内摩擦角不增反而降低。通过对不同粒径下强度参数的对比分析可以得出，不同粒径的碎石土强度参数差别较大，特别是含石率相对高时影响更为显著；10～20 mm 粒径组形成的碎石土强度参数最高，说明这个粒径颗粒级配下形成的碎石土强度较高，较为稳定。

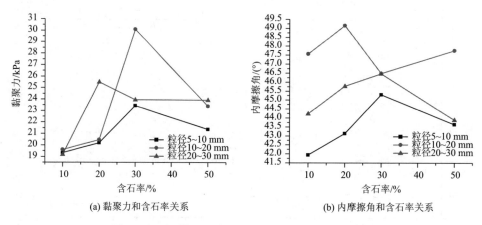

(a) 黏聚力和含石率关系　　　　　　　　(b) 内摩擦角和含石率关系

图 7-17　不同粒径下含石率-抗剪强度参数关系曲线

通过含石率分别为 10%～50%的试样在四种不同砾石粒径情况的试验，分析了不同砾石粒径抗剪强度曲线规律以及对黏聚力、内摩擦角的影响，主要结果如下。

(1)在同一含石率情况下，随着砾石粒径的增大，黏聚力、抗剪强度的变化规律是相同的，都呈现出先增大后减小的趋势，最大值往往在第二组(10～20 mm 粒径组)附近取得，同时黏聚力及抗剪强度受粒径变化的影响较大，内摩擦角受粒径变化的影响较小。不同粒径情况下，内摩擦角变化不大，但 10～20 mm 粒径组内摩擦角比其他粒径组的碎石土要大。

(2)同一含石率情况下，砾石粒径太小时，剪切带附近砾石空间分布上较难形成整体以承担荷载，因此对碎石土强度参数贡献有限；而当砾石粒径太大时，剪切带附近砾石块体数量太少，相邻砾石之间往往相距较远而难以相互作用，达不到骨架作用，砾石强度对整体强度的贡献同样有限。因此，在同一含石率条件下，砾石粒径的大小与砾石块体的数量是一对矛盾的关系，由试验中碎石土强度峰值表明，砾石粒径为第二组时为最优粒径，即 10～20 mm 为最优粒径，在试验中发现往往在第二组砾石粒径时，黏聚力及抗剪强度等都取到该含石率下的最大值。

(3)试验结果表明,砾石粒径对碎石土黏聚力及抗剪强度的影响大于对内摩擦角的影响,对内摩擦角的影响最小,同时发现碎石土对砾石粒径的敏感度不如含石率,即含石率对强度参数的影响要大于砾石粒径的影响。

7.3.5　数值试验与室内试验结果对比分析

室内试验是根据现场情况人为制作的标准试样,得出的结果有一定的说服性,不过不能反映实际的工程特性,因此有一定的局限性。数值试验可以根据不同工况随机生成和实际工程相似的试验模型,通过大量随机模型建立,对参数进行分析,得到的结果和室内试验结果对比分析,这样更加可靠也更有说服力。

本试验考虑含石率、砾石粒径、砾石磨圆度等因素对胶结状碎石土强度的影响,制作试样进行室内试验和数值试验,并分别对得到的结果进行分析,数值试验和室内试验结果对比分析如图 7-18 所示。

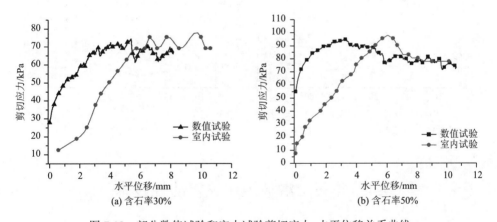

图 7-18　部分数值试验和室内试验剪切应力-水平位移关系曲线

图 7-18 为粒径 10～20 mm 时，相同法向应力下数值试验和室内试验剪切应力-水平位移关系曲线对比，曲线趋势大致相同，曲线基本吻合。图 7-18(a)为含石率 30%时剪切应力-水平位移关系曲线，在达到最大剪切强度之后高位震荡，剪切强度基本一致。不过在剪切初期，数值试验剪切强度明显偏高，在很小的位移时强度迅速提高，这是因为模型试验中试样和模型槽之间不可能完全接触，存在微小间隙，在对剪切盒施加剪切应力时，剪切盒首先和试样接触，然后挤压试样，因此在刚开始的一段位移，虽然位移不断增加，剪切应力并不会迅速提高。而数值试验中应力监测是随着剪切位移的发生迅速产生的，没有剪切盒挤压试样

的过程，剪切应力不会像室内试验一样从 0 开始逐渐增加。另外，由于室内试验受到试验条件的限制，记录的数据有限，曲线相对平整，而数值试验在剪切过程中可以记录每一个应力变化的瞬间，记录的数据较多，因此曲线并不光滑，应力微小波动较多。

数值试验的计算结果和室内试验的结果对比分析如图 7-19 和图 7-20 所示。从图 7-19 中可以看出，数值试验的结果和室内试验结果规律具有一致性。随着含石率的提高，碎石土抗剪强度均呈先增大后减小趋势，在含石率为 30%时，取得抗剪强度的最大值，当含石率为 50%时，碎石土试样的抗剪强度降低。从图 7-20 中可以看出，随着砾石粒径的增大，无论是数值试验还是室内试验，10～20 mm 粒径组的碎石土试样强度要高于其他粒径组别，取得不同含石率情况下的抗剪强度最大值。数值试验与室内试验规律性基本一致，通过数值试验很好地验证了室内试验的正确性。充分说明了颗粒流对研究碎石土变形与破坏机理的适用性。

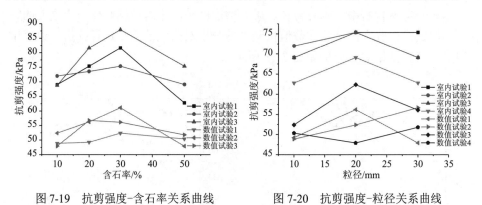

图 7-19　抗剪强度–含石率关系曲线　　　图 7-20　抗剪强度–粒径关系曲线

7.4　碎石土滑坡地质灾害防控技术

(1)以含石率、砾石粒径、砾石形状为影响因素，构建室内碎石土试验模型，采用室内直剪试验方法，分析胶结状态下碎石土的剪切破坏规律及强度参数的变化规律。通过对比分析得出：随着含石率的增加，碎石土抗剪强度增大，在 30%含石率左右达到最大，之后强度逐渐降低，黏聚力先增大后减小，而内摩擦角则是随含石率提高不断增大；不同粒径的碎石土强度差别很大，10～20 mm 粒径组剪切强度最高；角砾状碎石土强度要高于圆砾状碎石土，并且角砾状碎石土剪切强度参数值比圆砾状碎石土大，相同条件下砾石形状对碎石土黏聚力的影响要大于对内摩擦角的影响。

(2)碎石土边坡的稳定性受控于碎石的级配与含量。随着含石率增大，砾石在土体中起到骨架作用，逐渐承担更多的荷载，碎石土强度较高，但当含石率达到临界值后，碎石土强度随含石率增大而减小。此时，碎石土的强度主要由砾石之间的咬合和摩阻力来决定。砾石粒径及砾石形状是碎石土强度的重要影响因素，通过影响砾石空间展布形态和砾石间的接触方式来影响其强度。

(3)碎石土滑坡会沿着地形界面及断裂破碎带呈集群式分布。碎石土滑坡带的渗水能力较强，在碎石土滑坡带下潜藏的孔隙水地下水位较高，且地下水主要为基岩裂隙水。因此，在碎石土滑坡区下会有水源大量汇集，为碎石土滑坡灾害的形成提供了先决水系条件。为了减少地下水和地表水对岩土体的侵蚀，应做好防水、排水工作，设置科学的排水基础设施。通过削坡减载提高碎石土边坡的结构稳定性，同时使用抗滑桩和锚杆(索)进行科学锚固。

参 考 文 献

[1] 金德濂. 某坝址软弱夹层的工程地质特征[J]. 水文地质工程地质, 1960, (6): 28-30.

[2] 王幼麟. 葛洲坝泥化夹层成因及性状的物理化学探讨[J]. 水文地质工程地质, 1980, 7(4): 5-11.

[3] 谭罗荣. 葛洲坝泥化夹层的物质组成特性[J]. 岩土力学, 1984, 5(2): 27-34.

[4] 肖树芳, K·阿基诺夫. 泥化夹层的组构及强度蠕变特性[M]. 长春: 吉林科学技术出版社, 1991.

[5] 易靖松, 孙金辉, 鲜杰良. 西南红层地区泥化夹层演化过程中的微观特征研究[J]. 科学技术与工程, 2016, 16(14): 123-126.

[6] 李守定, 李晓, 张年学, 等. 三峡库区宝塔滑坡泥化夹层泥化过程的水岩作用[J]. 岩土力学, 2006, 27(10): 1841-1846.

[7] 吴奇, 杨国华, 王磊. 索达干坝址区泥化夹层工程地质特征[J]. 岩土工程技术, 2002, (3): 125-130, 143.

[8] 余永志, 蔡耀军, 颜慧明. 湖南皂市水利枢纽泥化夹层工程地质特性[J]. 资源环境与工程, 2006, 20(5): 519-522.

[9] 马国彦, 高广礼. 黄河小浪底坝区泥化夹层分布及其抗剪试验方法的分析[J]. 工程地质学报, 2000, 8(1): 94-99.

[10] 侯建华. 攀枝花兰尖铁矿兰营采场边坡泥化夹层的成因探讨[J]. 四川地质学报, 2003, 23(3): 167-169.

[11] 熊亚萍, 简文星, 巩立国. 三峡库区巴东组泥化夹层特征[J]. 科学技术与工程, 2015, 15(31): 85-90.

[12] 曹运江, 黄润秋, 冯涛, 等. 西南某水电站工程边坡泥化夹层构造形迹成因机理研究[J]. 中国地质灾害与防治学报, 2006, 17(2): 6-10.

[13] 李青云, 王幼麟. 模糊数学在泥化夹层分类中的应用[J]. 长江科学院院报, 1991, 8(2): 73-80.

[14] 徐国刚. 碛口水利枢纽坝址泥化夹层结构研究[J]. 人民黄河, 1994, (7): 33-35.

[15] 陶振宇. 岩石力学的理论与实践[M]. 武汉: 武汉大学出版社, 2013.

[16] 王先锋, 刘万, 佴磊. 泥化夹层的组构类型与微观结构[J]. 长春地质学院学报, 1983, (4): 73-82.

[17] 肖树芳. 泥化夹层蠕变全过程的模型及微结构的变化[J]. 岩石力学与工程学报, 1987, 8(2): 113-124.

[18] 徐国刚. 红色碎屑岩系中泥化夹层组构及强度特性研究[J]. 人民黄河, 1994, 16(10): 33-37.

[19] 柳群义, 朱自强. 不同含水量条件下红砂岩泥化夹层的剪切特性[J]. 沈阳工业大学学报,

2012, 34(2): 220-223.

[20] 李桂平. 砂页岩中泥化夹层的工程地质特性分析[J]. 太原理工大学学报, 2012, 43(3): 379-381.

[21] 刘少华, 罗四秀, 郭绵传. 下溪水利枢纽引水隧洞围岩泥化夹层的工程特性[J]. 江西水利科技, 2008, 34(2): 151-152.

[22] 俞培基, 秦蔚琴, 王宏. 山体岩石泥化夹层的动力抗剪强度[J]. 水力发电学报, 1993, 12(1): 64-70.

[23] Morgenstern N R, Tchalenko J S. Microstructural observations on shear zones from slips in natural clays[J]. Proceedings of the Geotechnical Conference Oslo, 1967, 1(10): 147-152.

[24] Skempton A W. Long-term stability of clay slopes[J]. Géotechnique, 2015, 14(2): 77-102.

[25] 严春杰, 唐辉明. 利用扫描电镜和 X 射线衍射仪对滑坡滑带土的研究[J]. 地质科技情报, 2001, 20(4): 89-92.

[26] Kenney T C. The influence of mineral composition on the residual strength of natural soils[J]. Proceedings of the Geotechnical Conference Oslo, 1967.

[27] Kanji M A. The relationship between drained friction angles and Atterberg limits of natural soils[J]. Géotechnique, 1974, 24(4): 671-674.

[28] 李青云, 王幼麟. 泥化夹层错动带残余强度与比表面的相关性研究[C]//第二次全国岩石力学与工程学术会议, 广州, 1989.

[29] 胡启军, 何松晟, 叶涛, 等. 泥化夹层细观组构参数的量化方法[J]. 中国地质灾害与防治学报, 2017, 28(3): 137-146.

[30] 轩昆鹏. 泥化夹层损伤 CT 识别及演化分析[D]. 成都: 西南石油大学, 2017.

[31] 汤连生, 张鹏程, 王思敬. 水-岩化学作用之岩石断裂力学效应的试验研究[J]. 岩石力学与工程学报, 2002, 21(6): 822-827.

[32] 汤连生, 张鹏程, 王思敬. 水-岩化学作用的岩石宏观力学效应的试验研究[J]. 岩石力学与工程学报, 2002, 21(4): 526-531.

[33] 韩林, 刘向君, 刘洪, 等. 多次酸化砂岩在三轴循环压缩中的变形特征分析[J]. 岩石力学与工程学报, 2009, 28(s1): 2755-2759.

[34] 谭卓英, 柴红保, 刘文静, 等. 岩石在酸化环境下的强度损伤及其静态加速模拟[J]. 岩石力学与工程学报, 2005, 24(14): 2439-2450.

[35] 刘杰, 李建林, 张玉灯, 等. 宜昌砂岩不同pH值酸性溶液浸泡时间比尺及强度模型研究[J]. 岩石力学与工程学报, 2010, 29(11): 2319-2328.

[36] 周翠英, 彭泽英, 尚伟, 等. 论岩土工程中水岩相互作用研究的焦点问题——特殊软岩的力学变异性[J]. 岩土力学, 2002, 3(1): 124-128.

[37] 陈卫昌, 李黎, 邵明申, 等. 酸雨作用下碳酸盐岩类文物的溶蚀过程与机理[J]. 岩土工程学报, 2017, 39(11): 2058-2067.

[38] 陈文玲, 谢娟, 孙韵. 酸雨腐蚀对大理岩单轴压缩特性的影响[J]. 中南大学学报, 2013, 44(7): 2897-2902.

[39] 黄明, 詹金武. 酸碱溶液环境中软岩的崩解试验及能量耗散特征研究[J]. 岩土力学, 2015,

36(9): 124-128.

[40] 刘新荣, 袁文, 傅晏, 等. 酸碱环境干湿循环作用下砂岩抗剪强度劣化规律研究[J]. 岩土工程学报, 2017, 39(12): 2320-2326.

[41] 韩铁林, 师俊平, 陈蕴生, 等. 不同化学腐蚀下砂岩冻融力学特性劣化的试验研究[J]. 固体力学学报, 2017, 38(6): 503-520.

[42] 张峰瑞, 姜谙男, 江宗斌, 等. 化学腐蚀-冻融综合作用下岩石损伤蠕变特性试验研究[J]. 岩土力学, 2019, 40(10): 3879-3888.

[43] 张站群, 蔚立元, 李光雷, 等. 化学腐蚀后灰岩动态拉伸力学特性试验研究[J]. 岩土工程学报, 2020, 42(6): 1151-1158.

[44] 刘永胜, 邹家宇, 吴秋兰, 等. 化学腐蚀作用下层状复合岩石的性能研究[J]. 西南大学学报(自然科学版), 2019, 41(2): 128-134.

[45] 刘厚彬, 崔帅, 孟英峰, 等. 酸化前后碳酸盐岩微细观组构及力学性能研究[J]. 地下空间与工程学报, 2020, 16(5): 1321-1327.

[46] 王苏然, 陈有亮, 周倩, 等. 酸性溶液化学腐蚀作用下花岗岩单轴压缩力学性能试验[J]. 地质学刊, 2018, 42(4): 686-693.

[47] 廖健, 赵延林, 刘强, 等. 酸化学腐蚀下灰岩剪切强度特性试验研究[J]. 采矿与安全工程学报, 2020, 37(3): 639-646.

[48] Karfakis M G, Akram M. Effects of chemical solutions on rock fracturing[J]. International Journal of Rock Mechanics Mining Science and Geomechanics Abstracts, 1993, 37(7): 1253-1259.

[49] Haneef S J, Johnson J B. The degradation of coupled stones by wet deposition processes[J]. Corrosion Science, 1993, 34: 511-524.

[50] Uchida E, Ogawa Y, Maeda N, et al. Deterioration of stone materials in the Angkor monuments, Cambodia[J]. Engineering Geology, 1999, 55: 101-112.

[51] Rebinder P A, Schreiner L A, Zhigach K F. Hardness reducers in drilling: A physico-chemical method of facilitating mechanical destruction of rocks during drilling[J]. Akad Naunk, USSR, Moscow, 1944.

[52] Hutchinson A J, Johnson J B. Stone degradation due to wet deposition of pollutants[J]. Corrosion Science, 1993, 34: 1881-1898.

[53] Wang W, Mei S Y, Cao Y J, et al. Experimental study on property modification of jointed rocks subjected to chemical corrosion[J/OL]. European Journal of Environmental and Civil Engineering, 2020: 19648189[2020-02-25]. https://www.tandfonline.com/doi/full/10.1080/19648189.2020.1752808.

[54] Han T L, Shi J P, Chen Y S, et al. Effect of chemical corrosion on the mechanical characteristics of parent rocks for nuclear waste storage[J]. Science and Technology of Nuclear Installations, 2016, (2016): 7853787.

[55] Feng X T, Chen S L, Zhou H. Real-time computerized tomography (CT) experiments on sandstone damage evolution during triaxial compression with chemical corrosion[J].

International Journal of Rock Mechanics and Mining Sciences, 2004, 41(2): 181-192.

[56] 陈四利, 冯夏庭, 周辉. 化学腐蚀下砂岩三轴细观损伤机理及损伤变量分析[J]. 岩土力学, 2004, 25(9): 1363-1367.

[57] 丁梧秀, 冯夏庭. 渗透环境下化学腐蚀裂隙岩石破坏过程的 EB 试验研究[J]. 岩石力学与工程学报, 2008, 27(9): 1865-1873.

[58] Li N, Zhu Y M, Su B, et al. A chemical damage model of sandstone in acid solution[J]. International Journal of Rock Mechanics and Mining Sciences, 2003, 40(2): 243-249.

[59] 霍润科, 韩飞, 李曙光, 等. 受酸腐蚀砂岩物理化学及力学性质的试验研究[J]. 西安建筑科技大学学报(自然科学版), 2019, 51(1): 21-26.

[60] 霍润科, 李宁, 刘汉东. 受酸腐蚀砂岩的统计本构模型[J]. 岩石力学与工程学报, 2005, 24(11): 1852-1856.

[61] 霍润科, 李宁, 张浩博. 酸性环境下类砂岩材料物理性质的试验研究[J]. 岩土力学, 2006, 27(9): 1541-1544

[62] 霍润科, 钱美婷, 李曙光, 等. 酸性环境下砂岩腐蚀的渗流特性[J/OL]. 土木与环境工程学报(中英文), 2020, https://kns.cnki.net/kcms/detail/50.1218.TU.20200628.1603.006.html.

[63] 霍润科, 熊爱华, 李曙光, 等. 受酸腐蚀砂岩的物理化学性质及反应动力学模型研究[J]. 沈阳建筑大学学报(自然科学版), 2020, 26(5): 893-901.

[64] 霍润科, 王龙飞, 李曙光, 等. 受酸腐蚀砂岩的损伤特性和分析模型[J/OL]. 土木与环境工程学报(中英文), 2020, https://kns.cnki.net/kcms/detail/50.1218.TU.20201123.0907.002.html.

[65] 崔强, 冯夏庭, 薛强, 等. 化学腐蚀下砂岩孔隙结构变化的机制研究[J]. 岩石力学与工程学报, 2008, 27(6): 1209-1218.

[66] 丁凡, 霍润科, 李曙光, 等. 酸性环境下砂岩溶质运移的数学模型及其解析解[J]. 长江科学院院报, 2020, 3(11): 89-95.

[67] 姜立春, 温勇. AMD 蚀化下砂岩的损伤本构模型[J]. 中南大学学报(自然科学版), 2011, 42(11): 3502-3506.

[68] 王正波, 张明, 陈建军, 等. 酸雨对重庆武隆鸡尾山滑坡滑带页岩物理力学性质的影响[J]. 水文地质工程地质, 2017, 44(3): 113-118.

[69] 郑乐平, 胡雪峰, 方小敏. 长江中下游地区下蜀黄土成因研究的回顾[J]. 矿物岩石地球化学通报, 2002, 1: 54-57.

[70] 王爱萍, 杨守业, 李从先. 南京地区下蜀土元素地球化学特征及物源判别[J]. 同济大学学报(自然科学版), 2001, (6): 657-661.

[71] 李徐生, 韩志勇, 杨守业, 等. 镇江下蜀土剖面的化学风化强度与元素迁移特征[J]. 地理学报, 2007, (11): 1174-1184.

[72] 师育新, 张卫国, 戴雪荣, 等. 镇江下蜀土中的黏土矿物及其古环境意义[J]. 海洋地质与第四纪地质, 2005, (4): 103-109.

[73] 林家骏, 吴芯芯, 郑乐平. 长江中下游典型下蜀土剖面成分对比研究[J]. 地球与环境, 2004, (2): 31-35.

[74] 余汶. 中国的腹足类化石[M]. 北京: 科学出版社, 1963.

[75] 李立文, 方邺森, 许冀泉. 南京板桥—三山矶一带下蜀组内钙质结核的研究[J]. 南京师大学报(自然科学版), 1990, (3): 80-85.

[76] 李立文, 方邺森. 江苏江阴长山下蜀组钙质结核的初步研究[J]. 南京师大学报(自然科学版), 1986, (2): 89-95.

[77] 许峰宇, 李立文. 南京下蜀土的岩石磁学特征[J]. 岩石学报, 1996, (3): 491-497.

[78] 刘建刚, 吕民康. 南京下蜀土的工程地质特性[J]. 勘察科学技术, 1996, (6): 36-38.

[79] 曾凡稳. 南京地区下蜀土滑坡稳定性影响因素分析[J]. 路基工程, 2010, (2): 132-134.

[80] 吕民康. 不同层位下蜀土的工程地质性质差异性及形成机理[J]. 河海大学学报, 1997, (5): 98-101.

[81] 韩爱民, 肖军华, 乔春元, 等. 三轴压缩下南京下蜀土的宏、微观性状试验[J]. 吉林大学学报(地球科学版), 2013, 43(6): 189-1903.

[82] 丁长阳, 韩爱民, 吴楠, 等. 南京下蜀土微结构及其变形特征的研究[J]. 西部探矿工程, 2009, 21(6): 1-3, 7.

[83] 夏佳. 南京门坡下蜀土微结构与工程地质性质的研究[J]. 南京建筑工程学院学报: 自然科学版, 1992, (2): 26-34.

[84] 韩爱民, 李彤, 章磊, 等. 南京下蜀土水敏性特征的试验研究[J]. 南京工业大学学报(自然科学版), 2015, 37(6): 81-86.

[85] 韩爱民, 李彤, 徐洪钟. 脱湿状态下南京下蜀土的土水-力学特性[J]. 工程地质学报, 2016, 24(2): 268-275.

[86] Li X, Liao Q L, He J M. In-situ tests and stochastic structural model of rock and soil aggregate in the three Gorges Reservoir Area[J]. International Journal of Rock Mechanics and Mining Sciences, 2004, 41(3): 313-318.

[87] 油新华. 土石混合体的随机结构模型及其应用研究[D]. 北京: 北方交通大学, 2001.

[88] Yue Z Q, Chen S. Finite element modeling of geomaterials using digital image processing[J]. Computers and Geotechnics, 2003, (30): 375-397.

[89] 徐文杰, 胡瑞林. 虎跳峡龙蟠右岸土石混合体粒度分形特征研究[J]. 工程地质学报, 2006, (4): 496-501.

[90] Lanaro F, Tolppanen P. 3D characterization of coarse aggregate[J]. Engineering Geology, 2002, 65(6): 17-30.

[91] 徐文杰, 胡瑞林. 土石混合体概念、分类及意义[J]. 水文地质工程地质, 2009, (4): 50-56.

[92] Medley E. The engineering characterization of mélanges and similar rock-in-matrix rocks (Bimrocks)[D]. Berkeley: University of California at Berkeley, 1994.

[93] 徐文杰, 胡瑞林, 岳中琦. 基于数字图像处理的土石混合体细观结构[J]. 辽宁工程技术大学学报(自然科学版), 2008, (1): 51-53.

[94] Yue Z Q, Morin I. Digital image processing for aggregate orientation in Asphalt concrete mixtures[J]. Canadian Journal of Civil Engineering, 1996, 23(2): 479-489.

[95] Kwan A K H, Mora C F, Chan H C. Particle shape analysis of coarse aggregate using digital image processing[J]. Cement and Concrete Research, 1999, 29(9): 1403-1410.

[96] 廖秋林, 李晓, 朱万成. 基于数码图像土石混合体结构建模及其力学结构效应的数值分析[J]. 岩石力学与工程学报, 2010, 29(1): 155-162.

[97] 舒志乐, 刘新荣, 刘保县, 等. 土石混合体粒度分形特性及其与含石量和强度的关系[J]. 中南大学学报(自然科学版), 2010, 41(3): 1096-1101.

[98] Tyler S W, Wheatcraft S W. Fractal scaling of soil particle-size distribution analysis and limitations[J]. Soil Science Society of America Journal, 1992, 56(2): 362-369.

[99] Liu S H, Sun D A, Wang Y S. Numerical study of soil collapse behavior by discrete element modeling[J]. Computers and Geotechnics, 2003, 30(5): 399-408.

[100] 张亚南, 冯春, 李世海. 采用波动方法探测土石混合体结构特性的可行性研究[J]. 岩石力学与工程学报, 2011, 30(9): 1855-1863.

[101] 徐文杰, 胡瑞林, 岳中琦, 等. 土石混合体细观结构及力学特性数值模拟研究[J]. 岩石力学与工程学报, 2007, (2): 300-311.

[102] 徐文杰, 胡瑞林, 岳中崎. 土–石混合体随机细观结构生成系统的研发及其细观结构力学数值试验研究[J]. 岩石力学与工程学报, 2009, 28(8): 1652-1665.

[103] 李世海, 汪远年. 三维离散元土石混合体随机计算模型及单向加载试验数值模拟[J]. 岩土工程学报, 2004, (2): 172-177.

[104] 廖秋林, 李晓, 李守定. 土石混合体重塑样制备及其压密特征与力学特性分析[J]. 工程地质学报, 2010, 18(3): 385-391.

[105] Shi C, Chen K H, Xu W Y, et al. Construction of a 3D meso-structure and analysis of mechanical properties for deposit body medium[J]. Journal of Central South University, 2015, 22(1): 270-279.

[106] 李长圣, 张丹, 王宏宪, 等. 基于 CT 扫描的土石混合体三维数值网格的建立[J]. 岩土力学, 2014, 35(9): 2731-2736.

[107] 苑伟娜, 李晓, 赫建明, 等. 土石混合体变形破坏结构效应的 CT 试验研究[J]. 岩石力学与工程学报, 2013, 32(s2): 3134-3140.

[108] 黄广龙, 周建, 龚晓南. 矿山排土场散体岩土的强度变形特性[J]. 浙江大学学报(工学版), 2000, (1): 56-61.

[109] 武明. 土石混合非均质填料力学特性试验研究[J]. 公路, 1997, (1): 40-42, 49.

[110] 徐文杰, 胡瑞林, 谭儒蛟, 等. 虎跳峡龙蟠右岸土石混合体野外试验研究[J]. 岩石力学与工程学报, 2006, (6): 1270-1277.

[111] Xu W J, Yue Z Q, Hu R L. Study on the meso-structure and meso-mechanical characteristics of the soil-rock mixture using digital image processing based finite element method[J]. International Journal of Rock Mechanics and Mining Sciences, 2008, 45(5): 749-762.

[112] 徐文杰, 王永刚. 土石混合体细观结构渗流数值试验研究[J]. 岩土工程学报, 2010, 32(4): 542-550.

[113] Wang Z M, Kwan A K H, Chan C H. Mesoscopic study of concrete I: Generation of random aggregate structure and finite element mesh[J]. Computers and Structure, 1999, 70(5): 533-544.

[114] Xu W J, Xu Q, Hu R L. Study on the shear strength of soil-rock mixture by large scale direct shear test[J]. International Journal of Rock Mechanics and Mining Sciences, 2011, 48(8): 1235-1247.

[115] 徐文杰, 胡瑞林, 岳中琦, 等. 基于数字图像分析及大型直剪试验的土石混合体块石含量与抗剪强度关系研究[J]. 岩石力学与工程学报, 2008, 27(5): 996-1007.

[116] 周中, 傅鹤林, 刘宝琛, 等. 土石混合体渗透性能的正交试验研究[J]. 岩土工程学报, 2006, (9): 1134-1138.

[117] 廖秋林, 李晓, 李守定. 土石混合体重塑样制备及其压密特征与力学特性分析[J]. 工程地质学报, 2010, 18(3): 385-391.

[118] 周剑, 张路青, 戴福初, 等. 基于黏结颗粒模型某滑坡土石混合体直剪试验数值模拟[J]. 岩石力学与工程学报, 2013, 31(s1): 2650-2659.

[119] 邓华锋, 原先凡, 李建林, 等. 土石混合体直剪试验的破坏特征及抗剪强度取值方法研究[J]. 岩石力学与工程学报, 2013, 32(s2): 4065-4072.

[120] 刘新荣, 黄明, 祝云华, 等. 土石混合体填筑路堤中的非线性蠕变模型探析[J]. 岩土力学, 2010, 31(8): 2453-2458.

[121] 高谦, 刘增辉, 李欣, 等. 露天坑回填土石混合体的渗流特性及颗粒元数值分析[J]. 岩石力学与工程学报, 2009, 28(11): 2342-2348.

[122] 舒志乐, 刘新荣, 刘保县, 等. 基于分形理论的土石混合体强度特征研究[J]. 岩石力学与工程学报, 2009, 28(S1): 2651-2656.

[123] 李维树, 丁秀丽, 邬爱清. 蓄水对三峡库区土石混合体直剪强度参数的弱化程度研究[J]. 岩土力学, 2007, 28(7): 1338-1342.

[124] 徐文杰, 胡瑞林, 曾如意. 水下土石混合体的原位大型水平推剪试验研究[C]//中国科学院地质与地球物理研究所 2006 年论文摘要集, 2007: 207.

[125] Lebourg T, Riss J, Pirard E. Influence of morphological characteristics of heterogeneous moraine formations on their mechanical behaviour using image and statistical analysis[J]. Engineering Geology, 2004, 73(1-2): 37-50.

[126] Chen S, Yue Z Q, Tham L G. Digital image-based numerical modeling method for prediction of inhomogeneous rock failure[J]. International Journal of Rock Mechanics and Mining Sciences, 2004, 41(6): 939-957.

[127] 杨冰, 杨军, 常在, 等. 土石混合体压缩性的三维颗粒力学研究[J]. 岩土力学, 2010, 31(5): 1645-1650.

[128] 油新华, 李晓, 贺长俊. 土石混合体实测结构模型的自动生成技术[J]. 岩土工程界, 2003, (8): 60-62.

[129] 油新华, 王渭明, 李晓. 土石混合体边坡数值模型的自动生成技术[C]//第八次全国岩石力学与工程学术大会论文集, 2004: 461-463.

[130] 徐文杰, 谭儒蛟, 杨传俊. 基于附加质量的土石混合体边坡地震响应研究[J]. 岩石力学与工程学报, 2009, 28(S1): 3168-3175.

[131] 徐文杰, 王立朝, 胡瑞林. 库水位升降作用下大型土石混合体边坡流-固耦合特性及其稳

定性分析[J]. 岩石力学与工程学报, 2009, 28(7): 1491-1498.

[132] Liu S Q, Hong B N, Cheng T, et al. Models to predict the elastic parameters of soil-rock mixture[J]. Journal of Food Agriculture and Environment, 2013, 11(2): 1272-1276.

[133] 丁秀丽, 张宏明, 黄书岭, 等. 基于细观数值试验的非饱和土石混合体力学特性研究[J]. 岩石力学与工程学报, 2012, 31(8): 1553-1566.

[134] 宋京雷, 张纪星, 王亚山, 等. 连云港市将军崖岩画遗址抢救性保护工程设计[R]. 南京: 江苏省地质调查研究院, 2013.

[135] 宋京雷, 张纪星, 王亚山, 等. 墟沟街道西小山西北侧山体崩塌地质灾害治理设计[R]. 南京: 江苏省地质调查研究院, 2021.

[136] 南京市鼓楼区石头城路南艺后街等 7 处洪涝地质灾害治理应急抢险工程勘查设计报. 南京: 江苏省地质调查研究院, 2015.

[137] 南京市鼓楼区旅游学校西侧山体等6个地质灾害点治理工程设计. 南京: 江苏省地质调查研究院, 2017.

[138] 南京市栖霞区笆斗山古墓葬群保护区滑坡地质灾害治理工程设计. 南京: 江苏省地质调查研究院, 2019.

[139] 无锡市滨湖区雪浪山横山寺西侧滑坡地质灾害治理工程勘查与设计. 南京: 江苏省地质调查研究院, 2019.

[140] 江阴市月城镇秦望山隧道上方山体裂缝地质灾害治理工程. 南京: 江苏省地质调查研究院, 2017.

[141] 苏州市吴中区清明山 500kV 原 31#电塔地质灾害治理工程设计. 南京: 江苏省地质调查研究院, 2019.

[142] 宜兴市张渚镇牛犊山正中假日酒店西侧滑坡地质灾害治理工程勘查与设计. 南京: 江苏省地质调查研究院, 2019.

[143] 宜兴市太华镇龙珠水库华东路西入口滑坡地质灾害治理工程设计. 南京: 江苏省地质调查研究院, 2019.

附录 岩土层参数表

附表 1 软弱夹层参数表

地点	矿物成分含量/%					峰值抗剪强度/kPa 法向荷载				残余抗剪强度/kPa 法向荷载				抗剪强度指标(直剪)		
	石英	叶蜡石	伊利石	高岭石	蒙脱石	100 kPa	200 kPa	300 kPa	400 kPa	100 kPa	200 kPa	300 kPa	400 kPa	c/kPa	φ/(°)	φ_r/(°)
无锡雪浪山香草园	45~50	30~35	10~15	<5	—	61.48	115.72	159.93	197.16	21.22	44.18	65.74	84.93	20.76	24.28	12.13
	20~25	35~40	30~35	<5	—	30.72	73.57	120.47	176.28	13.91	29.33	40.77	61.41	4.93	21.70	8.36
无锡雪浪山横山寺	35~40	—	55~60	—	—	37.73	56.03	139.65	168.84	20.58	32.05	57.40	68.91	4.98	22.05	10.04
无锡白石里边坡	40~45	—	50~55	—	—	43.38	130.96	196.62	235.32	24.73	48.71	75.47	99.25	12.38	26.79	13.98
江阴市 500 kV 利梅线 71#电塔东南侧边坡	50~55	—	30~35	10~20	—	43.00	86.15	131.76	170.83	—	—	—	—	4.53	22.59	—
苏州清明山	35~40	—	50~60	—	—	48.85	92.30	135.69	181.32	26.40	51.74	81.31	107.62	5.84	23.56	15.00
	35~40	—	50~60	—	—	39.79	80.77	121.11	178.40	32.06	63.74	95.32	126.97	4.12	22.39	17.64
	40~45	—	40~50	—	<10	45.30	90.77	132.89	181.78	29.80	82.31	88.96	120.43	4.45	23.51	17.43

注: 以上数值均为均值。—代表含量极低或未检出, φ_r代表残余内摩擦角。

附表 2　软弱夹层 (酸污染) 参数表

浸泡时间/d	溶液 pH	物理指标			抗剪强度指标 (UU 剪)	
		饱和含水率/%	干密度/(g/cm³)	孔隙比	黏聚力 c_u /kPa	内摩擦角 φ_u /(°)
0	未浸泡	19.32	1.909	0.584	53.750	1.79
30	7	19.71	1.905	0.601	28.560	0.63
	5	19.82	1.899	0.604	24.600	2.32
	3	20.17	1.890	0.616	22.320	1.81
	1	20.27	1.887	0.620	20.340	1.90
45	7	20.40	1.893	0.629	—	—
	5	20.65	1.896	0.643	—	—
	3	20.47	1.901	0.637	—	—
	1	21.03	1.882	0.655	—	—
60	7	20.05	1.898	0.614	16.550	0.81
	5	20.63	1.888	0.638	15.750	1.30
	3	21.06	1.884	0.658	15.000	2.26
	1	21.5	1.876	0.676	16.080	0.90
120	7	20.49	1.893	0.634	6.200	0.68
	5	20.77	1.886	0.644	5.280	1.37
	3	21.29	1.879	0.667	5.210	0.89
	1	21.82	1.872	0.690	4.338	1.40

注: 以上数值均为均值, 一代表含量极低或未检出。

附表3 下蜀土参数表

污染类别	浓度/%	矿物成分含量/%					物理性质						抗剪强度指标(直剪)	
		$CaCO_3$	MgO	Al_2O_3	SiO_2	FeO	密度/(g/cm³)	含水率/%	孔隙比	液限/%	塑限/%	压缩系数	c/kPa	φ/(°)
去离子水	—	18.64	1.68	19.51	45.19	11.41	1.99	25.41	0.58	35.04	17.86	0.29	34.9	22.13
酸污染 (硫酸)	1	<0.2	1.46	17.56	48.31	10.56	1.79	26.36	0.59	32.47	19.85	0.30	10.17	24.36
	3	<0.2	1.33	16.63	49.6	8.81	1.85	26.92	0.63	32.19	20.46	0.46	10.01	23.66
	6	<0.2	1.21	15.10	51.69	7.10	1.86	27.87	0.68	31.54	21.23	0.62	9.52	24.37
	9	<0.2	1.10	13.25	55.39	6.36	1.90	28.13	0.69	31.56	22.71	0.64	8.94	24.87
碱污染 (氢氧化钠)	3	16.34	1.07	17.12	43.23	9.51	1.98	25.06	0.57	35.98	18.22	0.29	35.96	21.94
	6	15.94	1.53	16.12	41.55	9.35	2.04	24.54	0.52	36.27	19.36	0.27	33.74	20.13
	9	16.75	1.32	15.34	39.27	9.02	2.06	23.76	0.51	37.63	20.61	0.22	34.04	11.57
	12	15.21	1.45	14.36	38.64	8.94	2.09	23.34	0.47	37.73	20.70	0.11	36.90	11.30

注:以上数值均为均值,一代表含量极低或未检出。

附表 4　绿片岩参数表

干湿循环次数/次	峰值抗剪强度/kPa 法向荷载				抗剪强度指标(直剪)		含水率/%	峰值抗剪强度/kPa 法向荷载				抗剪强度指标(直剪)	
	100 kPa	200 kPa	300 kPa	400 kPa	c/kPa	φ/(°)		100 kPa	200 kPa	300 kPa	400 kPa	c/kPa	φ/(°)
1	57.69	69.23	105.77	149.99	17.31	17.40	干燥	240.36	284.6	386.52	413.45	175.95	31.80
3	51.92	63.46	101.92	134.61	16.34	15.99	10	67.31	78.84	115.38	167.30	23.08	18.60
5	48.08	59.61	98.07	128.84	13.46	15.68	15	57.69	69.23	105.77	150.00	17.31	17.40
7	42.31	55.77	90.38	115.38	12.50	14.24	20	46.15	55.77	100.00	119.23	14.55	14.70
9	38.46	53.84	86.54	111.53	12.00	14.14	25	26.93	38.46	61.54	90.38	0.96	12.05

注：以上数值均为均值。

附表 5　碎石土参数表

磨圆度	含石率/%	粒径/cm	抗剪强度指标	
			c/kPa	φ/(°)
角砾状	10	5~10	49.3	40.19
		10~20	51.8	41.99
		20~30	45.5	44.42
	20	5~10	64.5	43.68
		10~20	58.0	44.71
		20~30	56.6	49.24
	30	5~10	61.2	44.76
		10~20	52.1	42.55
		20~30	54.7	42.33
	50	5~10	47.7	49.60
		10~20	45.7	43.68
		20~30	35.2	49.48
圆砾状	10	5~10	48.8	43.68
		10~20	55.4	41.35
		20~30	51.6	45.57
	20	5~10	61.5	42.56
		10~20	55.1	43.68
		20~30	51.8	44.71
	30	5~10	45.5	44.71
		10~20	51.2	47.72
		20~30	47.9	48.49
	50	5~10	42.5	43.48
		10~20	45.8	42.55
		20~30	35.5	47.72

注：以上数值均为均值。

后　记

　　针对江苏省典型滑坡地质灾害的分布特点,本书从滑坡机理分析的角度出发,针对连云港云台山地区绿片岩引起的滑坡,宁镇地区下蜀土滑坡,苏州无锡环太湖地区、江阴沿江地区软弱夹层引起的滑坡,宜兴、溧阳南部山区泥质粉砂岩夹层及碎石土引起的滑坡开展相关的基础研究工作, 得到的主要成果如下。

　　(1)针对江苏省典型地区滑坡地质灾害的特点, 采用电镜扫描、XRD 衍射和能谱分析等手段, 从微细观的角度揭示了滑带土的微观结构特征, 从不同类型滑坡微观矿物颗粒的结构特征出发, 揭示了滑坡的产生机理。

　　(2)定量研究了滑带土微观结构特征和矿物成分与其化学、力学属性之间的关系, 建立了滑带土矿物成分与力学强度参数之间的关系, 研究了复杂化学场条件(酸碱腐蚀)下滑带土物理力学性质的变化机理, 为滑坡地质灾害的防治提供了理论依据。

　　(3)针对宁镇地区下蜀土滑坡、连云港变质岩地区绿泥石夹层滑坡、苏南地区泥质粉砂岩夹层滑坡及碎石土滑坡等典型滑坡滑带土的微细观结构特征和矿物组成, 采用物理分析、室内试验、数值试验、理论研究和工程实例等分析手段, 从微细观破坏机理的角度提出了江苏省典型滑坡地质灾害的防控依据和防控技术。

　　虽然通过前期大量的研究取得了一定的成果,但尚有很多值得深入研究之处,如下:

　　(1)本书从基础理论出发,从微细观角度开展了模型试验和数值试验的研究工作, 研究成果的准确性则需要具体实际工程的检验,因此还需要结合工程案例,开展不同类型边坡的监测工作,对理论成果进行对比分析。

　　(2)研究过程中,对原状样的质量要求较高,软弱夹层原状样的获取存在一定的困难和不确定性,因此,后期需要根据具体的滑坡类型,研发软弱夹层的取样设备和技术方法。

　　(3)研究结果表明,不同类型滑坡地质灾害的产生与土壤含水量有密切联系,由于大气降水与土壤有效含水率之间的关系受众多不确定性因素控制,如何建立大气降水-有效入渗量-土层软化机理-力学参数之间的关系对滑坡地质灾害区域(单体)预警具有一定的指导意义,有待进一步开展研究。

　　(4)室内中尺度模型试验是力学特性参数试验与工程实际之间的一个重要环节,开展中尺度试验研究对揭示滑坡地质灾害的产生机理具有重要的指导意义。